理性密码学原理与协议

张恩　著

清华大学出版社
北　京

内容简介

理性密码学融合了密码学和博弈论的相关知识，针对密码协议中的安全问题进行研究，是密码学领域一个新的研究方向。本书根据理性密码学的最新研究进展和作者在理性密码协议设计领域的科研实践，提出理性密码学设计应遵循的原理、机制和方法，并在此基础上设计一系列理性密码协议。本书有助于理性密码学学习者在掌握基本理论和原理基础上，通过具体的理性密码学模型和协议设计过程，较为全面地理解和掌握理性密码学基本原理及在密码协议设计中的具体应用。本书共13章：第1章介绍密码学基础，第2章介绍理性密码协议预防参与者欺诈模型与原理，第3章介绍理性密码协议预防参与者合谋模型与原理，第4章介绍理性密码协议通信网络模型与原理，第5章介绍理性密码协议云外包模型与原理，第6章介绍可证明安全的理性多秘密共享协议，第7章介绍基于双线性对的可验证的理性秘密共享方案，第8章介绍基于椭圆曲线的可验证的理性秘密共享方案，第9章介绍基于移动互联网络的可验证的理性秘密共享方案，第10章介绍云外包秘钥共享方案，第11章介绍基于社交博弈的云外包隐私集合比较协议，第12章介绍理性的百万富翁协议，第13章介绍基于电路计算的理性安全多方求和协议。

本书可作为网络空间安全、密码学和计算机等相关专业本科生、研究生的参考书，也可作为从事网络空间安全与密码学相关研究的技术人员以及对网络安全和密码学感兴趣的专业技术人员的参考书。

图书在版编目(CIP)数据

理性密码学原理与协议／张恩著．—北京：清华大学出版社，2021.9
ISBN 978-7-302-57042-4

Ⅰ．①理…　Ⅱ．①张…　Ⅲ．①密码学－研究　Ⅳ．①TN918.1

中国版本图书馆CIP数据核字(2020)第238283号

责任编辑：王　定
封面设计：周晓亮
版式设计：思创景点
责任校对：马遥遥
责任印制：沈　露

出版发行：清华大学出版社
网　址：http://www.tup.com.cn，http://www.wqbook.com
地　址：北京清华大学学研大厦A座　**邮　编**：100084
社 总 机：010-62770175　**邮　购**：010-62786544
投稿与读者服务：010-62776969，c-service@tup.tsinghua.edu.cn
质 量 反 馈：010-62772015，zhiliang@tup.tsinghua.edu.cn
印 装 者：三河市东方印刷有限公司
经　销：全国新华书店
开　本：148mm×210mm　**印　张**：8.75　**字　数**：227千字
版　次：2021年10月第1版　**印　次**：2021年10月第1次印刷
定　价：98.00元

产品编号：089109-01

序 言

随着云计算、大数据服务和人工智能的日益普及和广泛部署，网络技术和云计算在给人们带来极大便利的同时，也面临许多安全问题。网络攻击、隐私泄露、病毒传播等安全事件频繁爆发。在保障信息安全的诸多技术中，密码协议和算法是核心技术。随着新型网络的蓬勃发展，密码应用领域也不断扩展，已广泛应用于社会经济、文化、科技和军事等领域，成为国家的重要战略资源。2016年11月7日由第十二届全国人民代表大会常务委员会第二十四次会议通过了《中华人民共和国网络安全法》，并于2017年6月1日起施行。2019年10月26日第十三届全国人民代表大会常务委员会第十四次会议通过了我国密码领域首部综合性、基础性法律《中华人民共和国密码法》，并于2020年1月1日起施行，标志着我国在密码的应用和管理等方面有了专门性的法律保障。以上法律的颁布和实施为保障网络安全、维护网络空间主权和国家安全、规范密码应用和管理，促进密码事业蓬勃发展指明了方向。

经典密码协议分为两种类型：一种是有可信者参与的协议，优点是简单和高效，缺点是在分布式环境下，很难找到大家都信任的可信者，即使能找到这样的可信者，也会成为黑客攻击的对象和性能的瓶颈；另一种是无须可信者参与，由所有参与者共同完成的协议，优点是符合实际，缺点是虽然协议利用可验证的算法能够发现参与者偏离的行为，但仅能在参与者偏离协议的行为发生之后，而不能事先采取预防措施保证参与者没有偏离协议的动机。以上两类协议的缺陷也是经典密码协议难以解决的困难问题。

近年来，国内外密码学界将博弈论与密码学相结合，用博弈的理论和方法针对经典密码协议中存在的问题进行研究。在密码协议中引入博弈论可以改进经典密码协议中的缺陷和不合理的假设，也开辟了密码学一个崭新的研究方向，即理性密码协议，成为密码学界研究的前沿和热门领域。

理性密码学融合了密码学和博弈论的相关知识，针对密码协议中的安全问题进行研究，是密码学领域一个新的研究方向。本书根据理性密码学的最新研究进展和作者在理性密码协议设计领域的科研实践，提出理性密码学设计应遵循的原理、机制和方法，并在此基础上设计一系列理性密码协议。该书有助于理性密码学学习者在掌握基本理论和原理基础上，通过具体的理性密码学模型和协议设计过程，较为全面地理解和掌握理性密码学基本原理及在密码协议设计中的具体应用。本书共13章：第1章介绍密码学基础；第2章介绍理性密码协议预防参与者欺诈模型与原理；第3章介绍理性密码协议预防参与者合谋模型与原理；第4章介绍理性密码协议通信网络模型与原理；第5章介绍理性密码协议云外包模型与原理；第6章介绍可证明安全的理性多秘密共享协议；第7章介绍基于双线性对的可验证的理性秘密共享方案；第8章介绍基于椭圆曲线的可验证的理性秘密共享方案；第9章介绍基于移动互联网络的可验证的理性秘钥共享方案；第10章介绍基于社交博弈的云外包秘钥共享方案；第11章介绍基于社交博弈的云外包隐私集合比较协议；第12章介绍理性的百万富翁协议；第13章介绍基于电路计算的理性安全多方求和协议。

本书作者博士就读于北京工业大学，并在中国科学院信息工程研究所做博士后研究，长期从事网络安全和密码学方向的科研和教学工作。本书是作者在多年理性密码协议研究和设计基础上撰写完成的学术专著，得到国家自然科学基金(U1604156)、河南省科技攻关项目(172102210045)和河南师范大学优秀学术著作出版基金等项目支持，在此向国家自然科学基金、河南省科技厅和河南师范大学等单位表示衷心的感谢！在本书编写过程中，得到侯缨盈、朱君哲、李会敏、常键、杨刃林、赵乐、林赛戈、侯淑梅、陈宛桢、秦磊勇等人的协助,他们做了大量细致的工作,在此一并表示衷心的感谢!

本书体系完整、条理清晰、内容全面,能够帮助读者理解和掌握理性密码协议原理与协议设计,以便读者能够更容易进入博弈论和密码学交叉学科领域研究。本书可作为网络空间安全、密码学和计算机等相关专业本科生、研究生的参考书,也可作为从事网络空间安全与密码学相关研究的技术人员以及对网络安全和密码学感兴趣的社会人士的参考用书。

由于时间仓促及作者水平有限,书中难免有不妥之处,恳请读者赐教与指正。

作 者

2021 年 4 月

目　　录

第1章 密码学基础

密码学在公元前400多年就已存在，人类使用密码的历史和使用文字的历史几乎一样长。密码学发展大致分为3个阶段：1949年前为古典密码阶段，数据安全基于算法的保密；1949—1975年为对称密码阶段，其中香农的“保密系统的信息理论”为对称密码建立了理论基础，从此密码学成为一门科学；1976年至今为非对称密码(公钥密码)学发展阶段，其解决了对称密码体制面临的密钥分配及数字签名的问题。

1.1 计算理论基础

理论计算科学主要研究了可计算性理论和计算复杂性理论，对于现代密码系统的设计有重要的理论与实际意义[1]。如现代密码学建立在一些困难问题基础上，而这些问题都是计算复杂性理论所研究的NP完全问题。在密码学安全分析中，人们广泛使用计算复杂度理论。

1.1.1 图灵机模型

1936年，图灵提出一种计算模型，现在称为图灵机模型，是常用的计算模型之一。图灵机由有限状态控制器、读写带、读写头构成。控制器总是处于某种状态，读写头扫描读写带中的某个方格，然后根据控制器的状态和读写头扫描的符号，图灵机完成相应的动作。为了方便描述，引入下面的形式化定义。

一台图灵机由以下6部分组成。

(1) 状态集Q，Q是有限非空集合。

(2) 带字母表 C，C 是有限非空集合。

(3) 动作函数 δ，δ 是 $Q\times C$ 到 $(C\cup U\{L,R\})\times Q$ 的部分函数。

(4) 空字符 $B\in C$。

(5) 输入字母表 A，$A\subseteq C-\{B\}$。

(6) 初始状态 $q_1\in Q$。

设当前状态为 q，被扫描的符号为 s，图灵机的动作函数有 4 种情形。

(1) 若 $\delta(q,s)=(s',q')$，则将读写头扫描到的符号改为 s'，将状态改为 q'，读写头位置不变。

(2) 若 $\delta(q,s)=(L,q')$，则将读写头左移一格，状态改为 q'，读写带内容不变。

(3) 若 $\delta(q,s)=(R,q')$，则将读写头右移一格，状态改为 q'，读写带内容不变。

(4) 若 $\delta(q,s)$无定义，则停止运算。

图灵机又分为确定型和非确定型两类。确定型图灵机的动作函数是确定的，下一个格局也是确定的。多次给定确定型图灵机一个相同的输入，那么计算过程是完全相同的。而非确定型图灵机的动作函数是不确定的。多次给定非确定型图灵机一个相同的输入，那么计算过程可能是完全不同的。

概率图灵机是非确定型图灵机的一种特例，而概率算法是密码学界研究的热点，其特征是给概率图灵机一个输入，两次计算结果可能不同。这样，如果一次性调用概率算法来解决问题，可能会出现错误答案，但多次调用概率算法可使出错的概率忽略不计。

1.1.2 计算复杂性理论

对于所有的计算问题可以分成两大类，一类是可以用算法解决的，另一类是不能用算法解决的。但是由于过度的时间需求，造成许多问题尽管在原理上可解，但在实践上仍是不可解的。计算

复杂性理论就是用来刻画哪些算法是实践上可行的理论。

定义 1-1(时间复杂度[2])　令 M 是一个确定型图灵机，M 的时间复杂度是一个函数 $f:\mathbf{N}\to\mathbf{N}$，其中 $\mathbf{N}$ 是非负整数集合，$f(n)$ 是 M 在所有长度为 n 的输入上执行的最大步数。

实际上，时间复杂度不是用来表示一个程序算法解决问题具体需要花费多少时间，而是问题规模扩大后，程序算法需要时间长度增长多快。所以一般只是估计它的趋势和级别，常常通过一种渐进记法或者 O 记法来方便地进行估计。

在不考虑计算机软硬件等因素，影响算法时间代价的最主要因素是问题规模。问题规模指的是算法求解问题输入量的多少，一般用整数 n 表示。一个算法的执行时间大致上等于其所有语句执行时间的总和，而语句的执行时间则为该条语句的重复执行次数和执行一次所需时间的乘积。假设每条语句执行一次所需的时间是单位时间，那么一个算法的执行时间可以用算法中所有语句的执行次数之和来表示。

对于较为简单的算法，可以直接计算出算法中所有语句的执行次数。但对于一些稍微复杂的算法，通常是较为困难的，即便能够给出，也可能是一个复杂的函数。因此，为了客观反映一个算法的执行时间，可以使用算法中基本语句的执行次数来度量算法的工作量。基本语句指的是算法中重复执行次数和算法的执行时间成正比的语句，它对算法运行时间的贡献最大。但这种度量方法得到的不是具体的时间，而是一种增长趋势，是当问题规模充分大时，算法中基本语句的执行次数在渐进意义下的阶。通常用渐进符号 O, Ω, o, ω, Θ 表示其阶。

- O 符号定义：设 f 和 g 是定义域为自然数集 $\mathbf{N}$ 上的函数，若存在正数 c 和 n_0，使得对一切 $n\geqslant n_0$ 有 $0\leqslant f(n)\leqslant cg(n)$ 成立，则称 $f(n)$ 的渐进的上界是 $g(n)$，记作 $f(n)=O(g(n))$，也可以说 $f(n)$ 的阶不高于 $g(n)$ 的阶。
- Ω 符号定义：设 f 和 g 是定义域为自然数集 $\mathbf{N}$ 上的函数，

若存在正数 c 和 n_0，使得对一切 $n \geqslant n_0$ 有 $0 \leqslant cg(n) \leqslant f(n)$ 成立，则称 $f(n)$ 的渐进的下界是 $g(n)$，记作 $f(n)=\Omega(g(n))$，也可以说 $f(n)$ 的阶不低于 $g(n)$ 的阶。

- o 符号定义：设 f 和 g 是定义域为自然数集 **N** 上的函数，若对于任意正数 c 都存在 n_0，使得对一切 $n \geqslant n_0$ 有 $0 \leqslant f(n) \leqslant cg(n)$ 成立，则记作 $f(n)=o(g(n))$，也可以说 $f(n)$ 的阶低于 $g(n)$ 的阶。

- ω 符号定义：设 $f(n)$ 和 $g(n)$ 是定义域为自然数集 **N** 上的函数，若对于任意正数 c 都存在 n_0，有 $0 \leqslant cg(n) \leqslant f(n)$ 成立，则记作 $f(n)=\omega(g(n))$，也可以说 $f(n)$ 的阶高于 $g(n)$ 的阶。

- $f(n)=\Theta(g(n))$ 符号定义：若 $f(n)=O(g(n))$ 且 $f(n)=\Omega(g(n))$，则记作 $f(n)=\Theta(g(n))$，也可以说 $f(n)$ 的阶与 $g(n)$ 的阶相等。

例 假设算法的问题规模是 n，算法的复杂度可以表示为 $f(n)$ 的函数，设 $f(n)=8n^5+7n^3+5n+55$，分别用 O，Ω，o，ω，Θ 来表示渐进复杂度，则

$f(n)=O(n^5)$ 或者 $f(n)=O(n^6)$ 或者 $f(n)=O(n^7)$ 等依次类推。

$f(n)=\Omega(n^5)$ 或者 $f(n)=\Omega(n^4)$ 或者 $f(n)=\Omega(n^3)$ 等依次类推。

$f(n)=o(n^6)$ 或者 $f(n)=o(n^7)$ 或者 $f(n)=o(n^8)$ 等依次类推。

$f(n)=\omega(n^4)$ 或者 $f(n)=\omega(n^3)$ 或者 $f(n)=\omega(n^2)$ 等依次类推。

$f(n)=\Theta(n^5)$。

为了描述算法在不同情况下的不同时间复杂度，引入了最好、最坏、平均时间复杂度。对于算法的时间复杂度的度量，人们更关心的是最坏和平均时间复杂度。然而很多情况下算法的平均复杂度难于确定，因此通常只讨论算法在最坏情况下的时间复杂度，

即分析在最坏情况下，算法执行时间的上界。

设算法中基本操作执行的次数是问题规模 n 的函数，用 $f(n)$ 表示，若有辅助函数 $g(n)$，使得当 n 趋近无穷时，如果 $\lim(f(n)/g(n))$的值为不等于 0 的常数，则称 $f(n)$是 $g(n)$同数量级函数，记为 $f(n)=O(g(n))$，称 $O(g(n))$为算法渐进时间复杂度，简称时间复杂度。

计算时间复杂度的基本步骤是：

(1) 计算基本操作的执行次数 $f(n)$，一般默认考虑最坏情况。

(2) 计算 $f(n)$数量级，忽略常量、低次幂及最高次幂的系数。

(3) 用 O 表示复杂度。当 n 趋近无穷时，如果 $\lim(f(n)/g(n))$的值为不等于 0 的常数，则称 $f(n)$是 $g(n)$同数量级函数，记为 $f(n)=O(g(n))$。

例如函数 $f(n)=8n^5+7n^3+5n+55$ 的时间复杂度是 $O(n^5)$。常见的时间复杂度按数量级递增排列如下：常数阶 $O(1)$、对数阶 $O(\log n)$、线性阶 $O(n)$、线性对数阶 $O(n\log n)$、平方阶$O(n^2)$、立方阶 $O(n^3)$、k 次阶 $O(n^k)$、指数阶 $O(2^n)$。

对几种常见的时间复杂度举例说明。

1. 常数阶 $O(1)$

```
{
    int m= 1;
    m+ + ;
}
```

算法的执行时间是一个与问题规模 n 无关的的常数，所以算法的时间复杂度为 $O(1)$。

2. 对数阶 $O(\log n)$

```
for(i= 1; i< = n;i= i * 2)
{
    m+ + ;
}
```

设循环体内基本语句的频度为 $f(n)$，则 $2^{f(n)} \leqslant n$，$f(n) \leqslant \log n$，所以算法的时间复杂度为 $O(\log n)$。

3. 线性阶 $O(n)$

```
for(i= 1; i< = n; i+ + )
{
    m= 0;
    j+ + ;
}
```

for 循环里面的代码会执行 n 遍，算法的执行时间是随着 n 的变化而变化的，因此时间复杂度为 $O(n)$。

4. 线性对数阶 $O(n\log n)$

线性对数阶可以理解为将时间复杂度为 $O(\log n)$的代码循环 n 遍，则它的时间复杂度为 $n \cdot O(\log n)$，即为 $O(n\log n)$。

```
for(i= 1; i< = n; i+ + )
{
  for(j= 1; j< = n; j= i * 2)
  {
      m+ + ;
      n+ + ;
  }
}
```

5. 平方阶 $O(n^2)$

平方阶可以理解为把时间复杂度为 $O(n)$的代码再循环一遍，即为 $O(n^2)$。

```
for(i= 1; i< = n; i+ + )
{
  for(j= 1; j< = n; j+ + )
  {
      m+ + ;
  }
}
```

定义 1-2(P 类)　将那些在确定型图灵机上可以在多项式时间内解决的问题集合称为 P 类。

P 类大致对应在计算机上实际可解的那类问题。把多项式时间作为实际可解的标准，已经被证明是切实有效的。如果对某类原本需要指数时间的问题，发现多项式时间算法，则能大大降低它的复杂度，从而更加实用。

定义 1-3(NP 类)　将那些非确定型图灵机在多项式时间内解决的问题集合称为 NP 类。其成员资格可以在多项式时间内验证。

定义 1-4(NP 完全问题)　NP 完全问题是 NP 类问题中最难的，这些问题中任何一个如果有多项式时间算法，那么所有 NP 类问题都是多项式时间可解的。也就是任何 NP 类问题可以在多项式时间内变换成 NP 完全问题的一个特例。

研究 NP 完全问题可以避免为某一问题浪费时间，寻找本不存在的多项式时间解。

P/NP 类问题是理论计算科学领域至今没有解决的公开问题。目前，多数计算机科学家认为 P≠NP，而基于复杂性理论的现代密码学把 P≠NP 作为一个必要条件。

1.1.3　可证明安全性理论

可证明安全性理论是一种公理化的研究方法[3]，其在计算复杂性理论的框架下，利用归约的方法将基础密码模块归约到对安全协议的攻击。假如存在一个攻击者能够对密码协议发动有效的攻击，那么就可以利用该攻击者构造一个算法用于求解困难问题(如大整数分解、二次剩余、离散对数等)或者破解基础密码模块。Goldwasser 等人[4]首先提出了可证明安全这一概念，并给出了具有可证明安全性的加密方案，但该方案效率不高，无法在实际中被广泛应用。1993 年，Bellare 和 Rogaway[5, 6]提出了随机预言模型，使得可证明安全性理论在实际应用领域得到快速发展。在随机预言模型中，假定各参与者共同拥有一个公开的预言机(oracle)

R。当设计一个实际的协议 P 时，首先在随机预言模型下设计一个协议 P^R 并证明其正确性，然后在实际方案中用适当选择的伪随机函数(如 hash 函数)取代该预言机。一般来说，这样设计出来的协议比标准模型下设计的方案要有效得多。目前，几乎所有的标准化组织都要求设计至少在随机预言模型下可证明安全的方案。在随机预言机模型下，把整个证明过程定义为了一个仿真游戏。在模型中，除了随机预言机以外，还存在一个仿真者，该仿真者对攻击者所有定义的询问进行回答，这一过程被称为训练。在仿真游戏的最后，仿真者给出事先确定的挑战，其中包含仿真者可以用来解答方案所基于的困难问题的知识。假设仿真游戏成功的概率是不可忽略的值，那么在给定攻击者的环境下，方案所基于的困难问题不再是困难的，因此引出矛盾。

定义 1-5(多项式归约) 设语言 $A,B\subseteq\{0,1\}^*$。如果存在一个确定性多项式时间可计算的函数 $f:\{0,1\}^*\rightarrow\{0,1\}^*$，使得对于任意的 $x\in\{0,1\}^*$，$x\in A$ 当且仅当 $x\in B$，那么，我们就称语言 A 可以多项式归约到 B，记为 $A\leqslant_m B$。我们称 f 为从语言 A 到语言 B 的归约。

在可证明安全性理论中，证明一个密码协议 C 的安全性，一般做法是这样。

(1) 根据密码协议的设计要求，形式化地描述和定义 C 的安全性。

(2) 选择一个难于求解的困难问题，或者难于破解的安全密码模块，这通常是所设计的密码协议的最基本的组成构件 P。

(3) 把求解 P 的问题归约到攻破 C，也就是说，给定 P 的一个实例 I_p，构造 C 的一个实例 I_c，并把 $C(I_c)$ 的解答转换成 $P(I_p)$ 的解答。

由于基本模块 P 是难以求解的计算困难问题或者安全的密码模块，所以 P 的安全性保证了 C 是难以攻破的。

下面是对加密算法 f-$OAEP$ 进行攻击归约的描述[7]：假设

Simon 为仿真者，A 为攻击者，Simon 控制了 A 与外界的全部通信。假定攻击者 A 可以以不可忽略的优势攻破 f-$OAEP$，那么 Simon 利用攻击者 A 可以对 OWTP f(陷门单向置换函数)求逆，这样，Simon 将对 f 的求逆任务归约到 A 攻破 f-$OAEP$ 的能力。

(1) Simon 以发 f-$OAEP$ 加密算法描述给 A 开始。

(2) 在查询阶段，Simon 从 A 收到一些密文要求解密，所以他必须通过仿真解密盒(预言机 O)回答 A。

(3) A 提交给 Simon 明文 m_0, m_1，Simon 投币选择 $b \in_R \{0, 1\}$，将询问密文 c^* 作为 m_b 的仿真 f-$OAEP$ 加密发给 A。

(4) 现在 A 处于猜测阶段，他可以进一步提交密文以获得更多的训练。

(5) 最终 A 输出他对 b 经过训练的猜测，结束攻击。

以上 A 不能将 c^* 直接提交，并要求解密，因为这正是 Simon 需要 A 帮助解决的密文，攻击的归约过程如图 1-1 所示。

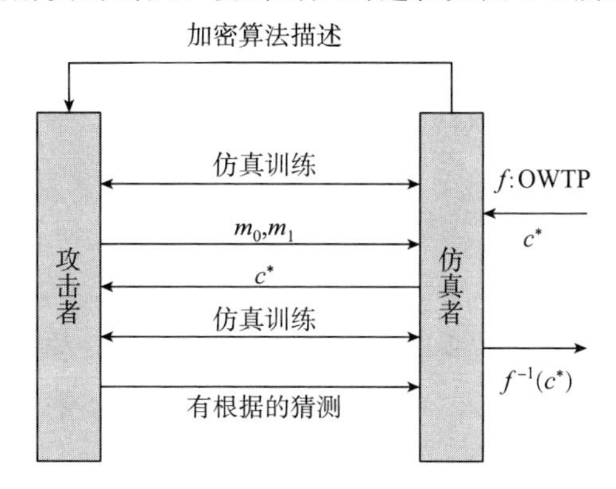

图 1-1　归约过程

下面介绍两种常用的归约证明方法。

1. 分叉引理归约证明

Pointcheval 和 Stern[8, 9] 使用了分叉归约方法，将 ElGamal 类签名方案的安全性归约到离散对数问题上，该方法又称为分叉引理。

下面首先介绍 ElGamal 类数字签名算法。密钥产生算法：选择一个大素数 p，g 为 $\mathbf{Z}_p^*$ 上的生成元。从 $\mathbf{Z}_{p-1}$上随机选择一个元素 x 作为私钥，计算公钥 $y=g^x \bmod p$。签名算法：从 $K\in \mathbf{Z}_{(p-1)}^*$，计算 $r=g^k \bmod p$，解线性方程 $h(m,r)=xr+Ks \bmod (p-1)$，得到 s，算法输出$(r,h(m,r),s)$。验证算法：验证等式 $g^{h(m,r)}=y^r r^s \bmod p$。

分叉引理(The Forking Lemma)：令(Φ,Σ,V)是一个数字签名方案，其安全参数为 k。A 是一个概率多项式时间图灵机，其输入由公开数据组成。用 Q 表示 A 能够询问随机预言的次数。假设在时间 T 内，A 产生一个合法签名(m,σ_1,h,σ_2)的概率为 $\varepsilon\geqslant 7Q/2^k$，那么有另外一个图灵机在期望时间 $T'\leqslant 84480TQ/\varepsilon$ 内，可以产生两个合法的签名(m,σ_1,h,σ_2)和$(m,\sigma_1,h',\sigma_2')$，$h\neq h'$。图 1-2描述了分叉引理，其中 $Q_1,\cdots,Q_Q$ 是 Q 个不同的询问，$\rho_1,\cdots,\rho_Q$是 Q 个回答。

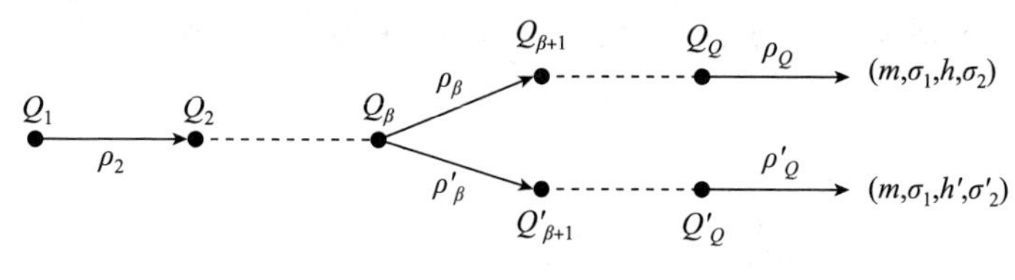

图 1-2　分叉引理

假设仿真者 S 对攻击者 A 进行了充分训练，运行足够多次后，A 可以得到 m 的一个合法签名(m,σ_1,h,σ_2)，然后对随机预言机列表进行重排，利用分叉引理，可以得到两个合法的签名(m,σ_1,h,σ_2)和$(m,\sigma_1,h',\sigma_2')$。由 $g^h=y^r r^s \bmod p$ 和 $g^{h'}=y^r r^{s'} \bmod p$ 得 $g^{hs'-h's}=y^{r(s'-s)} \bmod p$ 和 $g^{h'-h}=r^{s-s'} \bmod p$。因为 g 是 $\mathbf{Z}_p^*$ 的生成元，存在 t 和 x 满足 $g^t=r \bmod p$ 和 $g^x=y \bmod p$，所以可得 $hs'-h's=xr(s'-s) \bmod p-1$ 和 $h'-h=t(s-s')\bmod p-1$。然后 r 与 q 分互素和不互素两种情况，通过解方程可以求解离散对数问题，因此引出矛盾。

2. Full Domain Hash(FDH)归约证明

Coron[10]提出了对 RSA-FDH 数字签名的归约证明方法。下面是具体的证明过程。

$$t = t' - (q_h + q_{sig} + 1) \cdot O(k^3),$$

$$\varepsilon = \frac{1}{(1 - 1/(q_{sig} + 1))^{q_{sig}+1}} \cdot q_{sig} \cdot \varepsilon' \tag{1-1}$$

假设 RSA 问题是(t',ε')安全的，则 RSA-FDH 签名是(t,ε)安全的。其中 q_{sig} 表示签名询问的次数，q_h 表示随机预言询问的次数。

证明　假设攻击者 A 经过 q_{sig} 次签名询问和 q_h 次随机预言询问，可以(t,ε)攻破 RSA-FDH 签名协议，则可以构造一个求逆算法 I，它可以(t',ε')破解 RSA 困难问题。

算法 I 设置用户的公钥为(n,e)，以此作为输入来运行算法 A。攻击者 A 需要访问签名 oracle 和随机 oracle，而 I 需要自己回答这些 oracle。当攻击者 A 对消息 m 进行 hash oracle 询问时，I 把计数器 i 增加 1，令 $m_i = m$，并随机选择 $r_i \in \mathbf{Z}_n^*$。I 以概率 p 返回 $h_i = r_i^e \bmod n$，概率 $1-p$ 返回 $h_i = yr_i^e \bmod n$，这里 p 是固定的，值在以后确定。

当 A 对消息 m 进行签名询问时，它已经对 m 进行了 hash 询问，m 必然等于某个 m_i。如果 $h_i = r_i^e \bmod n$，则 I 返回 r_i 作为签名。由于 $h(m_i) = h_i = r_i^e \bmod n$，显然 r_i 就是 m_i 的有效签名，否则，算法中止，求逆算法失败。

最终，算法 A 输出一个伪造的消息-签名对(m,x)。假设 A 之前已经对 m 进行了 hash 询问。如果没有，I 自己进行 hash 询问。无论何种情况，存在某个 i 使得 $m_i = m$。如果 $h_i = yr_i^e \bmod n$，则有 $\sigma = h_i^d = y^d r_i \bmod n$，于是 I 输出 $x = y^d = \sigma / r_i$ 作为 y 的逆。由于 $x^e = y \bmod n$，x 即为所求，否则，算法 A 中止，I 失败。

注意　算法 I 回答所有的签名询问的概率至少为 $p^{q_{ss}}$，然后 I 输出 y 的逆的概率为 $1-p$，所以 I 至少以概率 $\alpha(p) = p^{q_{ss}} \cdot (1-$

p)输出 y 的逆。容易看出，当 p 取 $p_{\max}=1-1/(q_{sig}+1)$时，$\alpha(p)$ 取得最大值，并且

$$\alpha(p_{\max})=\frac{1}{q_{sig}}\left(1-\frac{1}{q_{sig}+1}\right)^{q_{sig}+1} \tag{1-2}$$

从而有 $\varepsilon(k)=\frac{1}{(1-1/(q_{sig}+1))^{q_{sig}+1}}\cdot q_{sig}\cdot\varepsilon'(k)$。

算法 I 的时间等于算法 F 的时间加上计算 h_i 所需要的时间，这样容易得到 t 的公式。

1.2 加密算法

加密算法是密码学的核心技术之一，以密钥为标准进行划分，可分为对称加密和非对称加密。对称加密中通信双方使用相同的密钥进行加解密操作，非对称加密算法中双方使用不同的密钥进行加解密操作。

1.2.1 对称加密

对称密钥加密，即发送方 Alice 和接收方 Bob 为了防止除彼此之外的其他人获得两者的传送消息，发送方 Alice 和接收方 Bob 便共享密钥 sk，发送方 Alice 用密钥 sk 加密消息，接收方 Bob 使用相同的密钥 sk 解密恢复消息。

对称加密系统中，由以下 6 个部分组成。

- 加密解密的密钥 sk：密钥 sk 从密钥空间 K 中选取 $sk\in K$。
- 明文消息 m：明文消息 m 从明文消息空间 M 中选取 $m\in M$。
- 密文 c：经密钥 sk 对明文加密后的信息 $c\in C$。
- 密钥生成算法 Gen。
- 加密算法 Enc。
- 解密算法 Dec。

对称密钥加密的具体方案如图 1-3 所示。

（1）通过密钥生成算法（Gen），根据方案定义的某种概率分布选择并输出密钥 $sk(sk \in K)$。

（2）发送方 Alice 以密钥 $sk(sk \in K)$ 和明文消息 $m(m \in M)$ 为输入运行加密算法（Enc），得到密文消息 $c(c \in C)$，记为 $c \leftarrow \mathrm{Enc}_{sk}(m)$。

（3）接收方 Bob 以密钥 $sk(sk \in K)$ 和密文消息 $c(c \in C)$ 为输入运行解密算法（Dec），从而恢复出明文消息 $m(m \in M)$，记为 $m = \mathrm{Dec}_{sk}(c)$。

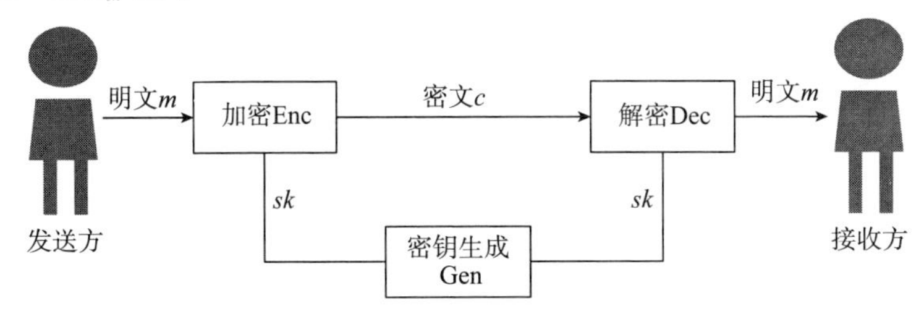

图 1-3 对称密钥加密过程

现有常用的对称加密算法主要有数据加密标准（Data Encryption Standard，DES）算法、三重数据加密（Triple DES，3DES）算法、高级加密标准（Advanced Encryption Standard，AES）算法等。

DES 是迭代的分组加密算法，此技术将消息分成固定长度的消息块，之后对固定长度的消息块进行加密。DES 算法支持 56 比特的密钥和 64 比特的明文或密文消息运算（$K \in \{0,1\}^{56}, M, C \in \{0,1\}^{64}$），使用了 16 个循环以及异或、置换、代换、移位 4 种操作。虽然到目前为止除了穷举搜索法没有其他方法可以对 DES 算法造成有效攻击，但是随着计算机硬件以及网络的发展，经过特殊处理的计算机可能只需要几个小时便可破解 DES 算法加密的消息。为了克服 DES 算法密钥空间小这一缺陷，后来又提出了三重数据加密（3DES）算法。

3DES 算法是 DES 算法的安全扩展，可采用 2 个密钥或 3 个密钥两种算法，这两种算法均 3 次运行 DES 算法对数据进行加密。采用 3 个密钥的算法加密过程为加密-解密-加密，记为 $c \leftarrow$

$Enc_{sk_3}(Dec_{sk_2}(Enc_{sk_1}(m)))$；解密过程为解密-加密-解密，记为 $m = Dec_{sk_1}(Enc_{sk_2}(Dec_{sk_3}(c)))$；密钥 sk_1, sk_2, sk_3 的异同决定了 3DES 算法的安全性，如果 3 个密钥互不相同，则可认为是一个长为 168 比特的密钥进行加密。当 $sk_1 = sk_3$ 时，则是采用 2 个密钥的 3DES 算法，可认为是一个长为 112 比特的密钥进行加密。以上两种算法均可达到密钥空间扩展的效果，从而使 3DES 算法具有足够的安全性。

AES 算法也是分组加密算法，即将消息分成固定长度的消息块，每块长度相等，之后对固定长度的消息块进行加密，每次加密一块数据，直到加密完整个明文消息。AES 算法支持的密钥长度可以是 128 比特、192 比特、256 比特。分组长度 128 比特使用了字节代替、行位移、列混淆、轮密钥加 4 种操作，除此之外还需要对原始密钥进行扩展。和 DES 相比，AES 算法的密钥长度可以根据需要增加，并且 AES 算法的安全性比 DES 算法明显要高。

1.2.2 对称加密的隐患

前文中所描述的对称加密可以保证通信双方在非安全通道通信的安全性，但它仍有较大的局限性。

(1) 密钥的共享：对称加密算法需要通信双方共享同一个密钥，这就需要通信双方首先在一个安全的通信通道里传输算法的密钥，一个安全的通信通道往往是难实现的。

(2) 密钥的保存：多人保管同一密钥就意味着敌手窃取密钥的概率大大增加。例如存在这样的场景，在战争中，统帅在第一天就把密钥分配给各个将军，如果有一个将军将密钥泄露或者被敌手窃取，那么在本次战争所有对信息的加密都将不再保证信息的保密性。

这就说明了对称加密在一个开放的环境中(例如跨国通信或在分布式网络通信环境中)进行密钥传输和密钥管理是非常困难的。

1.2.3　公钥加密体制

1. 公钥加密原则

1976 年 Diffie 和 Hellman 开创了公钥密码学，并提出了两个重要的原则。

(1) 在加密算法和公钥都公开的前提下，可以保证加密信息的保密性。

(2) 对所有通信方，拥有密钥者关于加密解密算法的计算或处理都应比较简单，但对其他不掌握私钥的参与方，破译应是极其困难的。

随着计算机网络及其硬件系统的迅速发展，信息保密性要求的日益提高，公钥密码算法体现出了对称密钥加密算法不可替代的优越性。近代的公钥加密体制的安全性大多都基于计算的困难问题，如大数分解难题、计算有限域的离散对数难题、平方剩余难题、椭圆曲线的对数难题等。

2. 公钥加密体制研究方面

基于这些难题，研究人员开创了各种公钥加密体制，关于各种公钥加密体制的研究主要集中在以下方面。

(1) RSA 公钥加密体制：RSA 算法是由 Ron Rivest、Adi Shamir 和 Leonard Adleman 在 1978 年提出的，其安全性基于数论中大素数分解的困难性，算法的输入为大整数，其因子分解的难度与密码破译难度成正比。

(2) 椭圆曲线数字签名算法(ECDSA)：ECDSA 的安全性是基于椭圆曲线离散对数难题。ECDSA 于 1999 年成为 ANSI 标准，并于 2000 年成为 IEEE 和 NIST 标准。

(3) 数字签名研究：数字签名是由通信方的私钥对信息进行签名，公钥对签名信息进行验证。数字签名不仅提供数据起源认证服务，还具有数据完整性及不可抵赖性等性质。

(4) 其他公钥加密体制：如 ElGamal 加密算法，其安全性基于群中的离散对数困难问题。

3. 加密和解密过程

如果称加密算法为对称加密是因为通信双方都使用共同的密钥来对信息进行加密和解密，那么公钥加密就是非对称加密，公钥加密需要一个加密密钥(公钥)对明文进行加密和一个解密密钥(私钥)对密文进行解密。其具体步骤如下所述。

(1) 密钥的生成(Gen)：每一个参与方都运行密钥生成算法产生一个密钥对(pk,sk)，然后共享自己的公钥给其他参与方，保存自己的私钥不被他人所知。

(2) 公钥加密(Enc)：如果 Alice 想要发送明文 m 给 Bob，那么 Alice 就可以用 Bob 的公钥加密自己的明文，并得到密文 $c \leftarrow \mathrm{Enc}_{pk}(m)$。

(3) 私钥解密(Dec)：Alice 将密文发送给接收方 Bob，Bob 可以用自己的私钥解密密文得到明文 $m=\mathrm{Dec}_{sk}(c)$。这里 Bob 的私钥是保密的，所以其他参与方不能解密 Alice 发送给 Bob 的密文。

由此可见，公钥加密体制在公钥的共享上并不需要一个安全的通信通道，由于私钥是每个参与方在本地生成的，参与方只需要保证私钥的保密性就可以保证通信信息的保密性。

4. 常见的攻击模式

为了保证秘密信息的安全性，加密算法必须能够抵抗各种攻击，密码学中常见的几种攻击模式如下。

(1) 唯密文攻击：敌手已知的信息是加密算法和密文。

(2) 已知明文攻击：敌手已知的信息是与待解的密文用同一密钥加密的一个或多个明密文对。

(3) 选择明文攻击：敌手已知自行选择的一些明文以及对应的密文。

(4) 选择密文攻击：敌手已知自行选择的一些密文以及对应的明文。

5. 公钥加密算法的安全性

下面将简单讨论公钥加密算法在选择明文攻击下的安全性。假设有一个公钥加密算法 $\Pi=(\mathrm{Gen},\mathrm{Enc},\mathrm{Dec})$，敌手 A，且敌手可以访问加密预言机。

CPA(选择明文攻击)不可区分实验 $Pubk_{A,\Pi}^{cpa}(n)$：

(1) 执行密钥生成算法 $\mathrm{Gen}(1^n)$得到一个密钥对(pk,sk)。

(2) 敌手 A 获取公钥 pk，并且可以访问加密预言机 $\mathrm{Enc}_{pk}(\cdot)$来获取同一个明文空间的两个明文 m_0,m_1。

(3) 随机选择一个比特 $b\in(0,1)$，然后计算 $c\leftarrow\mathrm{Enc}_{pk}(m_b)$并发送给敌手 A，这里称 c 为挑战密文。

(4) 敌手 A 访问预言机 $\mathrm{Enc}_{pk}(\cdot)$，输出一个比特 b'。如果 $b=b'$，实验输出 1，否则输出 0。如果 $b=b'$，则称敌手 A 成功。

定义 1-6(选择明文攻击不可区分)　如果有一个 PPT(概率多项式时间)敌手 A，存在一个可忽略函数 $negl(n)$，使得

$$Pr(Pubk_{A,\Pi}^{cpa}=1)\leqslant\frac{1}{2}+negl(n) \tag{1-3}$$

则说明公钥加密算法 $\Pi=(\mathrm{Gen},\ \mathrm{Enc},\ \mathrm{Dec})$在选择明文攻击中是不可区分加密。

1.3　承诺方案

承诺方案是许多加密协议中的基本原语，能够促使参与方对信息承诺并保证隐私性。例如，承诺方案是非透明密封信封数字化的类似物。参与方将便笺放到信封中实现对便笺内容的承诺，同时保护内容的隐私。

承诺方案是一种有效的两阶段两方协议，两个阶段为承诺阶段和揭示承诺阶段。在承诺阶段，承诺方 S 对消息 x 进行承诺计算并得到承诺结果，将其发送给接收方 R，并保证信息的隐私性。在揭示承诺阶段，承诺方 S 公开被承诺的消息 x，接收方 R 进行

计算并打开承诺值，证实其与第一阶段隐藏的信息相同。

承诺方案在执行时应满足以下两个基本性质。

(1) 隐藏性：在承诺未被公开前，接收方 R 不能得到有关信息 x 的任何信息。

(2) 绑定性：具有恶意的承诺者不能改变承诺，第一阶段信息 x 的承诺值必须和其公开承诺值保持一致。

承诺方案[1]的算法：随机算法 Gen 输出公共参数 *parameter*；算法 Com 输入参数 *parameter* 和信息 $x\in\{0,1\}^n$，输出承诺值 *commit*。发送者 S 随机选择一个 $r\in\{0,1\}^n$，计算 $commit := \mathrm{Com}(parameter, x; r)$，并将 *commit* 发送给接收方 R。在打开承诺阶段，发送方 S 将 x，r 发送给接收方，接收方计算 $\mathrm{Com}(parameter, x; r) \stackrel{?}{=} commit$ 验证承诺信息与第一阶段的承诺值是否一致。承诺方案的隐藏性质意味着 *commit* 不会泄露信息 x 的任何信息。绑定性质意味着承诺值 *commit* 不可能以两种不同的方式打开。形式定义如下。

1. 承诺隐藏方案实验

承诺隐藏方案实验 $Hiding_{A,Com}(m)$**：**

(1) $parameter \leftarrow \mathrm{Gen}(1^m)$：随机算法 Gen 生成参数 *parameter*。

(2) 敌手 A 输入 *parameter*，输出信息 $x_0, x_1 \in\{0,1\}^m$。

(3) 选择一个随机比特值 $b\in\{0,1\}$，计算 $commit \leftarrow \mathrm{Com}(parameter, x_b; r)$。

(4) 敌手 A 输入 *commit*，输出比特 b'。

(5) 如果 $b'=b$，实验的输出为 1。

2. 承诺绑定方案实验

承诺绑定方案实验 $Bingding_{A,Com}(m)$**：**

(1) $parameter \leftarrow \mathrm{Gen}(1^m)$：随机算法 Gen 生成参数 *parameter*。

(2) 敌手 A 输入 *parameter*，输出 $(commit, x, r, x', r')$。

(3) 如果 $x \neq x'$ 和 $\mathrm{Com}(parameter, x; r) = commit =$

Com($parameter$, x'; r')，实验输出为 1。

定义 1-7(承诺方案安全性)　如果对于所有多项式时间概率敌手 A，存在一个不可忽略函数 $negl$ 满足

$$Pr[Hiding_{A,Com}(m)=1]\leqslant\frac{1}{2}+negl(m)$$

$$Pr[Binding_{A,Com}(m)=1]\leqslant negl(m) \tag{1-4}$$

则称承诺方案 Com 是安全的。

1.4　同态加密

同态加密允许对密文信息进行操作，并保证其输出的解密结果与明文之间的运算结果是相同的。该技术的实现为多方计算提供了一个具有安全保障的工具。在密码学中，同态加密主要分为全同态加密和半同态加密。能够同时实现乘法和加法同态的功能称为全同态加密；仅能够实现乘法同态或者加法同态的功能称为半同态加密。目前，相比不易实现且效率较低的全同态加密，半同态加密的使用范围更加广泛。

1.4.1　乘法同态加密

乘法同态加密满足密文进行某种有效算法后其结果与明文相乘后的加密结果一致，表示为 $\mathrm{Dec}(\mathrm{Enc}(m_1)\otimes\mathrm{Enc}(m_2))=m_1\times m_2$，其中 Enc 是加密算法，Dec 是解密算法，$\otimes$是密文域上的一种运算。

Rivest 等人[11]首次提出同态加密的概念，并结合数论构造出 RSA 公钥算法[12]。该算法基于大整数分解困难问题，具有乘法同态的性质。基于离散对数困难问题的公钥加密由 Elgamal[13]提出，它同样只具有乘法同态性质而不具有加法同态性质。

1.4.2　加法同态加密

加法同态加密满足密文进行某种有效算法后其结果与明文相

加后的加密结果一致，表示为 $\mathrm{Dec}(\mathrm{Enc}(m_1)\oplus \mathrm{Enc}(m_2))=m_1+m_2$，其中 Enc 是加密算法，Dec 是解密算法，$\oplus$是密文域上的一种运算。

满足加法同态性质的 GM 同态方案由 Goldwasser 和 Micali[14]提出，该方案基于二次剩余难题构造，有较强的安全性保障。随后，Okamoto[15]、Naccache[16]以及 Paillier[17]等人也分别提出了具有加法同态性质的加密算法，并能实现多次加法同态运算。Damgard 等人[18]对 Paillier 同态加密提出了改进，并构造了 DJ 同态加密算法。BGN 同态加密[19]进一步实现了同时支持任意次加法同态以及一次乘法同态，对既需要加法计算又需要少量乘法计算的场景提供了便捷的方法。

1.4.3 门限同态加密

门限同态加密在简单同态加密的基础上使得大于等于 t 个参与者能恢复密钥并解密成功，其中 t 是门限同态加密的门限值。

Cramer 等人[20]提出了一种基于门限同态加密的安全多方计算方法。该协议基于 Paillier 门限加法同态，在无可信第三方的环境下，多个参与方之间协作计算，并能保证在不泄露各自隐私信息的前提下，有超过门限个数的参与方才能共同获取解密结果。

ElGamal 加密算法同样可以构造门限同态加密方案，并结合零知识证明保证算法的安全性。基于 ElGamal 加密的门限同态加密方案由 3 个算法组成：密钥生成算法 Gen、加密算法 Enc 和解密算法 Dec，并满足下述乘法同态性质：

$$\mathrm{Dec}(\mathrm{Enc}(pk,m_1)\otimes\cdots\otimes\mathrm{Enc}(pk,m_n),sk_1,\cdots,sk_n)=m_1\times\cdots\times m_n \tag{1-5}$$

具体算法如下：

有参与者 $P_1,P_2,\cdots,P_n$，分别拥有明文消息 $m_1,m_2,\cdots,m_n$，通过完成以下算法在不泄露各方明文消息的前提下得到消息 $m=m_1\times m_2\times\cdots\times m_n$。

(1) 密钥生成算法 $\text{Gen}(1^\lambda)\to(pk,sk_i)$：$P_1,P_2,\cdots,P_n$ 执行投币协议得到公共参数(G,g,q)，其中 q 是一个大素数，G 是模 q 群，g 是群 G 的一个随机生成元。P_i 随机选取 α_i 作为私钥，计算 $h_i=g^{\alpha_i}$ 以及与之对应的零知识证明 π_i，并将 h_i 与 π_i 发送给其他参与者。所有参与者验证 π_i 成功后计算 $h=\prod_{i=1}^{n}h_i$。最终，每个参与者 P_i 有各自的私钥 $sk_i=\alpha_i$ 以及公钥 $pk=(G,g,q,h)$。

(2) 加密算法 $\text{Enc}(pk,m_i)\to c$：P_i 输入公钥 pk 和明文消息 $m_i\in G$。随机选取 $r_i\leftarrow\mathbf{Z}_q^*$，得到密文消息 $c_i=(y_i,z_i)=(g^{ri},m_ih^{ri})$，并发送给其他参与者。所有参与者计算

$$c=\left(\prod_{i=1}^{n}y_i,\prod_{i=1}^{n}z_i\right)。$$

(3) 解密算法 $\text{Dec}(c,sk_i)\to m$：P_i 计算 $ds_i=y^{\alpha_i}$ 以及零知识证明π_i'，并发送 ds_i 与 π_i'给其他参与者。所有参与者验证 π_i'成功后计算 $ds=\prod_{i=1}^{n}ds_i$，最终输出为 $m=\dfrac{z}{ds}$。

1.5 零知识证明

零知识证明是证明者 P 和验证者 V 之间的一种协议，通过该协议证明者可以向验证者证明一个陈述是正确的，但同时不泄露证明者的隐私信息。通过 Fiat-Shamir 转换方法能够将交互零知识证明在随机预言机模型下转化为非交互零知识证明。

1.5.1 交互零知识证明

交互零知识证明通过证明者 P 和验证者 V 的三轮交互，即证明者发送一个承诺，验证者随机应答一个挑战以及证明者回复响应完成一个陈述的零知识证明。

令(P, V)表示语言 L 的交互式系统。下面将讨论关于离散对

数的交互式零知识证明。证明者在 $\mathbf{Z}_q$ 中随机选择了一个元素 w，并且公布了 $h=g^w \bmod p$。证明者要向验证者证明其知道证据 w，其中 p 是一个素数，q 是 $p-1$ 范围内的素因子，g 是 $\mathbf{Z}_p^*$ 中阶为 q 的生成元。证明方法如图 1-4 所示：

(1) 证明者 P 从 $\mathbf{Z}_q$ 中随机选取一个元素 t，将 $a=g^t$ 发送给验证者 V。

(2) 验证者 V 选择随机挑战值 $z\in\mathbf{Z}_q$ 发给证明者 P。

(3) 证明者 P 将 $c=t+zw\in\mathbf{Z}_q$ 发送给验证者 V。V 验证 g^z 和 ah^c 是否相等，如果相等则接受证明，否则不接受。

图 1-4　交互零知识证明

1.5.2　非交互零知识证明

令 H 表示随机预言机，L 为 NP 语言，R 是可计算的二元关系，对于$(x,w)\in R$ 而言，称 x 为一个陈述，w 为证据。证明者将(σ,x,w)作为输入，产生证明 π，其中 σ 为公共参考串(CRS)。一个对于语言 L 的非交互零知识证明是两个概率多项式算法(P,V)，满足如图 1-5 中的性质。

完备性：对于证明者生成正确的证明，验证者能够以大概率接受，即

$$\forall (x,w)\in R,\ Pr\,[V^H(\pi)=1 : \pi=P^H(x,w)]=1-negl(\lambda)$$

健壮性：对于不属于语言 L 的陈述，验证者不能以较高的概率使得验证者接受，即

$$Pr\,[V^H(\pi)=1 : \pi=P^H(x,w)]=negl(\lambda)$$

零知识：除了陈述的正确性外，证明过程没有泄露其他信息。即存在一个概率多项式模拟器 Sim，对于任意 $x\in L$，$Sim^{\overline{H}}(x)$输出的证明和真实协议输出的证明是统计/计算不可区分的。

知识提取：任何证明者能够使验证者确信，存在一个提取器能够提取一个合法的证据 w，即$(x,w)\in R$。

图 1-5　零知识证明协议性质

1.5.3　批处理非交互零知识证明设计

批处理非交互零知识证明所设计的语言 $L^{(T)}$ 为

$$L^{(T)}=\left\{\begin{array}{ll}(p,q,g,h,\mathrm{T}): & \mathrm{g}=(\mathrm{g}_1,\cdots,\mathrm{g}_\mathrm{T})\in(\mathbf{Z}_p^*)^{(T)} \\ & h=(h_1,\cdots,h_T)\in(\mathbf{Z}_p^*)^{(T)} \\ & \exists w\in\mathbf{Z}_q \text{满足} \\ & \forall i\in[T]h_i=g_i^w\end{array}\right\} \quad (1\text{-}6)$$

针对语言 $L^{(T)}$ 所设计的批处理零知识证明协议如图 1-6 所示。

(1) 证明者 P 从 $\mathbf{Z}_q$ 中随机选取一个元素 t，计算 $a=(a_1,\cdots,a_T)=(g_1^t,\cdots g_T^t)$。

(2) 证明者 P 计算 $z=H(g, h, a)$。

(3) 证明者 P 计算 $c=t+zw\in\mathbf{Z}_q$，并将(a, z, c)发送给验证者 V。V 验证 g^z 和 $a_i h^c$ 是否相等，如果相等则接受证明，否则不接受。

图 1-6　批处理零知识证明协议

1.6　不经意传输

不经意传输(Oblivious Transfer，OT)是密码学中的一个基本原语，最初由 Rabin[21] 提出，常被用于构造密码协议，如安全多方计算中的混淆电路[22]、秘密共享[23]及隐私集合比较[24]等。

不经意传输允许发送方和接收方共同执行协议，其中发送方拥有消息 m_0, m_1，而接收方拥有选择比特 b。双方通过执行该协议，在不泄露 m_{b-1} 的前提下，发送方向接收方传输消息 m_b，且不能得知接收方获取的是 m_b 还是 m_{b-1}。像这样发送方拥有两个消息，接收方从中得到一个消息的协议被称为 1 out-of 2 不经意传输协议。与 1 out-of 2 不经意传输协议不同的是，1 out-of n 不经意传输协议表示接收方拥有的消息个数为 n，而接收方仍然是从 n 个消息中得到其中一个，但同时不会泄露双方的隐私。同样，上述的不经意传输协议还可以推广到 k out-of n 不经意传输，以适应不同的应用场景。

Bellare 和 Micali[25] 设计了基于公钥加密的两轮不经意传输协议，并使用非交互零知识证明进一步改进为非交互不经意传输协议。Impagliazzo 和 Rudic[26]指出不经意传输在没有使用公钥加密的情况下难以实现。Beaver[27]提出不经意传输可以通过少量的基础 OT 实现扩展。基础 OT 使用公钥加密，其数量由计算安全参数决定，而除基础 OT 外的其他 OT 则利用对称原语实现。但实际上这种构造并不实用，因为它需要使用 Yao 的混淆电路来计算伪随机生成器。随后，Ishai 等人[28]提出一个被动安全且有效的扩展不经意传输协议 IKNP。Kolesnikov 和 Kumaresan[29] 使用 Walsh-Hadamard 错误纠正码对 IKNP 协议进行改进，实现了针对随机字符串被动安全的 1 out-of n 不经意传输协议，并且它的开销与 1 out-of 2 IKNP 不经意传输协议接近。

图 1-7 给出 Bellare 和 Micali[25]两轮不经意传输协议的描述。

> **输入：**发送方 S 的输入为消息 m_0, m_1；接收方 R 的输入为选择比特 $b \in \{0,1\}$。
>
> **输出：**接收方输出为 m_b。
>
> **初始化设置：**双方约定协议在群 $\mathbf{Z}_q$ 上执行，其中 q 是素数。设置 g 是群的生成元，H 是哈希函数。
>
> 发送方选择随机元素 $C \in \mathbf{Z}_q$ 并公开其值。
>
> **协议：**
>
> (1) 接收方 R 选择随机数 $k(1 \leqslant k \leqslant q)$，并设置公钥 $PK_b = g^k$ 和$PK_{1-b} = \frac{C}{g^k}$。将 PK_0 给接收方 R。
>
> (2) 发送方 S 计算 $PK_1 = \frac{C}{PK_0}$，并选择随机串 $r_0, r_1 \in \mathbf{Z}_q$。然后发送方将消息 m_0 和 m_1 加密为 $c_0 = (g^{r_0}, H(PK_0^{r_0}) \oplus m_0)$，$c_1 = (g^{r_1}, H(PK_1^{r_1}) \oplus m_1)$，并将密文 c_1, c_2 发送给接收方 R。
>
> (3) 接收方 R 计算 $H((g^{r_b})^k) = H(PK_b^{r_b})$，并用该值解密密文得 m_b。

图 1-7　不经意传输协议

1.7　秘密共享

秘密共享思想是将一个秘密以某种方式拆分，拆分后的子份

额由不同参与者掌握，单个参与者不能得到秘密的有效信息，只有达到或多于某一个门限值的参与者共同合作才能重构秘密。秘密共享在数字签名、安全多方计算、属性加密、云安全存储和密钥管理等多个领域有着重要的作用。

1.7.1 秘密共享系统构成

秘密共享系统由秘密空间、分发者、参与者、访问结构、秘密分发算法和秘密重构算法等组成，假设参与者集合 $P=\{P_1,\cdots,P_n\}$。为了刻画哪些群体可以恢复密钥，即哪些参与者的集合是被授权恢复密钥的，将所有授权集的集合称为存取结构，用 Γ 表示。Γ 是 P 的子集，即 $\Gamma\in 2^P$，其满足单调上升的性质。而秘密分发算法给出了产生子份额的概率多项式时间算法。秘密重构算法给出了授权子集恢复秘密的算法，是一个确定性算法。

定义 1-8(秘密共享定义[30])　设 $m\leqslant n$ 是正整数，一个 m out-of n 秘密共享是一对算法 $G_{n,m}$ 和 $R_{n,m}$，并且满足以下条件。

(1) 句法：秘密共享生成算法 $G_{n,m}$ 是一个概率映射，其将秘密比特映射为 n-序列的子份额。也就是说，对每一个 $\sigma\in\{0,1\}$，随机变量 $G_{n,m}(\sigma)$ 服从 $(\{0,1\}^*)^n$ 上的均匀分布。秘密重构算法 $R_{n,m}$ 是从 $[n]\times\{0,1\}^*$ 中组成的 m-序列到一个单比特的映射，其中 $[n]\overset{\text{def}}{=}\{1,\cdots,n\}$。

(2) 恢复条件：对任意 $\sigma\in\{0,1\}$，$G_{n,m}(\sigma)$ 值域中任意序列 $(s_1,\cdots,s_n)$ 和任意 m-子集 $\{i_1,\cdots,i_m\}\subseteq[n]$，都满足 $R_{n,m}((i_1,s_4),\cdots,(i_m,s_{t_m}))=\sigma$。

(3) 保密条件：对任意 $(m-1)$-子集 $I\subset[n]$，$G_{n,m}(\sigma)$ 中的 I-部分的分布与 σ 独立。也就是说，对于任意的 $I=\{(i_1,\cdots,i_{m-1},\}\subset[n]$，定义 $g_I(\sigma)=(i_1,s_{i_1}),\cdots,(i_{m-1},s_{i_{m-1}})$，其中 $(s_1,\cdots,s_n)\leftarrow G_{n,m}(\sigma)$。然后要求对任意的 I，随机变量 $g_l(0)$ 和 $g_l(1)$ 是同分布的。给定一个对应 m out-of n 秘密共享生成算法 $G_{n,m}$，很容易将其推广为能够处理 t-比特串的算法，即 $G_{n,m}(\sigma_1\cdots\sigma_t)\overset{\text{def}}{=}(s_1,\cdots,$

s_n),其中 $S_i = S_{i,1} \cdots S_{i,t}$,并且对每一个 $i=1,\cdots,n$,及 $j=1,\cdots,t$,都满足$(S_{1,j},\cdots,S_{n,j}) \leftarrow G_{n,m}(\sigma_j)$。

1.7.2 秘密共享的存取结构及信息率

设 $P=\{P_1,\cdots,P_n\}$是参与者集合,$AS \subseteq 2^P$ 是一个非空集,称 AS 是 P 上的存取结构。如果 AS 满足单调性,即如果 $A \in AS$,那么对任意 $A' \in 2^P$ 和 $A \in A'$,有 $A' \in AS$。如果 AS 是 P 上的存取结构,那么 AS 中的任何集合称为 P 上的授权集。授权集有至少 m 个参与者构成,通常称这个存取结构为(m,n)门限存取结构[22]。

而信息率是为了研究秘密共享体制数据扩散程度,在秘密信息一定的条件下,透露给参与者的信息越少越利于体制的安全。设 $P=\{P_1,\cdots,P_n\}$是参与者集合,AS 是 P 上的存取结构,S 是主秘密空间,S_i 是 P_i 的子秘密空间。将 $s \in S$ 表示为 $\log|S|$的比特串,同样,将 P_i 的子秘密表示为 $\log|S_i|$的比特串,相对于 P_i 的信息率为

$$\rho_i = \frac{\log|S|}{\log|S_i|} \tag{1-7}$$

1.7.3 Shamir 门限秘密共享算法

秘密共享体制大约分为 Lagrange 插值法、矢量体制、同态秘密共享和同余类秘密共享体制等。Shamir 于 1979 年基于 Lagrange 插值公式构造一种经典的门限秘密共享算法。

(1) 协议初始化阶段:分发者从 $GF(q)$中选取 n 个不同的非零元素 $x_1,\cdots,x_n$,然后将 x_i 分配给参与者 P_i,其中 q 为素数且 $q>n$。

(2) 秘密分发阶段:从 $GF(q)$随机选择 $m-1$ 个元素 $a_1,\cdots,a_{m-1}$,构造 $m-1$ 次多项式 $h(x)=s+\sum_{i=1}^{m-1} a_i x^i$,计算 $y_i=h(x_i)$,$1 \leqslant i \leqslant n$,然后将 y_i 秘密发送给 P_i。

(3) 秘密重构阶段：n 个参与者中的任意 m 个可以重构多项式 $h(x)$，即

$$h(x)=y_1\frac{(x-x_2)(x-x_3)\cdots(x-x_m)}{(x_1-x_2)(x_1-x_3)\cdots(x_1-x_m)}+$$
$$y_2\frac{(x-x_1)(x-x_3)\cdots(x-x_m)}{(x_2-x_1)(x_2-x_3)\cdots(x_2-x_m)}+\cdots+$$
$$y_m\frac{(x-x_1)(x-x_2)\cdots(x-x_{m-1})}{(x_m-x_1)(x_m-x_3)\cdots(x_m-x_{m-1})}$$
$$=\sum_{i=1}^{m}y_i\prod_{1\leqslant j\leqslant m,j\neq i}\frac{x-x_j}{x_i-x_j} \tag{1-8}$$

其中秘密 $s=h(0)$。

1.7.4 可验证秘密共享

为了防止在密码协议执行过程中，出现参与者欺诈的行为，一些方案[31-34]采用了可验证的手段，对成员行为进行验证和检验。Chor 等人[31]提出可验证的秘密共享(Verifiable Secret Sharing，简称 VSS)，Feldman[32]、Pedersen[33]基于离散对数难题分别提出一种能防止分发者和参与者欺骗的可验证的算法。Rabin 等人[34]提出一种信息论安全的可验证算法。下面是文献[30]中对可验证秘密共享的定义。

定义 1-9(可验证秘密共享定义[30]) 已知 C 是承诺方案，$\overline{C}$ 采用文献[30]中的方法构造，假设 $G_{n,m}(\alpha)\in(\{0,1\}^{l(|\alpha|)})^n$，其中 l 为任意正多项式 $l:\mathbf{N}\to\mathbf{N}$。考虑下面相应的函数性：

$$(\alpha,1^{|\alpha|},\cdots,1^{|\alpha|})\mapsto((\bar{s},\bar{\rho}),(s_2,\rho_2,\bar{c}),\cdots,(s_n,\rho_n,\bar{c})) \tag{1-9}$$

其中，

$$\bar{s}\overset{\text{def}}{=}(s_1,\cdots,s_n)\leftarrow G_{n,m}(\alpha) \tag{1-10}$$

$$\bar{\rho}\overset{\text{def}}{=}(\rho_1,\cdots,\rho_n)\in\{0,1\}^{n\cdot l(|\alpha|)^2} \tag{1-11}$$

服从均匀分布，且

$$\bar{c} \stackrel{\text{def}}{=} (\overline{C}_{\rho_1}(s_1), \cdots, \overline{C}_{\rho_n}(s_n)) \tag{1-12}$$

则任意安全计算等式(1-9)至(1-12)的 n 方协议称为具有参数(m，n)的可验证秘密共享体制。每个参与者都可以通过揭示相应的 ρ_i，向其他的参与方说明他的子份额的有效性。这样可以验证参与者的子份额，从而能够更好地抵抗参与者欺骗。

1.8 快速傅里叶变换

快速傅里叶变换是一种可以在 $O(n\log n)$时间内完成离散傅里叶变换的算法，主要是用来加速多项式的乘法。它通过多项式的两种表示方法，即系数表示法和点值表示法来完成对多项式乘法的加速。

1.8.1 傅里叶变换

一个函数在满足一定的条件时能够表示为三角函数或者积分的线性组合就叫做傅里叶变换。傅里叶变换有两种：傅里叶级数和连续傅里叶变换。

傅里叶级数是指任何周期函数都可以用正弦函数和余弦函数构成的无穷级数来表示：

$$f(t) = \frac{a_0}{2} + \sum a_n \sin(n\omega t + \varphi) \tag{1-13}$$

连续傅里叶变换(也叫傅里叶变换)是指没有周期的函数，也可以用正弦函数或余弦函数构成的函数构成。在复数坐标系中，点 A 可以表示为 $\cos\theta + \mathrm{i}\sin\theta$，由欧拉公式可得 $\cos\theta + \mathrm{i}\sin\theta = \mathrm{e}^{\mathrm{i}\theta} = \mathrm{e}^{\mathrm{i}\omega t}$。

1.8.2 快速傅里叶变换方法

1. 多项式的系数表示法

设多项式 $M(x)$为一个 $t-1$ 次的多项式，那么所有项的系数构成的系数向量$(m_0,m_1,\cdots,m_{t-1})$唯一确定了以下多项式：

$$M(x)=\sum_{i=0}^{t-1}m_ix^i \tag{1-14}$$

2. 多项式的点值表示法

将一组互不相同的$(x_0,x_1,\cdots,x_t)$(插值节点)分别代入$M(x)$，得到 t 个取值$(y_0,y_1,\cdots,y_t)$，其中 $y_i=\sum_{j=0}^{t-1}m_jx_i^j$。

3. 多项式的乘法

已知在一组插值节点$(x_0,x_1,\cdots,x_t)$中$M(x)$,$N(x)$的点值向量分别为$(y_{m_0},y_{m_1},\cdots,y_{m_t})$，$(y_{n_0},y_{n_1},\cdots,y_{n_t})$，那么 $L(x)=M(x)N(x)$的点值表达式可以在$O(n)$的时间内求出，为$(y_{m_0}y_{n_0},y_{m_1}y_{n_1},\cdots,y_{m_t}y_{n_t})$。因为$L(x)$的项数为$M(x)$,$N(x)$的项数之和，设$M(x)$,$N(x)$分别有 m,n 项，所以带入插值节点至少 $m+n$ 有个。

4. 复数的单位根

以原点为起点，将单位圆等分为 t 份，圆的 t 等分点为终点，作出 t 个向量。幅角为正且最小的向量称为 t 次单位向量，记为 ω_t^1，其余的 $t-1$ 个向量分别是 $\omega_t^2,\omega_t^3,\cdots,\omega_t^t$，则 $\omega_t^t=\omega_t^0=1$。ω_t^k 实际上就是单位根 $e^{2\pi\cdot\frac{k}{t}\mathrm{i}}$。所以

$$\omega_t^k=\mathrm{e}^{2\pi\cdot\frac{k}{t}\mathrm{i}}=\cos(2\pi\cdot\frac{k}{t})+\mathrm{i}\cdot\sin(2\pi\cdot\frac{k}{t}) \tag{1-15}$$

5. 单位根的两个性质

性质 1　折半引理

$$\omega_{2t}^{2k}=\omega_t^k \tag{1-16}$$

性质 2：消去引理

$$\omega_t^{k+\frac{t}{2}}=-\omega_t^k \tag{1-17}$$

快速傅里叶变换就是将多项式由系数表达式转化为点值表达式，计算得出结果，再将点值表达式的结果转化为系数表达式。第

一个过程叫做求值(DFT)，第二个过程叫做插值(IDFT)。

6. 求值

对于 $M(x)=m_0+mx^1+m_2x^2+\cdots+m_{t-1}x^{t-1}$，将其按照奇偶分组则有 $M(x)=(m_0+m_2x^2+\cdots+m_{t-2}x^{t-2})+(m_1x^1+m_3x^3+\cdots+m_{t-1}x^{t-1})$以及 $M(x)=(m_0+m_2x^2+\cdots+m_{t-2}x^{t-2})+x(m_1+m_3x^2+\cdots+m_{t-1}x^{t-2})$，假设令 $M_1(x)=(m_0+m_2x+m_4x^2+\cdots+m_{t-2}x^{(t-2)/2})$，$M_2(x)=(m_1+m_3x+m_5x^2+\cdots+m_{t-1}x^{(t-2)/2})$，可得 $M(x)=M_1(x^2)+xM_2(x^2)$。

设 $0\leqslant k\leqslant\frac{t}{2}-1$，则 $M(\omega_t^k)=M_1(\omega_t^{2k})+\omega_t^kM_2(\omega_t^{2k})$，由折半引理可得出 $M(\omega_t^k)=M_1(\omega_{t/2}^k)+\omega_t^kM_2(\omega_{t/2}^k)$。如果已知 $M_1(x)$，$M_2(x)$分别在 $\omega_{t/2}^0,\omega_{t/2}^1,\cdots,\omega_{t/2}^{(t/2)-1}$ 的取值，可以在 $O(n)$的时间内求出 $M(x)$的取值。而 $M_1(x)$，$M_2(x)$都是 $M(x)$一半的规模，可以转化为子问题递归求解。

7. 快速傅里叶反变换

使用快速傅里叶变换将点值表示的多项式转化为系数表示的过程叫做离散傅里叶反变换。由 t 维点值向量$(M(x_0),M(x_1),\cdots,M(x_{t-1}))$推出 t 维系数向量$(m_0,m_1,\cdots,m_{t-1})$。设$(p_0,p_1,\cdots,p_{t-1})$为$(m_0,m_1,\cdots,m_{t-1})$得到的离散傅里叶变换的结果。对于多项式 $M(x)$由插值节点$(\omega_t^0,\omega_t^1,\cdots,\omega_t^{t-1})$做离散傅里叶得到的点值向量$(p_0,p_1,\cdots,p_{t-1})$，将$(\omega_t^0,\omega_t^{-1},\cdots,\omega_t^{-(t-1)})$作为插值节点，$(p_0,p_1,\cdots,p_{t-1})$作为系数向量，做一次傅里叶变换得到的向量每一项都除以 t 之后得到的$(\frac{l_0}{t},\frac{l_1}{t},\cdots,\frac{l_{t-1}}{t})$就是多项式的系数向量$(m_0,m_1,\cdots,m_{t-1})$。

1.9 安全多方计算

安全多方计算起源于 20 世纪 80 年代姚期智提出的百万富翁

问题，主要研究在不泄露参与者输入隐私的前提下协同计算某一个功能函数结果，在现实生活中有着广泛的应用，一直是密码学领域的研究热点。本节从攻击者模型、通信模型、安全模型以及混淆电路优化历程几方面对安全多方计算进行简要描述。

1.9.1　安全多方计算定义

假设有 n 个参与者 $\{P_1,\cdots,P_n\}$，每个参与者 P_i 有一个隐私的输入 x_i，参与者想共同计算一个函数功能 $f(x_1,x_2,\cdots,x_n)=(f_1(x_1,x_2,\cdots,x_n),\cdots,f_n(x_1,x_2,\cdots,x_n))$，最后将 $f_i(x_1,x_2,\cdots,x_n)$结果返给 P_i。在这个过程中，每个成员仅仅知道自己的输入数据和最后的结果，也就是说安全多方计算既要保证函数值的正确性，又不能暴露成员各自的秘密输入信息。在计算的过程中，如果存在一个大家都信任的可信者，安全多方计算功能将很容易实现，既可以保证输出的正确性又能保证输入的隐私性。但在分布式互联网络环境中，要找到大家都信任的可信者几乎是不可能的。

目前经典的安全多方计算分成两类几乎完全不相关的协议：一类是具有大多数成员是诚实者条件的安全多方计算；另一类是不具有该条件的安全多方计算。第二类协议只能保证可计算安全，安全性建立在密码学困难问题假设上，包括安全双方计算协议[35]和安全多方计算协议[30, 36]，该类协议减弱了安全要求，认为任何成员提前中断协议，不算违反协议的安全性。

以上两类协议在构造方法和达到的结果上都不同。如果大多数成员是诚实者，那么协议可以获得完全的安全性，意味着能够保证隐私性、正确性、公平性和输出交付性。如果没有大多数成员是诚实者这个条件，那么协议不能获得完全安全性。具体地说，隐私性和正确性可以保证，但是不能保证公平性和交付性。然而在现实中如何保证多数成员始终是诚实的，并且从不背离协议，则是一件非常困难的事情。

1.9.2 安全多方计算攻击者模型

根据攻击者的类型不同，可将敌手模型分为以下几种。

(1) 根据计算能力将敌手分为计算能力有限的攻击者(概率多项式时间的攻击者)和具有无限计算能力的攻击者。

(2) 根据攻击者的行为分为：一是半诚实攻击者或被动攻击者，其严格遵守协议规则，但他会记录协议执行中的结果，当协议执行完后能用来分析和推导其他参与者的隐私输入；二是恶意攻击者或主动攻击者，他可以任意偏离协议，如拒绝参加协议、更改输入、中断协议等。

(3) 根据攻击者选择腐败对象的自适应性，将攻击者分为自适应性(即根据所搜集的信息，在协议任何时候能够腐败某些参与者)和非自适应性(即在协议执行前腐败的参与者已经确定)。

1.9.3 通信模型

一般假设攻击者可以窃听通信信道，即信道不提供保密功能。相反，也可以假设攻击者不能在诚实参与者传送数据中获得信息，此时称秘密信道模型。再有，可以假设存在广播通信信道。目前，在安全多方计算领域，大部分研究工作假设通信是同步的，即参与者间有共同的全局时钟。但是，也可以考虑异步通信和点到点通信等网络通信模型。

1.9.4 安全模型

经典的安全多方计算有两类恶意攻击者协议，一种是具有大多数诚实参与者的协议，另一种是具有任意多恶意者的协议。第一类条件比较强，不容易实现。第二类比较符合实际，但减弱了安全性要求。下面针对第二类协议，通过真实模型和理想模型的比较，分析和定义该类协议的安全性。

(1) 真实模型：令 $f:(\{0,1\}^*)^n \to (\{0,1\}^*)^n$ 是一个 n 元函数，其中 $f_i(x_1,\cdots,x_n)$是 $f(x_1,\cdots,x_n)$的第 i 个元素。x_i 为 P_i 的输入，$\bar{x}=(x_1,\cdots,x_n)$，$I=\{i_1,\cdots,i_t\}\subseteq[n]\overset{\text{def}}{=}\{1,\cdots,n\}$为腐败集合。$\bar{I}=[m]I$ 为诚实集合。z 为辅助输入，π 为计算 f 的 n 方协议。概率多项式算法 A 代表现实模型中的攻击策略。现实模型下对 π 的联合执行，用 $REAL_{\pi,I,A(z)}(\bar{x})$表示。

(2) 理想模型：在理想模型中，有一个可信者代表参与者计算 f。参与者把他的输入发给可信者，用 $x_i{}'$代表 P_i 发送的值。对诚实的参与者或是半诚实的敌手，要求 $x_i{}'=x_i$。然后，可信者计算 $f(x_1{}',\cdots,x_n{}')=(y_1,\cdots,y_n)$，把$\{y_i\}_{i\in I}$发给敌手。用概率多项式算法 B 代表理想模型中的攻击策略，该类理想模型下，对 f 的联合执行用 $IDEAL_{f,I,B(z)}(\bar{x})$表示 A。

如果对每个概率多项式时间算法 A，都存在一个概率多项式时间算法 B，使得每一个 $I\subseteq[m]$，都有$\{IDEAL_{f,I,B(z)}(\bar{x})\}_{\bar{x},z}\overset{c}{\equiv}\{REAL_{\pi,I,A(z)}(\bar{x})\}_{\bar{x},z}$，则称协议 π 安全计算 f。有时也称 π 是对 f 的一个实现。

1.9.5 混淆电路优化历程

混淆电路是目前最常见的用于两方安全计算的通用技术。姚期智[35]首次提出混淆电路的概念，之后一系列工作对混淆电路的优化进行了研究，主要提出的有 Point-and-Permute[37]，Free-XOR[38]，Garbled Row Reduction(GRR3)[39]，GRR2[40]，FleXOR[41]，Half Gates[42]。本节总结了一些相关的混淆电路优化工作，如表 1-1 所示。

表 1-1 混淆电路的优化(以密文个数表示)

technique	size per gate		calls to H per gate			
			generator		evaluator	
	XOR	AND	XOR	AND	XOR	AND
Classical[35]	4	4	4	4	4	4
Point-and-Permute[37]	4	4	4	4	1	1
FreeXOR[38] +GRR3	0	3	0	4	0	1
Garbled Row Reduction (GRR3)[39]	3	3	4	4	1	1
GRR2[40]	2	2	4	4	1	1
FleXOR[41]	{0, 1, 2}	2	{0, 2, 4}	4	{0, 1, 2}	1
Half Gates[42]	0	2	0	4	0	2

1. 经典混淆电路

姚期智首次提出混淆电路的概念，用于解决半诚实两方安全计算问题，随后 Lindell 和 Pinkas[43] 给出了姚氏混淆电路的安全证明。

姚氏混淆电路假设存在参与方 Alice 和 Bob 以及多项式时间函数 f，双方使用混淆电路来实现对函数 f 的安全计算。Alice 作为混淆电路的生成者，生成关于函数 f 的混淆电路，并将其发送给 Bob。对于电路中的每根线，都为其选择两个随机值作为混淆值，其中一个值代表布尔电路中的 0，另一个值则表示 1。Bob 作为混淆电路的计算者，可以通过接收到的混淆值对函数 f 进行计算，并得出结果。图 1-8 以 AND 门为例，给出姚氏混淆电路的简单描述。

输入： Alice 的输入为 $x \in \{0,1\}$，Bob 的输入为 $y \in \{0,1\}$。

参数设置： Alice 和 Bob 的输入线分别为 w_1、w_2，双方计算的函数为 $f(x,y)=x \wedge y$，且函数 f 被看作是一个布尔电路 C，函数输出对应的输出线为 w_3。

输出： Bob 输出 $f(x,y)$。

协议：

(1) 混淆电路生成：Alice 为输入线 w_1，w_2 随机选择 4 个混淆输入 k_1^0，k_1^1，k_2^0，$k_2^1 \in \{0,1\}^L$，其中 k_1^0 对应 $x=0$，k_1^1 对应 $x=1$，k_2^0 对应 $y=0$，k_2^1对应 $y=1$。同理，为输出线 w_3 随机选择混淆输出值 k_3^0，k_3^1。然后，Alice 将输入线的标签作为密钥对输出线标签进行加密得到混淆表，下表是 AND 门混淆表的生成。

输入线w_1	输入线w_2	输出线w_3
k_1^0	k_2^0	k_3^0
k_1^0	k_2^1	k_3^0
k_1^1	k_2^0	k_3^0
k_1^1	k_2^1	k_3^1

⇨

混淆表
$\mathrm{Enc}_{k_1^0}(\mathrm{Enc}_{k_2^0}(k_3^0))$
$\mathrm{Enc}_{k_1^0}(\mathrm{Enc}_{k_2^1}(k_3^0))$
$\mathrm{Enc}_{k_1^1}(\mathrm{Enc}_{k_2^0}(k_3^0))$
$\mathrm{Enc}_{k_1^1}(\mathrm{Enc}_{k_2^1}(k_3^1))$

Alice 将混淆表中的 4 个加密值进行随机置换，将混淆表、k_1^x 以及存放混淆输出与输出比特对应关系的输出转换表一起发送给 Bob。随后，Alice 与 Bob 执行 1 out-of 2 不经意传输，Bob 从 Alice 处获得 k_2^y。

(2) 混淆电路计算：在接收到 Alice 的混淆表、k_1^x、输出转换表以及 k_2^y 后，Bob 对四个密文逐一解密，获得正确的混淆输出值并根据输出转换表输出 $f(x,y)$。

图 1-8　混淆 AND 门计算

2. Point-and-Permute

经典混淆电路每个门需要对 4 个密文进行解密，一个安全两方计算函数通常由大量的门构造。为了改进其计算效率，Beaver 等人[37]对姚氏混淆电路进行改进，使得每个门只需解密一个密文即可得出结果。

Point-and-Permute 的关键在于每条线的线标签 k^0 和 k^1 后添加了对应的选择比特 p^0 和 p^1。尽管选择比特与真值之间的关联是随机的，但是混淆表可以根据公开的选择比特进行排序。当计

算者计算一个门 g 时，它使用与两条输入线相对应的选择比特即可确定 4 个密文中唯一需要解密的。

Point-and-Permute 技术使得在利用混淆电路解决安全多方计算问题时，可以用更简单有效的加密方案来解决。

3. FreeXOR

由 Kolesnikov 和 Schneider[38] 提出的 FreeXOR 技术，通过固定标签 k^0 和 k^1 的关系使得可以免费计算异或门，对于大量使用异或门的电路有很大的优势。当需要生成混淆电路时，Alice 首先选择一个随机串 $R \leftarrow \{0,1\}^L$，然后选择标签 $k^0 \leftarrow \{0,1\}^L$，并设置 $k^1 = k^0 \oplus R$。如果电路中的门 g 是一个异或门，并且有线 w_i 和 w_j 作为输入线，那么通过对标签 k_i 和 k_j 的异或操作即可得出输出线 w_σ 对应的输出标签 k_σ，且输出标签满足 $k_\sigma^0 = k_i^0 \oplus k_j^0$，$k_\sigma^1 = k_\sigma^0 \oplus R$。下面给出 4 种情况的推导：

$$
\begin{aligned}
& k_i^0 \oplus k_j^0 = k_\sigma^0 \\
& k_i^0 \oplus k_j^1 = k_i^0 \oplus (k_j^0 \oplus R) = (k_i^0 \oplus k_j^0) \oplus R = k_\sigma^0 \oplus R = k_\sigma^1 \\
& k_i^1 \oplus k_j^0 = (k_i^0 \oplus R) \oplus k_j^0 = (k_i^0 \oplus k_j^0) \oplus R = k_\sigma^0 \oplus R = k_\sigma^1 \\
& k_i^1 \oplus k_j^1 = (k_i^0 \oplus R) \oplus (k_j^0 \oplus R) = k_i^0 \oplus k_j^0 = k_\sigma^0
\end{aligned}
\tag{1-18}
$$

4. Garbled Row Reduction

混淆行减技术(Garbled Row Reduction，GRR3)[39] 在任何门生成混淆表的密文中可以减少一个密文，这是通过令某一标签的对应密文是 $\mathbf{0} \in \{0\}^L$ 来实现的。由于选择比特的特殊选择方式，被减少的密文始终处于第一个位置。图 1-9 给出混淆行减技术的具体实现。

输入： Alice 的输入为实现函数 f 的电路 C；Bob 的输入为 $x \in \{0,1\}$ 。

参数设置： 函数 F 是伪随机函数。

输出： Bob 输出 $f(x)$ 。

协议：

Alice 生成混淆电路。

(1) 为电路中的第 i 根线选取随机标签 (k_i^0, k_i^1)，分别对应于该线的真值 0 和 1，其中 $k_i^0, k_i^1 \in \{0,1\}^L$。$b_i \in \{0,1\}$ 表示第 i 根线的真值，并为该线生成置换函数 $\pi_i: b_i \to c_i \in \{0,1\}$，$\langle k_i^{b_i}, c_i \rangle$ 表示第 i 根线的"混淆值"。

(2) 假设门 g 的输入线是 w_i, w_j，输出线是 w_σ，且满足 $b_\sigma = g(b_i, b_j)$ 。Alice 为门 g 生成混淆表，表中包含 4 项：

$$c_i, c_j: \langle (k_\sigma^{g(b_i,b_j)}, c_\sigma) \oplus F_{k_i^*}(c_j) \oplus F_{k_j^*}(c_i) \rangle,$$

其中 $c_i = \pi(b_i), c_j = \pi(b_j)$，$c_\sigma = \pi_\sigma(b_\sigma) = \pi_\sigma(g(b_i, b_j))$。

上述混淆表能从每个门的混淆输入得到其混淆输出。需要注意的是，该混淆表第一项的结果为 $\mathbf{0} \in \{0\}^L$。

Alice 将该混淆表与输出转换表发送给 Bob。随后与 Bob 执行 1 out-of 2 不经意传输协议，Alice 作为发送方输入两个混淆输入，Bob 作为接收方输入真值，Bob 从中获得对应真值的混淆输入。

Bob 计算混淆电路。

根据从 Alice 处获得的混淆表、输出转换表以及混淆输入，Bob 计算并输出 $f(x)$。

图 1-9 混淆行减技术

5. GRR2

2009 年 Pinkas 等人[40]将每个门的混淆密文数减少到两个。在 GRR2 中，计算者计算混淆输出的方法不是通过一次性解密，而是借助二次曲线上的多项式插值法。

假设有一个 AND 门，两根输入线的标签为 (k_1^0, k_1^1) 和 (k_2^0, k_2^1)，都为 n 位比特串，E 为加密函数。有 $K_1 = E^{-1}_{k_1^0, k_2^0}(0^n)$、$K_2 = E^{-1}_{k_1^0, k_2^1}(0^n)$、$K_3 = E^{-1}_{k_1^1, k_2^0}(0^n)$ 对应输出 0，$K_4 = E^{-1}_{k_1^1, k_2^1}(0^n)$ 对应输出 1。通过插值法将 $(1, K_1)$，$(2, K_2)$，$(3, K_3)$ 三点确定一个二次多项式 $P(X) \in F_{2^n}$，并将混淆输出值 k_3^0 定义为：$k_3^0 = P(0)$。计算 $K_5 = P(5)$，$K_6 = P(6)$。通过插值法将 $(5, K_5)$，$(6, K_6)$，$(4, K_4)$

三点构建多项式，并定义为第二个二次多项式 $Q(X)$。将混淆输出值 k_3^1 定义为：$k_3^1=Q(0)$，混淆表为两个值(K_5,K_6)。计算者根据得到的混淆值 $k_1^{v_a},k_2^{v_b}$，$v_a\in\{0,1\},v_b\in\{0,1\}$计算出 $K_i,i\in\{1,2,3,4\}$，并与混淆表的两点重构多项式，求得混淆输出。

6. FleXOR

Kolesnikov 等人[41]通过一元门将混淆输入的偏移量转换成和混淆输出的偏移量一样，使得 FreeXOR 门和 GRR2 优化后的 AND 门能够兼容。根据 XOR 门的输入和输出偏移量的差异，XOR 混淆门的大小为 0 或 1 或 2 个密文。对于具有许多 AND 门的电路，应用 FleXOR 产生的电路要小于 FreeXOR 产生的电路。

FreeXOR 要求 XOR 门输入标签的偏移量和输出标签的偏移量保持一致。假设两根输入线的标签为$(A,A\oplus R_1)$和$(B,B\oplus R_2)$，标签和偏移量都是 λ 位比特串，输出线的标签偏移量为 R_3。通过一元门随机转换得到电线标签为 $\bar{A}$ 和 $\bar{B}$，E 为门的加密函数。对 XOR 门混淆得到以下密文：

$$E_A(\bar{A})\text{；}E_{A\oplus R_1}(\bar{A}\oplus R_3)\text{；}E_B(\bar{B})\text{；}E_{B\oplus R_2}(\bar{B}\oplus R_3)\text{；} \tag{1-19}$$

前两个密文允许计算者将偏移量为 R_1 的电线标签$(A,A\oplus R_1)$转换成偏移量为 R_3 的新电线标签$(\bar{A},\bar{A}\oplus R_3)$。同样，后两个密文将电线标签$(B,B\oplus R_2)$转换成$(\bar{B},\bar{B}\oplus R_3)$。现在，输入电线标签和输出电线标签有相同的偏移量 R_3，可以调用 FreeXOR 实现。

上述方法需要 4 个密文混淆 XOR 门，还可以通过以下方法降低成本。

(1) 若输入的电线标签满足 $R_1=R_3$，则混淆 XOR 门不需要前两个密文。若 $R_2=R_3$，则混淆 XOR 门不需要后两个密文。若 $R_1=R_2=R_3$，则对应 FreeXOR 门。

(2) 通过应用行减技术(GRR3)，将第一个密文和第三个密文

设置为字符串 0^{λ}，λ 为电线标签的长度。

最终，根据 R_1, R_2, R_3 值的情况，混淆 XOR 门需要 0 或 1 或 2 个密文。

7. Half Gate

Zahurd 等人[42]将每个混淆 AND 门减少到两个密文，并直接能与 FreeXOR 门兼容计算。一个 AND 门由两个半门和一个异或门组成，两个半门为混淆者半门和计算者半门，在计算时都只需一个密文，异或门为 FreeXOR，所以一个 AND 仅需要两个密文。

混淆者半门：存在一个 AND 门 $c=a \wedge b$，a 和 b 是电路内中间电线标签对应的值，混淆者提前知道 a 的值。$H:\{0,1\}^n \rightarrow \{0,1\}^n$ 为伪随机函数，B、C 为 b、c 对应的电线标签，R 为电线标签的偏移量，其中 $B \in \{0,1\}^n$，$C \in \{0,1\}^n$，$R \in \{0,1\}^n$。混淆者产生两个密文：

$$
\begin{gathered}
H(B) \oplus C \\
H(B \oplus R) \oplus C \oplus aR
\end{gathered}
\tag{1-20}
$$

计算者通过对混淆输入值 B 哈希处理来解密相关密文。如果 $a=0$，计算者得到输出混淆值 C。如果 $a=1$，根据 b 的值，计算者得到 C 或 $C \oplus R$。并根据 GRR3，将混淆者半门密文降低到一个。

计算者半门：一个 AND 门 $c=a \wedge b$，a 和 b 是电路内中间电线标签对应的值，计算者提前知道 b 的值。$H:\{0,1\}^n \rightarrow \{0,1\}^n$ 为伪随机函数，A、B、C 为 a、b、c 对应的电线标签，R 为电线标签的偏移量，且电线标签都是 n 位比特串。混淆者产生两个密文：

$$
\begin{gathered}
H(B) \oplus C \\
H(B \oplus R) \oplus C \oplus A
\end{gathered}
\tag{1-21}
$$

如果 $b=0$，计算者使用电线标签 B 解密第一个密文。如果 $b=1$，计算者使用电线标签 $B \oplus R$ 解密第二个密文并异或 a 对应的电线标签值。根据 GRR3，将计算者半门密文降低到一个。

一个 AND 门为 $v_i \wedge v_j=(v_i \wedge (v_j \oplus r)) \oplus (v_i \wedge r)$，$v_i \in \{0,1\}$

为第 i 条电线输入值，$v_j \in \{0,1\}$为第 j 条电线输入值，$r \in \{0,1\}$。$a_j \in \{0,1\}$为随机值，且用于计算选择一位比特 $p_j = v_j \oplus a_j$。混淆者设置 $r = a_j$，计算者在计算过程中知道 $v_j \oplus r = p_j$。所以，混淆者知道 r 的值，使用一个密文有效混淆混淆者半门 $v_i \wedge r$。计算者知道 $v_j \oplus r$，混淆者同样使用一个密文有效地混淆计算者半门 $v_i \wedge (v_j \oplus r)$。因为 XOR 门为免费的，所以一个 AND 门仅需要两个密文。

1.10　本章小结

本章对计算理论基础、对称加密、非对称加密、承诺方案、同态加密、零知识证明、不经意传输、秘密共享方案、安全多方计算协议等密码学理论基础进行了介绍，这些基础知识在后面章节中的理性密码协议模型与协议设计过程中有着重要的作用。

参考文献

[1] 李顺东，王道顺．现代密码学：理论、方法与研究前沿．北京：科学出版社，2009：19-38.

[2] Michael Sipser. 计算理论导引．唐常杰，等译．北京：机械工业出版社，2006：153-166.

[3] 冯登国．可证明安全性理论与方法研究．软件学报，2005，16(10)：1743-1756.

[4] Goldwasser S，Micali S. Probabilistic encryption. Journal of Computer and System Science，1984，28：270-299.

[5] Bellare M，Rogaway P. Random oracles are practical：a paradigm for designing efficient protocol. In Proceedings. of the 1st CCCS，ACM Press，New York，1993：62-73.

[6] Bellare M. Practice-oriented provable security. Modern Cryp-

tology in Theory and Practice. LNCS 1561, Berlin, Spriner-Verlag, 1999: 1-15.

[7] 毛文波. 现代密码学理论与实践. 北京：电子工业出版社，2004：340-351.

[8] Pointcheval D, Stern J. Security proofs for signature schemes. Advances in Cryptology-Proceedings of EUROCRYPT'96, Springer Verlag, LNCS 1070, 1996: 387-398.

[9] Pointcheval D, Stern J. Security arguments for digital signatures and blind signatures. Journal of Cryptology, 2000, 13(3): 361-396.

[10] Coron J S. On the exact security of full domain hash. In advances in Cryptography-Crypto 2000, volume LNCS 1880, 2000: 229-235.

[11] Rivest R L, Adleman L, Dertouzos M L.On data banks and privacy homomorphisms. Foundations of Secure Computation, 1978(4):169-180.

[12] Rivest R L, Shamir A, Adleman L. A method for obtaining digital signatures and public-key cryptosystems. Communications of the Acm, 1978, 21(2):120-126.

[13] Taher ElGamal. A public key cryptosystem and a signature scheme based on discrete logarithms. CRYPTO 1984:10-18.

[14] Shafi Goldwasser, Silvio Micali. Probabilistic encryption. J. Comput. Syst. Sci. 1984,28(2): 270-299.

[15] Tatsuaki Okamoto, Shigenori Uchiyama. A new public-key cryptosystem as secure as factoring. Eurocrypt 1998: 308-318.

[16] David Naccache, Jacques Stern. A new public key cryptosystem based on higher residues. CCS 1998: 59-66.

[17] Paillier P. Public-key cryptosystems based on composite de-

gree residuosity classes. In: EUROCRYPT. Edited by: Stern J. Springer, 1999: 223-238.

[18] Ivan Damgård, Mads Jurik. A Generalisation, a simplification and some applications of paillier's probabilistic public-key system. Public Key Cryptography 2001: 119-136.

[19] Boneh D, Goh E-J, Nissim K. Evaluating 2-DNF formulas on ciphertexts. In: TCC. Edited by: Kilian J. Springer, 2005: 325-341.

[20] Cramer R, Damgard I, Nielsen J B. Multiparty computation from threshold homomorphic encryption. In: International Conference on the Theory and Applications of Cryptographic Techniques, 2001.

[21] Rabin, M O. How to exchange secrets with oblivious transfer. 2005.

[22] Yao A C. Protocols for secure computations. In Proceedings of IEEE Symposium on Foundations of Computer Science, 1982.

[23] Shamir A. How to share a secret. Communications of the ACM, 1979, 22(1): 612-613.

[24] Pinkas, B T Schneider, and M Zohner. Faster private set intersection based on OT extension. In Usenix Conference on Security Symposium, 2014.

[25] Mihir Bellare, Silvio Micali. Non-interactive oblivious transfer and spplications. CRYPTO 1989: 547-557.

[26] Russell Impagliazzo, Steven Rudich. Limits on the provable consequences of one-way permutations. CRYPTO 1988: 8-26.

[27] Beaver D. Correlated pseudorandomness and the complexity of private computations. In Twenty-eighth Acm Symposium on the Theory of Computing, 1996.

[28] Ishai Y, et al. Extending oblivious transfers efficiently. In

23rd Annual International Cryptology Conference，2003.

[29] Kolesnikov V，R Kumaresan. Improved OT extension for transferring short secrets. Springer Berlin Heidelberg，2013.

[30] Goldreich O. Foundations of cryptography：Volume 2，Basic Applications. Cambridge：Cambridge University Press，2004：599-759.

[31] Chor B，Goldwasser S，Micali S. Verifiable secret sharing and achieving simultaneity in the presence of faults. Proceedings of the 26th Annual Symposium on Foundations of Computer Science，Washington，DC：IEEE Computer Society，1985：383-395.

[32] Feldman P. A practical scheme for non-interactive verifiable secret sharing. Proceedings of the 28th IEEE Symposium. on Foundations of Computer Science (FOCS'87)，Los Angeles：IEEE Computer Society，1987：427-437.

[33] Pedersen T P. Distributed provers with applications to undeniable signatures. Proceedings of Eurocrypt'91，Lecture Notes in Computer Science，LNCS，Springer-Verlag 547，1991：221-238.

[34] Rabin T，Ben-Or M. Verifiable secret sharing and multiparty protocols with honest majority，Proceedings of ACM STOC，1989：73-85.

[35] Yao A C. How to generate and exchange secrets. Proceeding of 27th IEEE Symposium on Foundations of Computer Science，IEEE Computer Society，1986：162-167.

[36] Goldreich O，Micali S，Wigderson A. How to play any mental game. Proceedings of the 19th Annual ACM Symposium on Theory of Computing，New York：ACM Press，1987：218-229.

[37] Beaver D, Micali S, Rogaway P. The round complexity of secure protocols. Proceedings of the twenty-second annual ACM symposium on Theory of computing. New York, USA: ACM. 1990: 503-513.

[38] Kolesnikov V, Schneider T. Improved Garbled Circuit: Free XOR Gates and Applications. ICALP (2), Springer, 2008: 486-498.

[39] Naor M, Pinkas B, Sumner R. Privacy preserving auctions and mechanism design. Proceedings of the 1st ACM conference on Electronic commerce. New York, USA: ACM, 1999: 129-139.

[40] Pinkas B, Schneider T, Smart N P, et al. Secure two-party computation is practical. International Conference on the Theory & Application of Cryptology & Information Security: Advances in Cryptology, Springer-Verlag, 2009: 250-267.

[41] Kolesnikov V, Mohassel P, Rosulek M. Flexor: flexible garbling for XOR gates that beats free-XOR. International Cryptology Conference, Springer Berlin Heidelberg, 2014: 440-457.

[42] Zahur S, Rosulek M, and Evans D. Two halves make a whole reducing data transfer in garbled circuits using half gates. EUROCRYPT 2015, Springer, Heidelberg, 2015: 220-250.

[43] Lindell Y, Pinkas B. A proof of security of Yao's protocol for two-party computation. 2009, 22(2): 161-188.

第 2 章　预防欺诈模型与原理

传统密码协议只能起到事后验证和发现欺骗行为的作用，而不能事先有效预防参与者进行欺诈。而在理性密码协议计算过程中引入博弈论思想，利用收益来刻画参与者的动机，参与者的动机和策略都是为了最大化自己的利益，如果参与者认为执行协议满足自己利益的最大化，那么他将始终遵守协议，不会选择欺骗行为。

博弈论研究了决策主体行为发生相互作用时的决策以及这种决策的均衡问题，在经济学、政治学、军事学和计算机科学中都有着非常重要的作用。博弈论和经典密码协议有许多相似之处，都是互不信任的，具有利益冲突的参与者，需要彼此间信息交互才能完成某一项计算或任务。在理性密码协议中，假设参与者都是理性的，一切行动的动机都是为了自身利益的最大化，如果在协议中，每个人都觉得在给定对方策略的情况下，自身利益已经最大化了，偏离协议不能比其遵守协议获得利益多，那么他们将会自觉遵守协议。由于博弈论的特点，它和经典的密码学在处理事务的方法上有相同之处，也有不同之处。其相同之处是密码学和博弈论都是在互不信任个体之间交互；其不同之处是对问题处理方法不一样，下面将经典密码学与博弈论对事件的处理进行对照，如表 2-1 所示。

表 2-1　经典密码学与博弈论对照表

对事件的处理	经典密码学	博弈论
动机	没有	效益
参与者	完全诚实或者是恶意的	一直都是理性的

（续表）

对事件的处理	经典密码学	博弈论
解决方案	安全协议	均衡
私有性	目标	方法
可信方	在理想模型中	在实际博弈中
惩罚欺骗者	在模型外部	模型中间
早期中止	有问题	没问题
偏离	经常有效	经常无效
K-合谋	可以有 K 个成员合谋	一般 $K=1$

从表 2-1 中可以看出一些经典密码学无法解决的公开问题，是可以通过博弈论来补充和解决的。

2.1 防欺诈方案概述

经典秘密共享方案[1-2]在重构阶段有两种方案，一种需要可信者参与，另一种不需要可信者参与，但这两种方案都有相应的问题。如果重构阶段有可信者参与，当然可以避免参与者的欺骗问题，最终每个参与者可以公平地得到秘密。但是要找到大家都可信的人则是非常困难的。如果没有可信者参与，参与者的子份额只能依靠同时广播的方式，大家同时发送并且同时得到其他人的子份额，而在这种情况下，存在参与者欺诈问题，比如一个人不发子份额或者发送错误的子份额，而其他 $m-1$ 个人发送了正确的子份额，那么欺骗者就能独自得到秘密，尽管其欺骗行为在事后能被可验证的方法发现(但为时已晚，欺诈者已经得到秘密结果)。同样，当两个或多个人合谋欺骗或者不发子秘密份额时，这样，合谋集团将独得秘密。

同样，在经典安全多方计算协议[3-6]编译过程中绝对的公平是非常难达到的。以简单的两方拍卖为例，参与者 A 有一件物品想卖给参与者 B，A 对物品的预期价为 x，B 对物品的预期价为 y，

协议规定如果 $y \geqslant x$，那么双方将以 $\frac{x+y}{2}$ 的价格成交，这样的价格，双方都会比较满意。下面，我们来分析一下双方是否会遵守传统的安全计算协议？通过运行两方安全协议，如果A先得到运行结果，比如 $y>x$，为了使自己的利益最大化，他可能不会将结果告诉B，而是选择中断协议，这样如果B要求重新执行协议时，A会将提高自己的价格来获得更多的利益。同样，如果B先获得运行结果，比如还是 $y>x$，那么他也会选择中断协议，下次协议执行时，将自己价格降低，以减少自己的损失。而Cleve[7]指出，绝对的公平(两方应该同时获得计算的输出)，在两方安全计算中，是不可能实现的，在多方计算时，只有大多数成员是诚实的情况下，才能保证计算的公平性。

为了防止参与者在密码协议执行过程中存在欺诈行为，一些方案[8-11]采用了可验证的手段，对成员行为进行验证和检验。Chor等人[8]提出可验证的秘密共享(Verifiable Secret Sharing，简称VSS)，Feldman[9]、Pedersen[10]基于离散对数难题分别提出一种能防止分发者和参与者欺骗的可验证算法。Rabin等人[11]提出一种信息论安全的可验证算法。此后，Micali等人[12]提出可验证随机函数，设 G,F,V 都是多项式时间算法，G 是密钥产生模块，输入安全参数，输出 PK,SK。$F=(F_1,F_2)$ 是确定性算法，输入为 SK,x，输出为 $v=F_1(Sk,x)$ 和相应的证据 $proof=F_2(SK,x)$。V(函数验证单元)是概率算法，输入为 PK，x，v，$proof$，验证合格输出为YES，否则输出为NO。另外还有基于MAC的验证算法和基于椭圆曲线的验证方法等。

但是，目前所有传统的VSS方案只能起到事后验证而不能起到事先预防的作用。特别是在分布式网络环境下，由于缺乏在事后惩罚参与者的措施，这样造成参与者存在很强的欺诈动机，例如：在Shamir的(m,n)方案中，大于或等于 m 个诚实的参与者合作可以得到秘密，下面从博弈论的角度来分析，看看传统方案中理性的参与者是否有欺诈的动机。假设协议中有 k 个参与者参与协议，当 $k=m$ 时，显然 Shamir 方案不满足纳什均衡，因为所有参与者都更愿意保持沉默，希望独自得到秘密。当 $k>m$ 时，Shamir 方案满足纳什均衡，但是参与者仍然更愿意保持沉默，因为选择沉默策略任何时候都不比选择广播份额策略的效益差，但有时甚至更好，例如，在其他参与者中有多于 $m-1$ 个广播份额时，参与者发送和不发送子份额都能够得到秘密，如果其他参与者中有小于 $m-1$ 个参与者广播子份额时，参与者发送与不发送子份额都不能得到秘密，但在其他参与者中如果正好有 $m-1$ 个广播份额的情况下，那么参与者选择沉默将独得秘密。可见在 Shamir 方案中，所有理性参与者的最优策略是保持沉默，最终秘密不能被重构。

2004 年，在计算机理论界顶级会议 STOC 上，Halpern 和 Teague[13] 首次将博弈论引入秘密共享和安全多方计算，并称之为理性密码协议，用以弥补传统秘密共享和多方计算方案的缺陷。不像传统方案，Halpern 和 Teague 认为所有的参与者都是自私的，都想使自己的效益最大化，参与者通过对自身利益得失的判断来决定是否遵守或背离协议。所设计的理性方案必须满足参与者不知道协议什么时候结束，从而才能使他们有合作的动机。Halpern 和 Teague 提出在理性密码协议计算过程中引入博弈的思想，利用收益来刻画参与者的动机，参与者的动机和策略都是为了最大化自己的利益，如果参与者认为执行协议满足自己利益的最大化，那么他将始终遵守协议。在理性密码协议中，不必要求大多数成员都是诚实的这个很强的条件，而是认为所有参与者都是理性的、自私的，所采取的行为都是为了实现自身利益的最大化，一个人之所以遵守协议是因为他的利益驱动的，从而解决了传统多方计算中不可避免的一些公开问题。例如，对参与者来说发送正确的输入数据比发送错误的输入数据收益大，那么参与者将不会发送错误的输入数据。合谋成员合谋背离协议的利益没有遵守协议的利益大，那么他们就没有合谋的动机了。如果早期中断协

议不能给参与者带来利益，那么他们将不会中断协议，而是自觉地遵守协议，最终所有成员能够公平和安全地得到计算结果。

但在 Halpern 和 Teague 方案中采用了 3 out-of 3 秘密共享，所以其方案只能用在成员大于或等于 3 的协议，不适用于两方协议，另外其方案在多人的时候，要将成员分成 3 个组，每组有一个组长，成员要将其子份额发给组长，然后由 3 个组长间运行协议，这样要求组长必须是可信的。其方案不能防止组长对组员的欺诈行为，另外，在协议进行过程中，分发者需要频繁参与协议，每次迭代开始，都需要分发者重新分发新的秘密份额。其方案的期望运行轮复杂度非常高，达到 $O(\frac{5}{\alpha^3})$。此后，一些理性密码协议进行了改进，可以工作在两方和多方，但在预防成员欺诈方面还存在以下不足。

(1) 在预防欺诈的过程中，一些方案需要可信的分发者始终在线，或需要诚实者参与协议。

(2) 在取代可信者的过程中，一些方案需要调用安全多方计算，这样效率非常低下。

(3) 虽然一些方案采用了多轮的设计思想，但是轮数是所有参与者了解的有限轮，这样，参与者在最后一轮没有参与协议的动机，那么用逆向归纳方法可知，参与者在协议第一轮时就没有参与协议的动机，即这样的理性方案对逆向归纳敏感。

(4) 方案设计的期望运行轮数太多。

2.2　效用、策略及均衡表示模型

博弈论是一门研究对抗冲突最优解的学科，它以数学为基础，主要研究存在利益冲突的决策主体，在相互对抗和竞争中相互依存的一系列策略和行动集合。近年来，随着经济全球化深入发展，生产规模扩大，垄断势力增强，人们进行的谈判、讨价还价、交易活动，都是建立在个人理性和竞争的基础之上。随着这种竞争和冲突日益加剧，各种策略和利益的对抗、依存和制约持续发展，使得博弈论的研究达到了全盛时期，它的概念、内容、思想和方法已经几乎全面地改写了经济学。不仅如此，博弈论是一种方法论，它能够抽象地分析利益冲突问题，应用已远远超出了经济学的范围。近年博弈论与许多其他学科的交叉融合，已经成为其他许多科学领域中普遍认可的、充满生机活力的工具和语言。目前，博弈论与计算机科学学科的交叉研究正如火如荼地展开。1970 年，诺贝尔经济奖获得者 P. A. Samuelson 曾经说过："要想在现代社会做一个有文化的人，你必须对博弈论有一个大致了解。了解博弈论将改变你整个一生中的思维方式。"

博弈中的均衡，是一种稳定的状态，但不是任何博弈的结果，都能成为均衡。如果所有博弈方都预测一个特定的博弈结果会出现，而且还预测到他们的对手也会预测到该结果，预测他们的对手会预测自己会预测到该结果……那么没有某个博弈方会有偏离该结果的愿望，这样，该预测结果最终也会成为博弈的结果，即各博弈方的实际行为选择与他们的预测一致。

理性密码协议是密码学的一个新兴的研究方向。在传统的密码协议中，参与者被划分成诚实参与者和恶意参与者，诚实参与者完全按协议行事，恶意参与者可以有欺骗行为。而在理性的密码协议中，将所有的人视为理性的，都是自私的，都是从最大化自己的利益出发，即人人都会在一定的约束条件下，最大化自身的利益。如果在协议中，人人都觉得在给定对方策略的情况下，自己的利益已经最大化了，通俗地讲就是在给定我的策略的情况下，你的策略是你最好的，在给定你的策略情况下，我的策略是最好的。参与者在给定对方策略下，不愿意调整自己的策略，最好的策略是遵守协议，这使得参与者有动机合作。如果当他们偏离协议时不能比其遵守协议时获得的利益多，那么他们将会遵守协议，这是设计安全、稳定的密码协议的基础。请参考文献[14-22]获取详细的博弈论知识。

2.2.1　静态博弈三要素

理性密码协议静态博弈三要素如下：

(1) 参与者为理性秘密共享协议博弈过程中决策主体，记为 P_i。

(2) 策略是参与者在决策时的动作和行为，用 a_i 表示参与者 P_i 的策略，$a=(a_1,\cdots,a_n)$表示所有参与者的策略组合，a_{-i}表示除 P_i 外其他人的策略，$(a_i,a_{-i})=(a_1,\cdots,a_{i-1},a_i,a_{i+1},\cdots,a_n)$表示参与者 P_i 的策略改为 a_i。

(3) 收益是在策略组合下参与者得到的效用,用 $u_i(a)$表示 P_i 在给定策略集 a 的条件下的收益。

2.2.2　静态博弈常用策略

定义 2-1(严格占优策略)　策略 a_i''称为参与者 P_i 的严格占优策略，如果对其他 $n-1$ 个参与者的策略组合 a_{-i}，参与者都具有唯一的最优策略 a_i''，对 a_{-i}及任一 $a_i'\neq a_i''$，都有

$$u_i(a_i'',a_{-i})>u_i(a_i',a_{-i}) \tag{2-1}$$

定义 2-2(弱优策略)　策略 a_i''称为参与者 P_i 的弱优策略，如果对其他 $n-1$ 个参与者的策略组合 a_{-i}，参与者都具有策略 a_i''，对 a_{-i}及任一 $a_i'\neq a_i''$，都有

$$u_i(a_i'',a_{-i})\geqslant u_i(a_i',a_{-i}) \tag{2-2}$$

定义 2-3(严格劣策略)　策略 a_i''称为参与者 P_i 的严格劣策略，如果对其他 $n-1$ 个参与者的策略组合 a_{-i}，参与者都具有唯一的策略 a_i''，对 a_{-i}及任一 $a_i'\neq a_i''$，都有

$$u_i(a_i'',a_{-i})<u_i(a_i',a_{-i}) \tag{2-3}$$

定义 2-4(弱劣策略)　策略 a_i''称为参与者 P_i 的弱劣策略，如果对其他 $n-1$ 个参与者的策略组合 a_{-i}，参与者都具有策略 a_i''，对 a_{-i}及任一 $a_i'\neq a_i''$，都有

$$u_i(a_i'',a_{-i})\leqslant u_i(a_i',a_{-i}) \tag{2-4}$$

定义 2-5(纳什均衡)　在博弈 $\Gamma=(\{A_i\}_{i=1}^n,\{u_i\}_{i=1}^n)$中，策略

组合 $a=(a_1,\cdots,a_n)\in A$ 是一个纳什均衡，如果任一博弈方 i 的策略都是对其余博弈方策略的最佳对策，就是说博弈保持

$$u_i(a_i',a_{-i})\leqslant u_i(a) \tag{2-5}$$

因为纳什均衡具有一致预测的特性，每个博弈方都可以预测某个结果，也可以预测对手会预测它，还可以预测对手会预测自己会预测它……通过预测来了解每个博弈方的策略及博弈的结果。

定理 2-1 纳什均衡具有一致预测性，且只有纳什均衡才具有这种性质。

证明 当每个参与者都预测某个结果是纳什均衡时，那么在纳什均衡条件下，参与者的策略都是针对其他参与者策略的最优策略，因此预测结果会成为最终的结果。任何理性的参与者都不会单独改变策略，因为改变策略意味着自身利益的损失。反之，如果所有参与者都预测某个策略组合是博弈结果的话，则此时每个参与者的策略肯定是针对其他参与者策略的最优策略。根据定义知道，该策略组合一定是一个纳什均衡。因而定理可证。

2.2.3 理性密码协议的纳什均衡求解

纳什均衡求解常用以下几种方种。

（1）占优策略法：如果一个博弈的某个策略组合的所有策略，都是参与者的占优策略，那么这个组合肯定是所有参与者都乐意选择的，称这样的策略组合为上策均衡。上策均衡必然是纳什均衡。上策均衡是非常稳定的结果，但遗憾的是许多博弈中的参与者没有严格占优策略。

（2）严格劣策略迭代消去法：该方法利用排除法，即把不可能用的差的策略一步一步排除掉，剩下较好的策略。

（3）画线法：以两方为例，针对参与者 2 的策略，首先找出参与者 1 的最优策略，并在参与者 1 的收益下画一条横线，即在每一列中，找到第一个分量最大者(不一定唯一)。然后，针对参与者 1 的策略，找到参与者 2 的最优策略，并在参与者 2 的收益下画一

条横线，即在每一行中，找到第二个分量最大者。最后，如果双变量矩阵中，某个单元两个收益都画了横线，那么其对应的策略组合就是一个纳什均衡。

(4) 利用定义，联立方程组求解纳什均衡：当参与者策略空间是连续的，收益函数是连续、可微的，可利用微积分求极值的方法，联立求解方程组，得到博弈的纳什均衡。

2.2.4　理性密码协议扩展博弈

扩展博弈是指在博弈过程中，参与者选择策略有先后顺序，后行动者在行动前能看到先行动者的行动[15]。

理性密码协议扩展博弈包括 6 个要素：

(1) 参与者为理性秘密共享协议博弈过程中决策主体，记为 P_i。

(2) 参与者的行动顺序。

(3) 轮到 P_i 行动时可供他选择的策略集。

(4) 轮到 P_i 行动时他所理解的信息，P_i 所有的信息集的集合为 H_i，某一特定的信息集为 $h_i^k \in H_i$，$k \in K$，K 为 P_i 信息集个数。

(5) 博弈结束后，每个参与者的收益函数用 $u_i(a)$表示。

(6) 外生事件(自然，记为 N)可能出现的状态及概率分布。

定义 2-6(扩展式博弈)　一个扩展式博弈可以表示为 $\Gamma=\{N, A, H, P, I, \rho, U\}$，其中

(1) $N=\{1,\cdots,n\}$为参与者集合。

(2) $A=\{A_i\}_{i=1}^n$为参与者策略空间的集合，A_i 表示参与者 P_i 的策略空间，其中包括所有可供选择的策略，在博弈中采用的策略记为 a_i。

(3) H：全历史集合，即从博弈开始到博弈结束所有可能的行动序列$(c^1,\cdots,c^k)$，K 为任一自然数，表示一个全历史包含的行动次数(当 $K\to\infty$ 时，就表示为无穷博弈)，而对于$(c^1,\cdots,c^m)$，

当 $m \leqslant K$ 时，称为全历史的子历史，当 $m < K$ 时，则是真子历史。博弈开始前的历史是一个空历史，用 Φ 来表示。

（4）P：参与者函数，即对于每一个真子历史 h，$P(h)$将其映射为 N 中成员。

（5）I：信息空间，对于 $i \in N$，令 I_i 为 i 的信息空间，即其所有信息集的集合。所谓 i 的信息集是指真子历史的一个集合，具有3个特征：

① 信息集中的每一个真子历史之后都轮到 P_i 行动。

② 如果信息集不是只包含一个真子历史，那么 P_i 分不清到底位于哪一个真子历史。

③ 如果把轮到 P_i 行动之前的所有真子历史看作一个集合 SH_i，即 $\forall h \in SH_i$，$P(h)=i$，那么 i 的任一信息集 I_{ik} 实际上就是 SH_i 的一个子集。

（6）ρ：外生事件的概率分布。

（7）$U=\{u_i\}_{i=1}^{n}$：参与者收益函数的集合，u_i 表示参与者 P_i 关于所有参与者策略组合的得失情况。

定义 2-7(子博弈[16]) 由一个动态博弈第一阶段以外的某阶段开始的后续博弈阶段构成的，有初始信息集和进行博弈所需要的全部信息，能成为一个博弈的原博弈的一部分，称为原动态博弈的一个子博弈。

为了能够排除均衡策略中的不可信的承诺或者威胁，需要了解子博弈完美纳什均衡。

定义 2-8(子博弈精炼纳什均衡) 如果在完美信息动态博弈中，各参与者的策略构成的一个策略组合满足：在整个动态博弈及它的所有子博弈中都构成纳什均衡，那么这个策略组合称为该动态博弈的一个"子博弈完美纳什均衡"。

子博弈完美纳什均衡分析核心方法是逆向归纳法。逆向归纳法是从博弈的最后阶段开始进行分析，并确定参与者的选择，然后再确定上一个阶段参与者的选择。当后一阶段参与者的选择确定后，前一阶段参与者的选择也就容易确定了。但逆向归纳法要求对所有参与者的策略及收益都非常清楚，这有时和现实不符，其次逆向归纳法也不能分析复杂的博弈情况。比如在下围棋时，人不可能从开始就用逆向法来下棋。再次，逆向归纳法要求所有博弈方都是完全理性的，不允许犯任何错误。

为了刻画和理解有限理性的博弈方偏离子博弈纳什均衡的行为，塞尔顿提出了“颤抖的手均衡”概念。颤抖的手均衡的基本思想为在任何一个博弈中，每一个博弈方都有一定的概率出现错误，恰如一个人在抓杯子时，由于手突然颤抖一下，可能就没有抓住杯子。我们不能因为一个人犯一点错误就让协议结束，只有当一个策略组合在允许所有的博弈方都可能犯错误时，仍然是每一个博弈方的最优策略，这时才是一个颤抖的手均衡。

定义 2-9(颤抖的手均衡[18])　在由 n 个人参与的博弈中，纳什均衡$(\delta_1,\cdots,\delta_n)$是一个颤抖的手均衡，如果对于每个博弈者 i，存在一个严格混合策略序列$\{\delta_i^m\}$，使得下列条件满足：

(1) 对于每一个 i，$\lim\limits_{m\to+\infty}=\delta_i^m=\delta_i$。

(2) 对于每一个 i 和 $m=1,2,\cdots$，δ_i 是对策 $\delta_{-i}^m=(\delta_1^m,\cdots,\delta_{i-1}^m,\delta_{i+1}^m,\cdots,\delta_n^m,)$的最优反应，即：对任何可选择的混合策略 $\delta_i'\in\Sigma_i$，满足

$$u_i(\delta_i,\delta_{-i}^m)\geqslant u_i(\delta_i{}',\delta_{-i}^m) \tag{2-6}$$

其中，δ_i^m 可以理解为 δ_i 的颤抖。

定义中 δ_i^m 是严格混合战略，也就是参与者 i 选择每一个纯战略的概率都必须大于 0。条件 1 指出，每个参与者 i 的 δ_i^m 相对于 δ_i 产生的颤抖性扰动随着 $m\to+\infty$而趋于 0。条件 2 指出，每一个参与者 i 的均衡战略 δ_i 不仅是针对对手战略组合 δ_{-i} 的最优反应，而且是针对对手战略发生微小颤抖扰动的最优反应。

在设计理性密码协议时，要考虑到协议应像现实生活一样，能够允许参与者犯错误，但错误只能是偶尔的，虽然错误会带来均衡的扰动，但长期看，某些均衡是稳定的。例如图 2-1，在这个博弈中有两条子博弈精炼纳什均衡的路径。一条是博弈方 A 在第

一阶段选择 L 结束，另一条是 $U\text{-}V\text{-}O\text{-}P$，但第二条不是颤抖的手均衡，只要博弈方 A 考虑到博弈方 B 在第二阶段有任何一点偏离 V 的可能性，第一阶段就不可能坚持 U 策略。

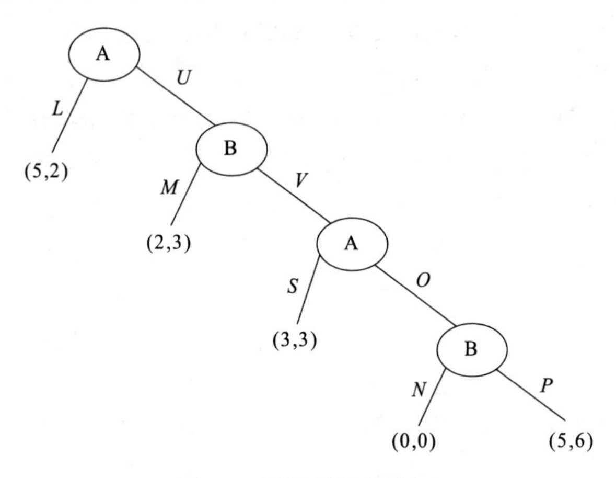

图 2-1　颤抖的手均衡(1)

把这个得益改变成图 2-2，情况会发生变化，此时该博弈中的路径 $U\text{-}V\text{-}O\text{-}P$ 既是该博弈唯一的子博弈精炼均衡，同时也是颤抖的手均衡。

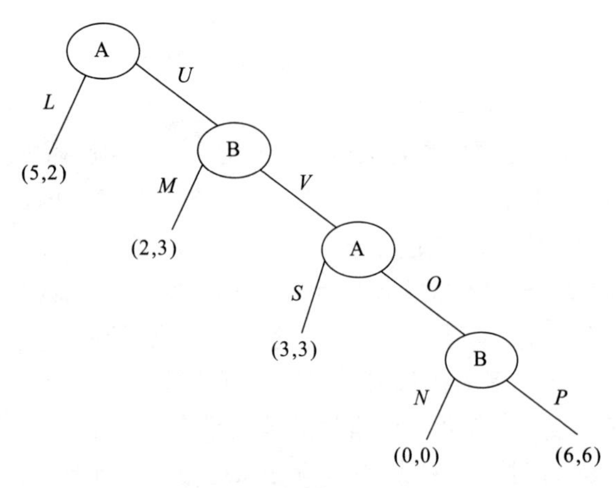

图 2-2　颤抖的手均衡(2)

2.3 预防参与者欺诈的策略和效用模型

在理性密码协议中，参与者都是自私和理性的，都想最大化自己的收益。如果参与者认为欺骗行为能使得自身收益最大化，那么他们会选择欺骗行为；而如果参与者认为诚实行为能使得自身收益最大化，那么他们会选择诚实遵守协议。本节介绍预防参与者欺诈的策略和效用模型。

2.3.1 有限轮博弈最优策略模型

定理 2-2 理性密码协议不能在一轮中完成。对于理性的参与者来说，在一次博弈中，最优的策略是采用欺骗的策略，如果大家都采用欺骗的策略，则秘密不可能在一次博弈中被重构出来。

证明 为了描述方便，下面首先考虑 2-out-of-2 秘密共享协议，每个参与者有两种策略：诚实的广播秘密(用 H 表示)或欺骗(用 D 表示)。将 U^+, U, U^-, U^{--} 分别数字化为 6，2，−1，−5，该博弈可以用双变量收益矩阵表示，如表 2-2 所示。

表 2-2 两方秘密共享策略博弈(1)

		博弈方 2	
		H	D
博弈方 1	H	2，2	−5，6
	D	6，−5	−1，−1

在这个博弈中，博弈双方都有严格的占优策略 D 和严格劣策略 H。在表 2-2 中，通过采用逐步剔除参与者 2 的严格劣策略 H，可以得到表 2-3。

表 2-3　两方秘密共享策略博弈(2)

		博弈方 2
		D
博弈方 1	H	-5，6
	D	-1，-1

从表 2-3 可以看出，H 是博弈方 1 的严格劣策略，将其剔除后，可以找到该博弈有唯一的纳什均衡：(D，D)。

如图 2-3 所示，如果用博弈树描述 2-out-of-2 秘密共享，每个参与者有两种策略：诚实的广播秘密(用 H 表示)或欺骗(用 D 表示)。参与者 1 先行动，参与者 2 后行动。

用逆向归纳法，先考虑参与者 2 的选择，参与者 2 最优的选择是欺骗，而参与者 1 考虑到轮到参与者 2 选择时，其一定会欺骗，所以参与者 1 在一开始就没有发送真正子份额的动机。这样策略(D，D)是该动态博弈的子博弈纳什均衡。

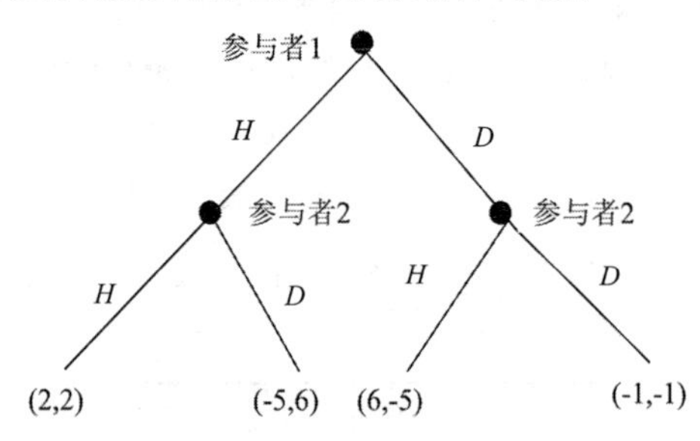

图 2-3　两方秘密共享博弈树

下面以百万富翁问题为例考虑安全两方计算中参与者的策略。安全两方计算是安全多方计算的基础和特例，有着重要的理论价值和广泛的应用价值。其源于华裔计算机科学家姚期智在文献[16]中提出的百万富翁问题：两个富翁如何在不泄露自己财富的前提下，能够比较出谁更富有？可以将其形式化表示为：P_1，P_2 分别拥有私有数据 a，b，两方希望在不暴露各自私有数据 a，b 的前提下，共同计算 $f(a,b)$，如果 $f(a,b)=1$，那么 $a>b$，

否则 $a \leqslant b$。姚期智在文献[3]中给出一个解决方案，但前提是 P_2 在得到结果后，要诚实地告诉 P_1。

在传统的安全两方计算协议中，即使一方在开始时承诺得到数据后会告诉另一方，这也是不可信的承诺，理性的参与者没有动机将得到的正确结果告诉另一方。那么用逆向归纳的方法，第一方从开始就不会将信息发给第二方，这样协议不能得到正确的计算结果。以百万富翁问题为例，两个富翁财产的比较结果在某些场合是非常重要的。在竞标或商业谈判中，如果仅有一方知道竞争两方的财产比较，那么他将处于优势，所以如果用传统的安全两方协议来实现比较的话，那么先得到结果的一方，会立即中断协议，或者告诉另一方一个错误的结果。

与静态博弈不同，动态博弈中各个参与者不是同时，而是先后选择行为。因为动态博弈中，各个博弈方行为有先有后，后者能看到前者的行为，所以各博弈方的地位是不对称的。一般来说，后行动的博弈方具有更多的信息，可有针对性地选择自己的行为，因此更为有利。但该结论并不总是成立的，有时也会出现信息多反而得益少的情况。下面用动态博弈模型来分析 Yao[4] 安全两方计算协议，P_1 首先将电路和解密表发给 P_2，然后有两种策略：一是诚实地发送信息 $k_1^{x_1},\cdots,k_n^{x_n}$(用 H 表示)给 P_2，二是欺骗或者不发送(用 D 表示)。如果 P_1 诚实的话，P_2 可以通过计算得到 $f(x,y)$。P_2 也有两个策略：一是诚实的发送信息 $f(x,y)$给 P_1，二是欺骗或者不发送(用 D 表示)。具体如图 2-4 所示。

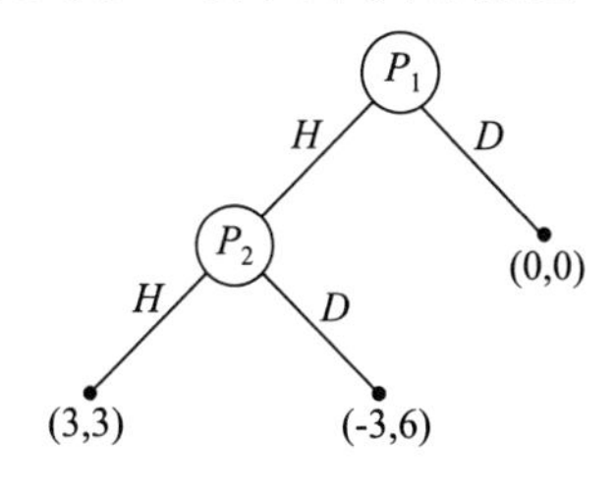

图 2-4　安全两方计算参与者收益

把图 2-4 理解为有两个百万富翁比较私有财产数据，P_1 将数据先发给 P_2，P_2 许诺在得到比较结果后将结果告诉 P_1。那么 P_1 会首先将数据发给 P_2 吗？万一 P_2 在得到数据后不告诉 P_1，或者告诉 P_1 一个假的结果怎么办？从图中可以看出 P_1 有两种行为，如果不将自己的数据告诉 P_2，则两方都不知道比较结果，所以两方得益都为 0。如果将自己的数据告诉 P_2，则轮到 P_2 做选择，无论 P_2 选择告诉还是不告诉 P_1 结果，那么博弈都将结束。如果 P_2 告诉 P_1 结果，那么双方都得益为(3，3)。如果 P_2 不告诉 P_1 结果，那么 P_2 将独自得益为 6，P_1 则为−3。

下面用子博弈完美纳什均衡来分析以上博弈。

由于“子博弈完美纳什均衡”能消除策略中不可信的承诺或威胁，因此在动态博弈中也是稳定的均衡。用“子博弈完美纳什均衡”来分析图 2-4，第 1 阶段 P_1 会选择不发送数据给 P_2，第 2 阶段 P_2 在得到结果后不会发送数据给 P_1。这是该动态博弈唯一的子博弈完美纳什均衡，也是该博弈真正稳定的均衡。

从以上的分析可见，如果参与者都是理性的话，那么 Yao 的安全两方计算协议不能计算出结果。

因此，在理性密码协议中，无论采用静态博弈还是动态博弈，对于理性的参与者来说，在一次博弈中，最优的策略是采用欺骗的策略，如果大家都采用欺骗的策略，则秘密不可能在一次博弈中被重构出来，所以定理可证。

定理 2-3 在动态博弈中，先采取行动的理性参与者，在选择行为时，一定会考虑后行动的参与者在后面会采取什么策略，只有在博弈最后阶段行动的参与者才能做出明确选择。

证明 当后面阶段参与者选择定了之后，前面的参与者的策略随之也就确定了。所以在分析动态博弈时，一般是从动态博弈的最后阶段开始分析，然后再确定前一个阶段博弈方的选择。对图 2-4 来说，逆推归纳法的第一步是分析第 2 阶段(如图 2-5 所示)P_2 的选择，由于不发送结果得到的收益更大，所以 P_2 在得到结

果后必然不会发送给 P_1，继续运用逆推归纳法，该博弈可转化为图 2-6。在这个阶段，P_1 考虑决策的关键是判断 P_2 的许诺是否可信，当轮到 P_2 选择时，P_2 必定不会告诉 P_1 结果，而是会选择更大的收益(独自获得结果)，从而在以后的竞争中获益。P_1 清楚 P_2 的行为，因此 P_1 从开始就不可能将数据发给 P_2。

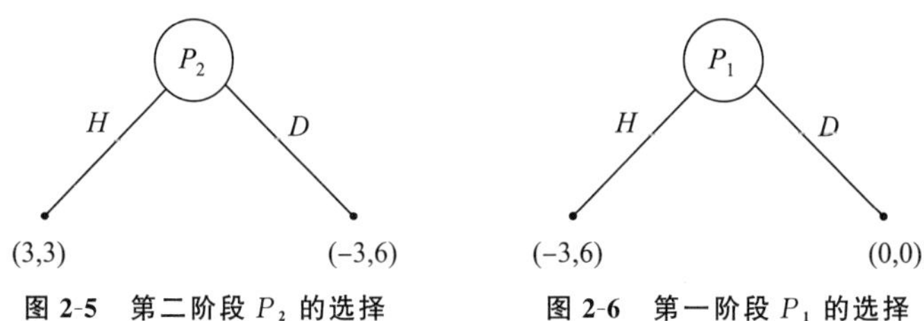

图 2-5　第二阶段 P_2 的选择　　图 2-6　第一阶段 P_1 的选择

定理 2-4　方案不能在参与者了解的有限轮中结束，如果参与者知道博弈什么时候结束，那么他将没有合作的动机。

证明　设计方案的轮数如果是有限轮，并且每个参与者都知道，那么在方案的最后一轮，参与者将知道协议即将结束，如果参与者知道博弈在哪一轮结束，在最后一轮中，如果参与者有欺骗行为的话，那么欺骗者将独得秘密。这样，因为欺骗者不害怕有进一步的惩罚措施，所以他们就没有合作的动机。用逆向归纳法，从最后一轮然后倒退到第一轮来分析，在每一轮中所有的参与者将保持沉默，秘密不会被重构。

2.3.2　预防欺诈的策略模型

为了使博弈方找到最优的策略，达到均衡状态，在 Halpern 设计的方案中采用了逐步剔除弱劣策略的方法来达到纳什均衡，这种方法也被一系列文献[13，23，24]采用。但是逐步剔除弱策略可能会将原来的纳什均衡消除，重复剔除弱劣策略后剩下的策略组合取决于剔除策略的次序。

分析表 2-4 所示的博弈，可通过逐步剔除严或弱劣策略找到相应的均衡。

对于博弈方 1 来说，策略 H 相对于策略 K 是弱劣，将 H 剔除，收益矩阵变成表 2-5。

表 2-4　逐步剔除严或弱劣策略过程(1)

博弈方 1 \ 博弈方 2	L	R	P
H	2，4	3，2	2，6
M	2，2	3，4	3，0
K	6，3	3，2	3，3

表 2-5　逐步剔除严或弱劣策略过程(2)

博弈方 1 \ 博弈方 2	L	R	P
M	2，2	3，4	3，0
K	6，3	3，2	3，3

这时，对于博弈方 2 来说，策略 P 相对于策略 L 来说是弱劣的，将 P 剔除，收益矩阵变成表 2-6。

表 2-6　逐步剔除严或弱劣策略过程(3)

博弈方 1 \ 博弈方 2	L	R
M	2，2	3，4
K	6，3	3，2

此时，对于博弈方 1 来说，策略 M 相对于策略 K 来说是弱劣策略，将 M 剔除，收益矩阵变成表 2-7。

表 2-7　逐步剔除严或弱劣策略过程(4)

博弈方 1 \ 博弈方 2	L	R
K	6，3	3，2

此时，对于博弈方 2 来说，策略 R 相对于策略 L 是严格劣策略，将其剔除，最终得到逐步剔除弱劣策略均衡为(K，L)。下面重新考虑原收益矩阵，对于博弈方 1 来说，策略 M 对 K 来说也是弱劣的，将 M 剔除，则收益矩阵变成表 2-8。

表 2-8　逐步剔除严或弱劣策略过程(5)

博弈方 1 \ 博弈方 2	L	R	P
H	2，4	3，2	2，6
K	6，3	3，2	3，3

这时，对于博弈方 2 来说，策略 L 相对于策略 P 来说是弱劣的，将 L 剔除，收益矩阵变成表 2-9。

表 2-9　逐步剔除严或弱劣策略过程(6)

博弈方 1 \ 博弈方 2	R	P
H	3，2	2，6
K	3，2	3，3

此时，对于博弈方 1 来说，策略 H 相对于策略 K 来说是弱劣策略，将 H 剔除，收益矩阵变成表 2-10。

表 2-10　逐步剔除严或弱劣策略过程(7)

博弈方 1 \ 博弈方 2	R	P
K	3，2	3，3

此时，对于博弈方 2 来说，策略 R 相对于策略 P 是严格劣策略，将其剔除，最终得到逐步剔除严或弱劣策略均衡为(K，P)。

从上可见，两次采用逐步剔除弱劣策略后得到的均衡不一样。原因是当一个策略被剔除时，博弈方选择该策略的概率为 0。这在逐步剔除严格劣策略的时候是成立的，但对于逐步剔除弱劣策略的情况却不一定成立，因为弱劣策略不能排除某些情况下，博弈方以一定的正概率选择弱劣策略。这样也就无法证明逐步剔除弱劣策略的合理性。

2.3.3 预防欺诈概率效用模型

为了使参与者有动机合作，本节构建概率效用模型。在理性密码协议中，参与者的最大收益是了解秘密信息，其次是让尽可能少的其他人了解秘密信息，用 $u_i(o)$表示 P_i 关于结果 O 的效用函数，用 U^+, U, U^-, U^{--} 表示参与者在以下几种情况下的收益。

(1) 当 O 表示 P_i 了解秘密信息，而其他参与者不了解秘密信息时，那么 $u_i(o)=U^+$。

(2) 当 O 表示 P_i 了解秘密信息，而至少有一个其他参与者也了解秘密信息时，那么 $u_i(o)=U$。

(3) 当 O 表示 P_i 不了解秘密信息，其他参与者也不了解秘密信息时，那么 $u_i(o)=U^-$。

(4) 当 O 表示 P_i 不了解秘密信息，而至少有一个其他参与者了解秘密信息时，$u_i(o)=U^{--}$。它们间的关系是 $U^+>U>U^->U^{--}$。

本章所设计的模型采用了多轮博弈，并且不让参与者知道博弈何时结束。为了及时有效地发现参与者欺骗，在每一轮中利用可验证的方法对参与者的行为和策略进行检验。将秘密 $s\in\mathbf{Z}_q$ 放在某一轮中，用 k 表示，其余的为无意义测试轮。当协议在第 r 轮时，如果其他参与者采用指定的策略 σ_{-i}(即诚实地发送子秘密的份额)，而参与者 P_i 采用策略 σ_i'进行欺骗，用 $cheat$ 表示这个基本事件。当 $r<k$，用 $early$ 表示，此刻，P_i 只能通过猜测秘密进行欺骗；当 $r=k$，用 $exact$ 表示，即 P_i 正好在第 k 轮偏离协议；当 $r>k$，用 $late$ 表示，即参与者在 k 轮之后进行欺骗；$correct$ 表示 P_i 输出了正确的秘密值；$Pr[\cdot]$表示事件发生的概率。那么参与

者 P_i 在第 r 轮欺诈的期望收益为

$$
\begin{aligned}
E(U_i^{\text{expect}}) &= U_i^{+} \cdot Pr[exact] + U_i^{+} \cdot Pr[correct \wedge early] + \\
&\quad U_i^{-} \cdot Pr[false \wedge early] + \mathrm{U} \cdot Pr[late] \\
&= U_i^{+} \cdot Pr[exact \mid cheat] \cdot Pr[cheat] + \\
&\quad U_i^{+} Pr[corrrct \mid early] \cdot Pr[early \mid cheat] \cdot \\
&\quad Pr[cheat] + U_i^{-} Pr[\mathrm{false} \mid early] \cdot \\
&\quad Pr[early \mid cheat] \cdot Pr[cheat] + U_i \cdot Pr[late]
\end{aligned} \tag{2-7}
$$

又

$$
Pr[correct \mid early] = \frac{1}{|S|} = \frac{1}{|q-1|} \tag{2-8}
$$

因为 $s \in \mathbf{Z}_q$，$Pr[excat] = \frac{1}{k}$，可得

$$
E(U_i^{\text{expect}}) = \frac{1}{k} \cdot U_i^{+} + (1 - \frac{1}{k}) \cdot (\frac{1}{q-1} \cdot U_i^{+} + \frac{q-2}{q-1} \cdot U_i^{-}) \tag{2-9}
$$

由此可知如果满足式(2-10)

$$
E(U_i^{\text{expect}}) < U_{\mathrm{i}} \tag{2-10}
$$

则协议能够保证博弈达到均衡状态，使得参与者不会背离协议，从而正确地执行协议。

2.4 预防参与者欺诈的博弈模型

依据上面构建的策略和概率效用模型，本章提出一个具体的可预防欺诈的博弈模型，模型中利用了可验证随机函数。在可验证随机函数中，G，F，V 都是多项式时间算法，$G(1^k)$是密钥产生模块，输入安全参数，输出 PK，SK。$F=(F_1,F_2)$是确定性算法，输入为 SK，x，输出 $v=F_1(SK,x)$和相应的证据 $proof = F_2(SK,x)$。V(函数验证单元)是概率算法，输入为 PK，x，v 和 $proof$，验证合格输出为 YES，否则输出为 NO。我们令 $P=\{P_1,$

$P_2, \cdots, P_n\}$是 n 个参与者的集合，t 为门限值，用 s 表示在参与者间分享的秘密，$h(\cdot)$为单向哈希函数，$f(\cdot)$为单向函数，sk_1，$sk_2, \cdots, sk_n$ 分别为参与者 $P_i(i=1,2,\cdots,n)$的私钥，$pk_1, pk_2, \cdots$，pk_n 为参与者 $P_i(i=1,2,\cdots,n)$的公钥。

首先，分发者根据几何分布选择一个整数 $r^* \in \mathbf{N}$，几何分布的参数为 λ，λ 的值取决于参与者的效用，并且在满足概率效用模型的条件下，使得参与者没有背离协议的动机。分发者利用可验证随机函数的密钥产生模块，产生$(pk_1, sk_1), \cdots, (pk_n, sk_n)$，其中 $sk_n = s_n, pk_n = g^{s_n}$。其次，分发者使用 n 个数值对$(h(ID_1 \| r^*), F_1(sk_1, r^*)), \cdots, (h(ID_n \| r^*), F_1(sk_n, r^*))$确定一个 $n-1$次多项式 $G(x)$，令 s 和$G(0)$异或后的值为 $value$，然后，从$[1, q-1] - \{h(ID_i \| r) \mid i=1,2,\cdots,n, r=1,2,\cdots,r^*\}$中选取 $n-t$个最小的整数 $d_1, \cdots, d_{n-t}$。最后，将 sk_i 通过安全信道传给参与者 P_i，同时公布 pk_i，$(d_1, G(d_1)), \cdots, (d_{n-t}, G(d_{n-t}))$，$value$ 和 $f(s)$的值。

在模型的第 $r(r=1,2,\cdots,)$轮，参与者做以下工作：参与者 $P_i(i=1,2,\cdots,t)$同时发送 $y_i^r = F_1(SK_i, r)$，$\pi_i^r = F_2(SK_i, r)$给其他参与者。这时，参与者 P_i 收到 $y_j^r, \pi_j^r(j=1,2,\cdots,i-1,i+1,\cdots,n)$，判断 $V(PK_j, r, y_j^r, \pi_j^r)$的输出，如果输出为 YES，协议继续，否则输出为 NO，协议结束，欺骗者将永远失去得到秘密的机会。然后，参与者 $P_i(i=1,2,\cdots,t)$利用参与者身份信息可以构造 t 个数值对$(h(ID_1 \| r), F_1(sk_1, r)), \cdots, h(ID_t \| r), (F_1(sk_t, r))$，结合$(d_1, G(d_1)), \cdots, (d_{n-t}, G(d_{n-t}))$共 n 个数值对可以确定一个$n-1$ 次多项式，令 $Temp = value \oplus P(0)$，如果 $f(Temp) = f(s)$，则 $r = r^*$，即 $s = Temp$，协议结束，否则进行到下一轮。

定理 2-5 当模型中几何分布的参数为 λ 时(一次贝努利实验中秘密出现的概率)，方案的期望迭代轮数为 $O(\frac{1}{\lambda})$。

证明 假设 $r=k$ 轮时，真秘密出现，则根据几何分布的性质

可得 $P(r=k)=(1-\lambda)^{k-1}\lambda$，可知

$$\begin{aligned}E(r)&=\lambda+2\lambda(1-\lambda)+3\lambda(1-\lambda)^2+\cdots+k\lambda(1-\lambda)^{k-1}+\cdots\\&=(1+2(1-\lambda)+3(1-\lambda)^2+\cdots+k(1-\lambda)^{k-1}+\cdots)\lambda\end{aligned} \tag{2-11}$$

下面用错位相减法求$(1+2(1-\lambda)+3(1-\lambda)^2+\cdots+k(1-\lambda)^{k-1}+\cdots)$的值，令

$$S_k=1+2(1-\lambda)+3(1-\lambda)^2+\cdots+k(1-\lambda)^{k-1} \tag{2-12}$$

则

$$(1-\lambda)S_k=(1-\lambda)+2(1-\lambda)^2+3(1-\lambda)^3+\cdots+k(1-\lambda)^k \tag{2-13}$$

式(2-12)和式(2-13)两式相减得

$$\lambda S_k=1+(1-\lambda)+(1-\lambda)^2+\cdots+(1-\lambda)^{k-1}-k(1-\lambda)^k \tag{2-14}$$

即

$$S_k=\frac{1-(1-\lambda)^k}{\lambda^2}-\frac{k(1-\lambda)^k}{\lambda} \tag{2-15}$$

又 $0<(1-\lambda)<1$，则$\lim\limits_{k\to\infty}(1-\lambda)^k=0$，故

$$(1+2(1-\lambda)+3(1-\lambda)^2+\cdots+k(1-\lambda)^{k-1}+\cdots)=\lim_{k\to\infty}S_k=\frac{1}{\lambda^2} \tag{2-16}$$

最终可得

$$E(r)=\frac{1}{\lambda} \tag{2-17}$$

2.5　本章小结

防止参与者欺诈是密码协议安全性的重要保证，但传统密码协议中的可验证算法只能保证事后检验而不能事先预防，而现存的理性密码协议在预防欺诈方面也有许多不足之处。本章结合博弈论对预防欺诈的博弈算法进行了研究和设计。首先构建了理性密码协议静态博弈的要素、常用的策略及均衡模型，研究了参与

者执行协议和偏离协议的动机和相应的收益，对成员欺诈的行为进行了合理的效用惩罚，最后构建了可预防欺诈的博弈模型及算法。本章设计的预防欺诈模型和算法可以适用于 2 人或多人情况，并且无须分发者在线或可信者参与，重构阶段也没有调用安全多方计算协议，本章模型所达到期望迭代轮数为 $O(\frac{1}{\lambda})$。在模型中，所有参与者不清楚会在哪一轮结束，从而也解决了固定有限轮博弈模型对逆向归纳法敏感的问题。

参考文献

[1] Shamir A. How to share a secret. Communications of the ACM，1979，22(1)：612-613.

[2] Blakeley G R. Safeguarding cryptographic keys. Proceedings of the National Computer Conference，New York：AFIPS Press，1979：313-317.

[3] Yao A. Protocols for secure computations. Proceedings of 23th IEEE Symposium on Foundations of Computer Science (FOCS'82)，IEEE Computer Society，1982：160-164.

[4] Yao A. How to generate and exchange secrets. Proceedings 27th IEEE Symposium on Foundations of Computer Science (FOCS'86)，IEEE Computer Society，1986：162-167.

[5] Goldreich O，Micali S，Wigderson A. How to play any mental game. Proceedings of the 19th Annual ACM Symposium on Theory of Computing，New York：ACM Press，1987：218-229.

[6] Goldreich O. Foundations of cryptography：Volume 2，Basic Applications. Cambridge：Cambridge University Press，2004：599-759.

[7] Cleve R. Limits on the security of Coin Flips when Half the

Processors are Faulty. In 18th STOC, 1986: 364-369.

[8] Chor B, Goldwasser S, Micali S. Verifiable Secret Sharing and Achieving Simultaneity in the Presence of Faults. Proceedings of the 26th Annual Symposium on Foundations of Computer Science, Washington, DC: IEEE Computer Society, 1985: 383-395.

[9] Feldman P. A practical scheme for non-interactive verifiable secret sharing. Proceedings of the 28th IEEE Symp. On Foundations of Comp, Science (FOCS' 87), Los Angeles: IEEE Computer Society, 1987: 427-437.

[10] Pedersen T P. Distributed provers with applications to undeniable signatures. Proceedings of Eurocrypt' 91, Lecture Notes in Computer Science, LNCS, Springer-Verlag 547, 1991: 221-238

[11] Rabin T, Ben-Or M. Verifiable secret sharing and multiparty protocols with honest majority. Proceedings of ACM STOC, 1989: 73-85.

[12] Micali S, Rabin M, Vadhan S. Verifiable random functions. In Proceedings of the 40th IEEE Symposium on Foundations of Computer Science, New York, IEEE, 1999: 120-130.

[13] Halpern J, Teague V. Rational Secret Sharing and Multiparty Computation. Proceedings of the 36th Annual ACM Symposium on Theory of Computing (STOC), New York: ACM Press, 2004: 623-632.

[14] 李光久．博弈论基础-要点注释与题解精编．苏州:江苏大学出版社，2008: 96-130.

[15] Osborne M J. An introduction to game theory. Oxford University Press, 2004: 121-160.

[16] 谢识予．经济博弈论．2 版. 上海: 复旦大学出版社，2002:

138-158.

[17] Andres P. Epistemic game theory. Cambridge University Press，2012：87-112.

[18] 张维迎．博弈论与信息经济学．上海：上海人民出版社，2004：355-386.

[19] 刘庆财．博弈论：日常生活中的博弈策略．北京：中国华侨出版社，2012：85-109.

[20] Katz J. Bridging game theory and cryptography：recent results and future directions. In 5th Theory of Cryptography Conference TCC 2008，LNCS，Springer-Verlag 4984，2008：251-272.

[21] Dodis Y，Rabin T. Cryptography and game theory. Algorithmic Game Theory，Cambridge University Press，2007：181-207.

[22] Dodis Y，Halevi S，Rabin T. A cryptographic solution to a game eheoretic problem. In Advances in Cryptology，2006：103-130.

[23] Gordon S D，Katz J. Rational secret sharing，revisited. Proceedings of the 5th Security and Cryptography for Networks (SCN)，2006：229-241.

[24] Cai Yongquan，Luo Zhanhai，Yang Yi. Rational multisecret sharing scheme based on bit commitment protocol. Journal of Networks，2012，7(4)：738-745.

第3章 预防合谋模型与原理

在设计理性密码协议时，除了考虑参与者独自欺诈外，还要考虑参与者与其他攻击者合谋的情形。例如在多人参与的协议中，经常会发现存在部分参与者之间联合追逐小团体的利益，这样会给其他参与者的利益带来损失，也会导致原博弈纳什均衡的不稳定性。而合谋可以说在密码协议中无处不在。对协议中参与者合谋情况进行深层次的研究，对构建理性密码协议来说有着极为重要的理论和现实意义。本章针对现有方案的问题和不足之处进行研究，设计可预防成员合谋的博弈模型和算法。

3.1 防合谋方案概述

在经典的理性密码协议中，对参与者合谋的研究方案有两类，一类是有可信者参与的方案，另一类是无可信者参与的方案。例如在(m,n)门限秘密共享中，如果存在可信的秘密计算者，那么合谋人员必须大于等于m个才有意义，这是由秘密共享的性质决定的。但是由于现实分布式网络环境下可信者是比较难找到的，所以秘密重构时多数协议靠参与者同时广播秘密子份额来实现，这时就存在两人及两人以上合谋的情况。例如，如果两个人合谋，在广播时保持沉默或者出示假的秘密子份额，那么这两个人只需再获得$m-2$个秘密子份额，就能够重构出秘密，而其他$m-2$个人因为没有或者得到错误的秘密子份额，而不能重构秘密。同样，在安全多方计算协议中的合谋情况也比比皆是。以安全多方计算一种重要的应用协议(安全多方求和协议)为例，经典的求和方案普遍存在合谋的情况，如果有两个或多个参与者合谋的话，则可以轻松地得到另一个参与者的隐私数据。Zhu 等人[1]提出一种防合谋多方安全求和协议，Yi 等人[2]基于 ElGamal 加密算法和安全多方计算提出一种方案。但是，文献[1-2]有一个共同的缺陷，协议不能保证公平性，即最先得到计算和结果的人没有动机将结果发给其他人。Alwen 等人[3]提出了一种仲裁模型下的防合谋协议，在该模型中，所有的通信都要经过仲裁者，也就是说，每个参与者只能和仲裁者通信。Katz 等人[4]利用承诺和签名方案对文献[3]进行了扩展，提出了仲裁模型下的多方计算功能。如果仲裁者是诚实的，那么协议的防合谋性是可以保证的，如果仲裁者不是诚实的，那么协议执行过程中的公平性和可交付性是不能够保证的。

Halpern 和 Teague[5]认为所有的参与者都是自私的，都想使自己的效益最大化，参与者通过对自身的利益得失的判断来决定是否遵守或背离协议。所设计的理性方案必须满足让参与者不知道协议什么时候结束，从而才能使他们有合作的动机。但他们的方案没有考虑合谋的情况，甚至不能防止两个成员合谋，比如令两人的标志为 0，合谋者则可以得到 3 个子份额。对于多个人的情况，更不能防止组长之间的合谋。Maleka 和 Amjed[6]提出一种基于重复博弈的秘密共享方案，通过考虑所有阶段博弈得益的贴现值之和(加权平均值)来对秘密共享建立模型，使得参与者考虑当前行为对后续博弈的影响，最终选择对自己最有利的策略。他们的方案要求构造子秘密的任意两个多项式的次数最多相差 1，参与者不知道其他参与者多项式的次数，但参与者在自己最后一轮可以通过欺骗，以较高的概率获得秘密。另外，他们的方案不能防止参与者合谋攻击，例如：如果有两个合谋者拥有的多项式的次数相差为 1 的话，那么合谋者就能合谋得到秘密，同时阻止其他参与者获得秘密。Kol 等人[7]采用一种信息论安全的方法设计了一种秘密共享方案，在他们的方案中不需要可计算假设，他们将每一轮分成多个阶段，在前一些轮中放的是随机的假秘密，将真正的秘密放在了长份额中。但他们的方案中不能防止拥有短份额

的人和拥有长份额的人合谋攻击。文献[8,9]设计的方案需要有可信者参与重构过程，然而现实很难找到参与各方都信任的可信方。One 等人[10]设计的方案要求有少量的诚实者和多数理性者参与，在这种环境下协议才能够达到完全的公平性。

Lepinksi 等人[11-14]提出一种防合谋的协议，该协议可以防止成员合谋，并且能够获得协议的公平性、隐私性、正确性和可交付性。但是协议中需要物理信封和投票箱这样强的物理信道。Abraham和 Dolev 等人[15]提出一种防合谋理性算法，首先分发者将子份额签名发给参与者，然后算法分成多个阶段，每一阶段又分多步。比如在第 t 阶段，第一步，参与者将子份额发给中间人。第二步，中间人在收到参与者信息后，随机选择一个二进制数 c^t，$Pr[c^t=1]=\alpha$，然后找到 $\mathbf{Z}_p$ 上一个 $m-1$ 次多项式 g^t，满足 $g^t=0$，计算多项式 $h^t=f\cdot c^t+g^t$。这时如果 $c^t=1$，那么 $h^t(0)=f(0)$，如果 $c^t=0$，那么 $h^t(0)=0$。第三步，中间人将 $h^t(i)$ 发给参与者 P_i。第四步，参与者同时发送 $h^t(i)$，如果有人不发或者发送错误的子份额，那么参与者中断协议，否则参与者重构多项式 h^t，如果 $h^t(0)\neq0$，参与者输出 $h^t(0)$，否则协议进行下一个阶段。文中证明了如果 $\alpha\leqslant\min_{i\in\mathbf{N}}\dfrac{u_i(N)-u_i(\varphi)}{m_i-u_i(\varphi)}$ 并且 $k<m$ 时，参与者的最优策略满足 k-弹性均衡。但在他们的协议中，需要中间人频繁参与，并且要求中间人应对参与者的各种策略的收益非常清楚，这样才能选择合适的 α，而这种要求条件是非常高的。虽然可以采用安全多方计算的方法来模拟中间人，但是同样会带来一些新问题，如公平性问题和协议对逆向归纳敏感等问题。

从以上分析可知，对于传统的密码协议中，如果没有可信者参与协议，那么参与者则有很强的合谋动机。即使协议中考虑了参与者的合谋情况，也不能保证协议执行的公平性。而现存的理性密码协议也存在有以下问题。

(1) 协议设计时没有充分考虑参与者合谋的情况，仅考虑单个个体偏离的情况。而现实中，理性者有可能出现与他人合谋的情况，从而使合谋者最终得到秘密，而诚实执行协议的人却得不到秘密。

(2) 一些协议假设有可信的中介者、中间人或者少量的诚实者。

(3) 一些协议采用了强的物理信道，如信封和投票箱工具，这在现实生活中难以实现。

3.2　预防成员合谋的均衡和策略模型

传统的密码协议中，如果没有可信者参与协议，那么参与者会有很强的合谋动机。本节对参与者合谋动机进行分析和讨论，然后介绍预防成员合谋的均衡和策略模型。

3.2.1　帕累托上策均衡模型

当理性的参与者参与协议博弈过程中，可能会存在多个纳什均衡的情况。在这种情况下，所有参与者都会偏好某一个纳什均衡，也可以说，该纳什均衡给所有参与者带来的利益，大于其他纳什均衡给参与者带来的利益，这时，所有的参与者选择倾向是一致的。每个参与者不仅自己选择该纳什均衡策略，同时也会预料其他参与者同样会选择该策略。用这种方法选择出的均衡，被称为帕累托上策均衡。

在下面得益矩阵表示的博弈中，博弈方 1 策略为 H、M，博弈方 2 策略为 L、R。用前面介绍的求纳什均衡的方法(例如画线法)分析可知，该博弈有两个纯策略纳什均衡，一个为(H，L)，另一个是(M，R)。很明显，(M，R)是这两个纳什均衡中帕累托效率最优的，构成该博弈的帕累托上策均衡。

表 3-1　帕累托上策纳什均衡

博弈方 1 \ 博弈方 2	L	R
H	-8，-8	10，-13
M	-13，10	16，16

也就是说，在执行协议时，如果两个参与者都是理性的，那么对于两者都更有利的最优策略为(M，R)。但当博弈方 1 选择策略 H 时，那么对于博弈方 2 最优策略则为 L，反之亦然。但由于策略(M，R)对于双方都更有利，因此，对于博弈方 1 来讲，不仅自己希望实现(M，R)，而且也预料对方会希望实现(M，R)。而该博弈最终的合理结果也应该是(M，R)，而这也正是帕累托上策均衡的意义所在。

3.2.2　参与者合谋动机分析模型

在协议执行时，如果部分参与者通过合谋串通可能比不合谋时会获得更大的利益，那么参与者就有很强的串通动机。通常的纳什均衡分析在这样的博弈问题中也会遇到问题。即使采用帕累托上策均衡来分析和预测多人合谋博弈，也会遇到非常大的困难。因为部分合谋者在极大化合谋集团效用的同时，也损害了其他参与者的效用，这样明显有悖于帕累托上策均衡的要求。为了描述方便，下面考虑三人博弈中，有两人合谋背离协议的情况，通过两个得益矩阵来进行分析。

在这两个得益矩阵表示的博弈中，博弈方 1 策略为 H、M，博弈方 2 策略为 L、R，博弈方 3 策略为 U、D。表 3-2 为博弈方 3 选择 U 时，3 个参与方的博弈。表 3-3 为博弈方 3 选择 D 时，3 个参与方的博弈。

表 3-2　多人博弈中的共谋情景(1)

博弈方 2

博弈方 1		L	R
	H	0，0，6	−6，−6，0
	M	−6，−6，0	1，1，−3

博弈方 3 选择 U

表 3-3　多人博弈中的共谋情景(2)

博弈方 2

博弈方 1		L	R
	H	−2，−2，0	−6，−6，0
	M	−6，−6，0	−1，−1，3

博弈方 3 选择 D

尽管该博弈有 3 个博弈方、2 个收益矩阵，但仍然可以发现，该博弈有 2 个纯策略纳什均衡和 1 个混合策略纳什均衡。博弈的 2 个纯策略纳什均衡为(H，L，U)和(M，R，D)；混合策略纳什均衡的收益计算如下，设 x 为博弈方 1 选择 H 的概率，y 为博弈方 2 选择 L 的概率，z 为博弈方 3 选择 U 的概率，那么博弈方 1 选择 H 的期望收益为

$$0-6(1-y)z-2y(1-z)-6(1-y)(1-z) \tag{3-1}$$

博弈方 1 选择 M 的期望收益为

$$-6yz+(1-y)z-6y(1-z)-(1-y)(1-z) \tag{3-2}$$

由于博弈方 2 和博弈方 3 在选择混合策略时，应使得博弈方 1 在选择 H 和 M 策略两者的收益无差别，即前面两个期望收益相等，则有

$$\begin{aligned}
&-6(1-y)z-2y(1-z)-6(1-y)(1-z)=-6yz+(1-y)z-6y(1-z)-\\
&\qquad(1-y)(1-z)\\
&6yz-6z-2y+2yz-5(1-y-z+yz)=-6yz+z-yz+6yz-6y \qquad (3\text{-}3)\\
&6yz+2yz-5yz+yz-z+3y-z+6y-5=0\\
&4yz-2z+9y-5=0
\end{aligned}$$

同理，考虑博弈方2选择L的期望收益为

$$-6(1-x)z-2x(1-z)-6(1-x)(1-z) \tag{3-4}$$

博弈方2选择R的期望收益为

$$-6xz+(1-x)z-6x(1-z)-(1-x)(1-z) \tag{3-5}$$

则有

$$\begin{aligned}-6(1-x)z-2x(1-z)-6(1-x)(1-z)= & -6xz+(1-x)z- \\ & 6x(1-z)-(1-x)(1-z)\end{aligned}$$

$$\begin{gathered}6xz-6z+2xz-2x-5(1-x-z+xz)=-6xz-xz+z+6xz-6x \\ 6xz+2xz-5xz+xz-6z+5z-z-2x+5x+6x-5=0 \\ 4xz-2z+9x-5=0\end{gathered} \tag{3-6}$$

考虑博弈方3选择U的期望收益为

$$6xy+0+0-3(1-x)(1-y) \tag{3-7}$$

考虑博弈方3选择D的期望收益为

$$0+0+0+3(1-x)(1-y) \tag{3-8}$$

由上式得

$$\begin{gathered}6xy+0+0-3(1-x)(1-y)=0+0+0+3(1-x)(1-y) \\ 6xy-6+6x+6y-6xy=0 \\ x+y-1=0\end{gathered} \tag{3-9}$$

联立方程组

$$\begin{cases}4yz-2z+9y-5=0 \\ 4xz-2z+9x-5=0 \\ x+y-1=0\end{cases} \tag{3-10}$$

得到该博弈的混合纳什均衡策略如式(3-11)所示。

$$\begin{cases}x=\dfrac{9}{20} \\ y=\dfrac{11}{20} \\ z=\dfrac{1}{4}\end{cases} \tag{3-11}$$

因此策略$\left(\frac{9}{20},\frac{11}{20}\right)$，$\left(\frac{11}{20},\frac{9}{20}\right)$，$\left(\frac{1}{4},\frac{3}{4}\right)$是混合策略的纳什均

衡，计算

$$
\begin{aligned}
u_1 &= xyz \cdot 0 - x(1-y)z \cdot 6 - (1-x)yz \cdot 6 + \\
&\quad (1-x)(1-y)z - xy(1-z) \cdot 2 - \\
&\quad x(1-y)(1-z) \cdot 6 - (1-x)(1-y)(1-z) \cdot 6 - \\
&\quad (1-x)(1-y)(1-z) \\
&= -\frac{4053}{800}
\end{aligned}
\tag{3-12}
$$

同理可以得到 $u_2=-\frac{4053}{800}, u_3=-\frac{297}{800}$，所以混合策略纳什均衡相应的期望收益是$\left(-\frac{4053}{800},-\frac{4053}{800},-\frac{297}{800}\right)$。从以上分析可知，该博弈中($H$，$L$，$U$)帕累托效率高于($M$，$R$，$D$)，其收益也优于混合纳什均衡的期望收益。从表 3-2、表 3-3 知，如果不考虑部分博弈方合谋的话，那么该博弈结果应为(H，L，U)。但是，如果考虑到博弈方中间存在合谋的情况，那么情况会完全不一样。因为博弈方 1 和博弈方 2 有很强的动机合谋选择策略(M，R)，从而获得更高的收益。

3.2.3 预防参与者合谋的效用模型

下面继续对表 3-2、表 3-3 进行分析，假设该博弈各方预测的结果是(H，L，U)，令博弈方 3 固定选择策略 U，那么博弈方 1 和博弈方 2 两人的收益矩阵如表 3-4 所示。

表 3-4 博弈方 3 选择 U 后两人收益矩阵

		博弈方 2	
		L	R
博弈方 1	H	0，0	−6，−6
	M	−6，−6	1，1

假设博弈方 3 选择 U，他会意识到如果博弈方 1 和博弈方 2

合谋采用 M 和 R，那么他们各自可以获得 1 单位的收益，这对于博弈方 1 和博弈方 2 是非常有吸引力的。而该博弈的帕累托上策均衡是(M，R)，这样也印证了博弈方 1 和博弈方 2 是有合谋动机的，他们两人会协调行为和策略，相当于组成了一个联盟，联盟成员会相互协调来使得合谋集团内成员的利益最大化，其结果也说明了(H，L，U)这个均衡是不稳定的。因为如果博弈方 3 也是理性的话，他清楚如果他选择策略 U 的话，很可能会引起博弈方 1 和博弈方 2 组成联盟，博弈方 1 和博弈方 2 协调行动选择(M，R)的可能极大。如果博弈方 3 选择策略 D，那么博弈方 1 和博弈方 2 两人的收益矩阵如表 3-5 所示。

表 3-5　博弈方 3 选择 *D* 后两人收益矩阵

		博弈方 2	
		L	R
博弈方 1	H	−2，−2	−6，−6
	M	−6，−6	−1，−1

这时对于博弈方 1 和博弈方 2 的最优策略仍为(M，R)，这样策略组合(M，R，D)虽然从帕累托效率上明显不如(H，L，U)，但它是防合谋均衡，因为无论是单人偏离，还是 2 人合谋偏离，或 3 人联合偏离，都不能增加博弈方的利益。所以，策略组合(M，R，D)具有更强的稳定性。防合谋均衡是一个更强的纳什均衡，但是，值得注意的是，防合谋均衡仍是非合作博弈中的概念，各博弈方的串通和合谋行为建立在各博弈方自身利益最大化的基础上，行为准则是个体理性，而不是集体理性。对整个合谋集团收益来说，防合谋均衡不一定是最优。

3.2.4　可计算防合谋均衡模型

防合谋均衡首先由 Bernheim 等人[16-17]提出，用来描述经济问题中在满足该均衡的情况下，每一个博弈方在其余博弈方策略基础上最大化了自己的收益，所以没有任何人会偏离纳什均衡策略，即合谋成员中任何偏离都不会为自己带来收益。

定义 3-1(防合谋均衡) 在博弈 $\Gamma=(\{A_i\}_{i=1}^n,\{u_i\}_{i=1}^n)$中，用 T 表示一个合谋集团，称策略组合 $a=(a_1,\cdots,a_n)\in A$ 是一个防合谋均衡。如果对于每个合谋团体来说，不合谋的策略为 a_T，合谋的策略为 $a_T{}'$，非合谋团体的策略为 a_{-t}，对于 $P_i\in T$，博弈能够保持

$$u_i(a_T{}',a_{-T})\leqslant u_i(a) \tag{3-13}$$

定理 3-1 对于一般的多人博弈来说，不是任何博弈效用模型中都具有防合谋均衡。但是如果在博弈中，给定任何博弈方子集的策略组合后，剩余博弈方策略有唯一的纳什均衡，这时原博弈的纳什均衡一定是防合谋均衡。

证明 在设计博弈效用模型时，需要注意有些博弈中是没有防合谋均衡的，例如表 3-6 和表 3-7 所示的博弈情景。

表 3-6 多人博弈中的共谋情景(3)

		博弈方 2	
		L	R
博弈方 1	H	1，1，−2	−1，−1，2
	M	−1，−1，2	−1，−1，2

博弈方 3 选择 U

表 3-7 多人博弈中的共谋情景(4)

		博弈方 2	
		L	R
博弈方 1	H	−1，−1，2	−1，−1，2
	M	−1，−1，2	1，1，−2

博弈方 3 选择 D

该博弈也有两个纯策略纳什均衡，分别是策略(H，R，U)和策略(H，L，D)，以及一个混合策略纳什均衡(每个博弈方各以$\frac{1}{2}$的概率

选择自己的策略)。首先看策略纳什均衡(H, R, U)，博弈方 1 和博弈方 2 各自获得-1的收益，如果俩人合谋采用策略(H, L)，那么他们各自会获得 1 的收益。这使得他们有比较强的合谋动机，所以纳什均衡(H, R, U)不能够防止博弈方合谋。其次，看纳什均衡(H, L, D)，同理博弈方 1 和博弈方 2 同样有很强的合谋动机去采用策略(M, R)来获得 1 的收益，所以纳什均衡(H, L, D)也不能防止博弈方合谋。最后，看混合策略纳什均衡，博弈方 1 得到的期望收益如式(3-14)所示：

$$
\begin{aligned}
U_1 = &\frac{1}{2}\times\frac{1}{2}\times\frac{1}{2}\times 1-\frac{1}{2}\times\frac{1}{2}\times\frac{1}{2}\times 1-\frac{1}{2}\times\frac{1}{2}\times\frac{1}{2}\times 1-\frac{1}{2}\times \\
&\frac{1}{2}\times\frac{1}{2}\times 1-\frac{1}{2}\times\frac{1}{2}\times\frac{1}{2}\times 1-\frac{1}{2}\times\frac{1}{2}\times\frac{1}{2}\times 1-\frac{1}{2}\times \\
&\frac{1}{2}\times\frac{1}{2}\times 1+\frac{1}{2}\times\frac{1}{2}\times\frac{1}{2}\times 1 \\
= &-\frac{1}{2}
\end{aligned} \tag{3-14}
$$

同理，博弈方 2 得到的期望收益$U_2=-\frac{1}{2}$，而博弈方 3 得到的期望收益如式(3-15)所示：

$$
\begin{aligned}
U_3 = &-\frac{1}{2}\times\frac{1}{2}\times\frac{1}{2}\times 2+\frac{1}{2}\times\frac{1}{2}\times\frac{1}{2}\times 2+\frac{1}{2}\times\frac{1}{2}\times\frac{1}{2}\times 2+ \\
&\frac{1}{2}\times\frac{1}{2}\times\frac{1}{2}\times 2+\frac{1}{2}\times\frac{1}{2}\times\frac{1}{2}\times 2+\frac{1}{2}\times\frac{1}{2}\times\frac{1}{2}\times 2+\frac{1}{2}\times \\
&\frac{1}{2}\times\frac{1}{2}\times 2-\frac{1}{2}\times\frac{1}{2}\times\frac{1}{2}\times 2 \\
= &1
\end{aligned} \tag{3-15}
$$

所以混合纳什均衡的期望收益为$\left(-\frac{1}{2},-\frac{1}{2},1\right)$。但是如果博弈方 1 和博弈方 2 合谋选择采用策略(H, L) 或者策略(M, R)，参与者 3 随机选择策略的话，那么博弈方 1 和博弈方 2 期望收益为$(0,0)$，这样可以知道博弈方 1 和博弈方 2 仍然有合谋的动机。

从以上分析可知，该博弈没有防合谋均衡。但是如果在博弈中，给定博弈方任何子集的策略组合后，剩余博弈方策略有唯一的纳什均衡，那么对于剩余的博弈方来说，这时的策略已经是最优的，帕累托效率也是最优的，合谋偏离协议不能给自己带来收益，相反可能会损害自己的收益，可见，这时的纳什均衡一定是防合谋均衡。

本章首次将防合谋均衡引入密码协议，但是由于防合谋均衡最初用在经济学中，并没有考虑到密码协议中一些密码原语的可计算安全性，所以该定义不能直接用在所设计的密码协议中。在密码协议中所涉及的一些加密原语和工具是可计算安全的，这样设计的密码协议有可能被突破，为了模拟这样的情景，将前面的防合谋均衡定义修改，提出可计算防合谋均衡的概念，以捕捉在协议中出现小概率安全问题的场景，下面是形式化定义。

定义 3-2（可计算防合谋均衡） 在博弈 $\Gamma=(\{A_i\}_{i=1}^n,\{u_i\}_{i=1}^n)$ 中，用 $T\in n$ 表示一个合谋集团，且 k 为密码协议的安全参数，假设对每个合谋团体来说，不合谋的策略为 a_T，合谋的策略为 $a_T{}'$，非合谋团体的策略为 a_{-T}，称策略组合 $a=(a_1,\cdots,a_n)\in A$ 是一个可计算防合谋均衡，对于 $P_i\in n$，存在一个可忽略的函数 $\varepsilon(k)$，博弈能够保持

$$u_i(a_T{}'(k),a_{-T}(k))\leqslant u_i(a_T(k),a_{-T}(k))+\varepsilon(k) \quad (3\text{-}16)$$

定理 3-2 在理性密码算法中，防合谋博弈模型的目标是达到任何博弈方参加的串通都不会改变博弈的结果。

证明 在设计密码协议时，防合谋的目标就是要排除部分参与者合谋给博弈结果带来的不稳定性，使博弈分析的结论和预测更加可靠。而预防合谋也应从全局考虑，在三人博弈中，假设固定任一博弈方的策略，其他两个参与者将协调行动和策略，从而达到帕累托上策均衡，如果该均衡偏离了三人最初的纳什均衡，那么该纳什均衡就是不稳定的，也不能预防参与者合谋。同样道理，考虑博弈的参与者扩展到 n 个博弈方的情况，这时首先需要博弈方达到一个纳什均衡，然后固定 $n-2$ 个参与者的策略，考虑其余

2 人博弈的帕累托上策均衡是否偏离最初的纳什均衡策略。继而，固定 $n-3$ 个参与者的策略，考虑其余 3 人博弈的帕累托上策均衡是否偏离最初的纳什均衡策略。这样一直进行下去，直到任何 $n-1$ 个参与者不会偏离最初的纳什均衡，从而没有合谋的动机。

从上面分析可知，在理性密码协议中所建立的防合谋博弈模型应满足：

(1) 没有任何单个参与者的串通会改变博弈的结果，即单独改变策略无利可图(意味着该策略首先是一个纳什均衡)。

(2) 没有任何两个博弈方的串通会改变博弈的结果。

(3) 以此类推，直到所有博弈方都参加的串通也不会改变博弈的结果。其目标就是要排除由于多人博弈中可能存在部分博弈方结成小团体联合行动会给博弈结果带来不稳定性等问题。

3.3　预防合谋的秘密共享博弈模型

在本章提出的防合谋博弈模型中，每个参与者都是理性的经济人。理性的参与者会从自身利益最大化考虑，是否与其他参与者结成联盟，共同偏离协议。防合谋博弈模型，应满足参与者合谋欺骗的期望收益小于遵守协议的收益，这样可以使得理性的参与者没有合谋的动机，最终每个参与者都诚实地遵守协议。在设计模型时，为了防止成员有合谋的动机，需注意协议设计时要提高参与者合谋的成本和代价，减少合谋者期望收益。这样需要针对合谋者偏离行为进行检验和效用惩罚。在提出的模型中，有 n 个参与者 $P_i(1\leqslant i\leqslant n)$，每一个合谋集团 $T\subset[n]$，$|T|\leqslant m-1$ 中的合谋者不能通过合谋获得当前轮是否是 r^* 轮。假定 P_i 诚实地执行协议，那么他得到的收益为 U_i。如果 P_i 与其他参与者合谋背离协议，这时有两种情况：第一种情况是合谋者在参与协议前想了解秘密，这时合谋者只能通过猜测秘密，猜对秘密的概率为 β^T，合谋者 P_i 获得效益为 U_i^+；猜错秘密的概率为 $1-\beta^T$，合谋者

P_i 获得的效益为 U_i^-。这样合谋者 P_i 的期望收益为 $E(U_i^{T\text{guess}})=\beta^T\cdot U_i^+ +(1-\beta^T)\cdot U_i^-$。第二种情况是合谋成员在参与协议时，如果恰好在 r^* 轮进行攻击，发生的概率为 λ^T，则合谋者 P_i 获得的效益为 U_i^+，否则合谋者 P_i 的效益为 $E(U_i^{T\text{guess}})$。这样合谋者 P_i 的期望收益至多为 $\lambda^T\cdot U_i^+ +(1-\lambda^T)\cdot E(U_i{}^{T\text{guess}})$。在协议中，如果满足参与者遵守协议的收益比参与者通过合谋背离协议来获得的期望收益大的话，那么合谋成员将没有偏离协议的动机。即设计的防合谋算法满足 $\beta^T<\dfrac{U_i-U_i^-}{U_i^+-U_i^-}$ 和 $\lambda^T<\dfrac{U_i-E(U_i{}^{T\text{guess}})}{U_i^+-E(U_i{}^{T\text{guess}})}$ 条件，参与者在执行过程中都会选择占优策略(遵守协议)，这样模型最终达到均衡，理性的参与者没有合谋动机偏离协议。

3.4 预防合谋的安全多方电路计算博弈模型

电路计算在密码学中有着重要的作用，也是设计安全多方计算协议的关键环节。本节构建一个可预防合谋的理性电路计算博弈模型。

3.4.1 半诚实模型下电路计算模型

一个算法电路是一个有向非循环图，每个逻辑门相当于一个节点，有输入和输出边，称作逻辑门的输入线和输出线。每个参与者首先将自己拥有电路的输入线分成 n 个子份额，通过电路计算，每个参与者得到每个电路输出线的子份额，然后每个参与者将子份额发给其他参与者，这样可以得到电路计算结果。而逻辑门是一种电子装置，它有一个或者两个输入，只有一个输出。常用的有与门、非门、或门和异或门等，如图 3-1～图 3-4 所示。

图 3-1 与门

图 3-2 或门

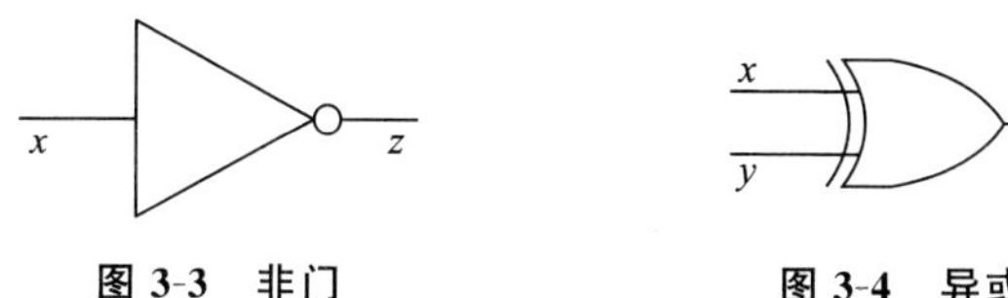

图 3-3　非门　　　　图 3-4　异或门

利用与门、或门、非门三种基本的逻辑门电路可组成复杂的复合门电路，且任何逻辑电路都可以由与门和异或门组合实现。

例如图 3-5 为半加器结构图。为了完成两个一位二进制数相加，如不考虑来自相邻低位的进位，称为半加，实现半加功能的电路称为半加器。半加器由一个异或门和与门实现，显然，异或门具有半加器求和的功能，与门具有进位功能。输出逻辑表达式为式(3-17)。

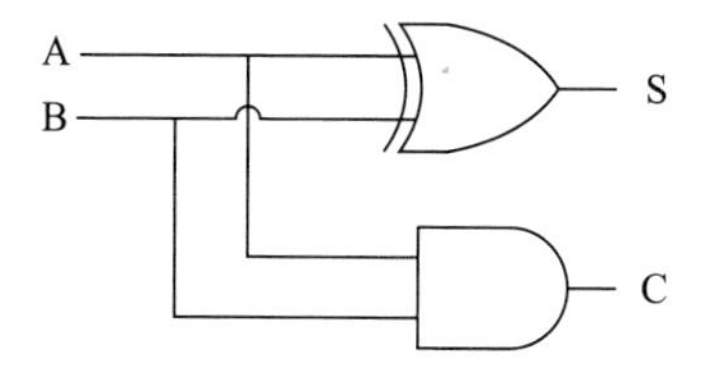

图 3-5　半加器结构

$$\begin{cases} S=\overline{A}B+A\overline{B}=A\oplus B \\ C=AB \end{cases} \tag{3-17}$$

下面举例说明多方电路计算过程，将执行某一个逻辑门作为一个基本步骤，每个参与者拥有这个逻辑门输入线值的子份额，等这一基本步骤完成时，参与者拥有这个逻辑门输出值的子份额，每个基本步骤不产生任何其他的附加信息。如果将多个逻辑门组合在一起，那么就形成一个逻辑电路。电路也有输入线和输出线，当安全多方计算完成后，每个参与者拥有电路输出线值的子份额。如图 3-6 所示，假设 $P_1,\cdots,P_m$ 为多方计算中的参与者，输入分别是$x(x_1,x_2,\cdots,x_n),\cdots,y(y_1,y_2,\cdots,y_n)$。为了描述方便，假设输出为单一输出 $z(z_1,z_2,\cdots z_n)$(可以将单一输出转变为多方输出)。假设长度都为 n。多方输入分别是 $x=x_1\cdots x_n,\cdots,\ y=y_1\cdots y_n$，输出是 $z=z_1\cdots z_n$。

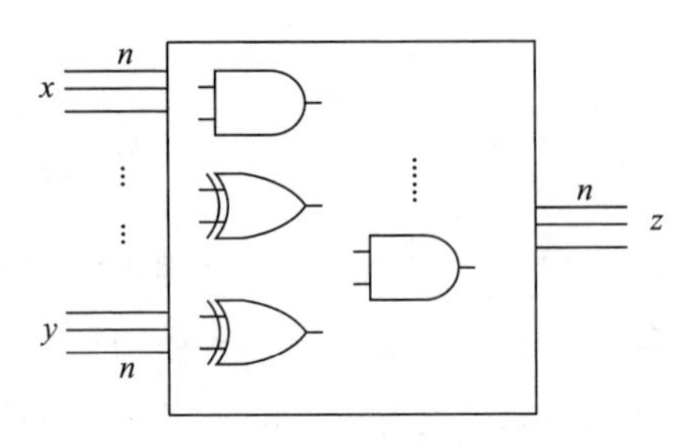

图 3-6　多方电路计算模型

为了能够达到安全计算的目的，首先每个参与者分割自己的输入，将每一位产生 m 个子份额。也就是说第一方产生$(x_1^1,\cdots,x_1^m),(x_2^1,\cdots,x_2^m),\cdots,(x_n^1,\cdots,x_n^m)$，其中 $x_i^1+\cdots+x_i^m=x_i$，第 m 方产生$(y_1^1,\cdots,y_1^m),(y_2^1,\cdots,y_2^m),\cdots,(y_n^1,\cdots,y_n^m)$，其中$y_i^1+\cdots+y_i^m=y_i$，然后每一方将子份额发给相应的参与者，比如第一方将$(x_1^2,x_2^2,\cdots,x_n^2)$发给第二方，将$(x_1^m,x_2^m,\cdots,x_n^m)$发给第 m 方。经过计算后，第 m 方分别拥有$(z_1^m,\cdots,z_n^m)$，且 $z_i=z_i^1+\cdots+z_i^m$。这样计算完成后，每一方只知道自己的输入和输出结果，其余的信息都不了解。

Goldreich 在文献[18]中证明了，如果存在不经意传输协议，那么任何安全计算在半诚实模型下，都可以通过电路模型被安全计算，并且通过电路计算构造了 3 类协议：针对任意数量的半诚实参与者的协议；针对少数恶意参与者的协议；针对任意数量恶意参与者的协议，但协议认为参与者中断协议不影响安全。Goldreich也指出传统的电路计算模型在恶意模型下不可避免的事情有：参与者拒绝参与协议，参与者替换他们的本地输入，参与者早期中断协议。从上述分析可知，传统的电路计算可以保证参与者输入的隐私性，但是却很难保证计算的公平性。针对上述问题，本章构建了理性的电路计算模型。

3.4.2　理性的电路计算模型

在理性的电路模型下，参与者首先不会像半诚实攻击者那样严格遵守协议规则，其次也不像恶意攻击者那样任意偏离协议，每个参与者都是理性的，所有策略都是为了使自身利益最优化，理性的参与者根据收益的大小，可能会在协议开始时就拒绝参与协议，也可能替代他们的本地输入，在得到计算结果后，也可能早期中断协议，也可以合谋偏离协议。但是，如果在安全多方计算中考虑了参与者的收益，设计理性的协议能使得参与者诚实的遵守协议是其最优策略的话，那么参与者将没有偏离协议的动机，从而可以解决传统电路模型不可避免的困难问题。

用 a_i 表示参与者 P_i 的策略，$a=(a_1,\cdots,a_n)$表示所有参与者的策略组合，a_{-i}表示除 P_i 外其他人的策略，$(a_i',a_{-i})=(a_1,\cdots,a_{i-1},a_i',a_{i+1},\cdots,a_n)$表示参与者 P_i 的策略改为 a_i'，r 为参与者行动组合最后出现的结果，$info(r)$是一个多元组$(s_1,\cdots,s_n)$，其中如果 $s_i=1$，表示 P_i 获得计算输出，否则表示没有获得，$info_i(r)=s_i$ 表示 P_i 是否获得计算结果，$num(r)$表示了解计算结果的人数，那么有如下效益假设：

(1) 如果 $info(r)=info(r')$，那么 $u_i(r)=u_i(r')$。

(2) 如果 $info(r)>info(r')$，那么 $u_i(r)>u_i(r')$。

(3) 如果 $info(r)=info(r')$且 $num(r)<num(r')$，那么 $u_i(r)>u_i(r')$。

即在安全多方计算中，理性的参与者首先想了解计算结果，然后希望越少的人了解计算结果越好。这保证了只要参与协议的收益足够大，那么理性的参与者就有参与协议的动机。

在理性的电路计算模型中，除了保证参与者有参与协议的动机之外，还要有以下要求：保证每个理性的参与者的输入独立于其他参与者的输入；保证参与者或合谋集团输入的随机数是真正随机的；保证合谋集团在每个阶段都能发送正确的信息。

在传统的安全多方计算协议中，需要大多数成员是诚实的情况下，才能保证协议的公平性，这样的假设是比较难达到的。而在理性的电路模型中没有这样的假设，理性的参与者根据自身收益的得失，会随意更改自己的输入或者在任意时刻中断协议。所设计的理性电路计算模型步骤如下。

1. 根据相关计算构造电路计算模型

下面以安全多方求和为例，有 n 个参与者，$P_i(i=1,\cdots,n)$ 有隐私数据 s_i，协议在结束后，如果每个参与者都了解 $s=\sum_{i=1}^{n}s_i$，且没有人了解其他参与者的输入的话，那么认为此协议是安全的。首先构造加法电路，不能使用前面介绍的半加器，因为这时不仅要考虑两个本位数相加，还要考虑将低位向本位的进位一起相加的运算，而实现全加功能的电路叫全加器。为了描述方便，以两方为例，如果用 A_i，B_i 表示第 i 位的两个加数，用 C_{i-1} 表示相邻低位的进位，C_i 表示向相邻高位的进位，S_i 表示本位相加和，那么构造的一位加法器如图 3-7 所示。

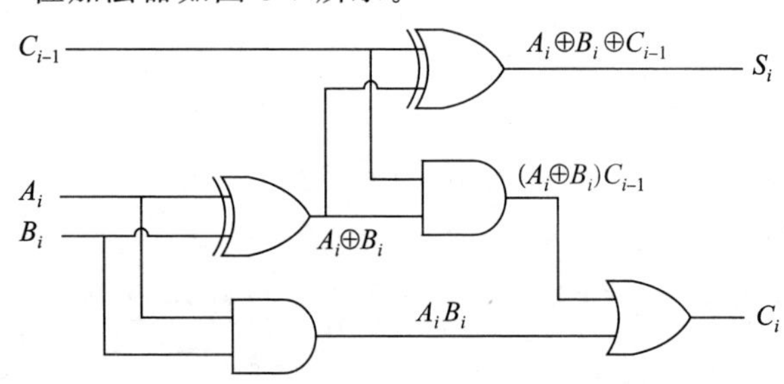

图 3-7　一位加法器

输出逻辑表达式为：

$$\begin{cases} S_i = A_i \oplus B_i \oplus C_{i-1} \\ C_i = A_iB_i + (A_i \oplus B_i)C_{i-1} \end{cases} \tag{3-18}$$

多位的加法器可以采用将一位加法器串行或者并行的方法实现，这里不再赘述。

在一个逻辑电路计算中，假设有 m 个参与者，$P_i(i=1,\cdots,m)$的输入串为 $x_i=x_i^1\cdots x_i^n\in\{0,1\}^n$，每个参与者分割每一位输入，对于每个数字 $i=1,\cdots,m$，$j=1,\cdots,n$ 和 $k\neq i$，P_i 随机选择一位 $r_{(i-1)n+j}^k$ 发送 P_k，使其为第$(i-1)\cdot n+j$ 根电路输入线值的子份额，而 P_i 的子份额为 $x_j^i+\sum\limits_{k\neq i}r_{(i-1)n+j}^k$。由于任何逻辑电路都可以由与门和一个异或门组合实现，而与门代表乘法门，异或门代表加法门，所以只需考虑这两种门的计算即可。因为不经意传输协议在多方安全计算中具有至关重要的作用，下面首先介绍不经意传输协议的设计，然后再考虑加法门和乘法门的计算。

定义 3-3(不经意传输协议)：

$$OT_n^1((x_1,x_2,\cdots x_n),i)=(\delta,x_i) \tag{3-19}$$

不经意传输由 Rabin[19] 提出，主要有 OT_2^1,OT_n^1 两种，OT_n^1 是对 OT_2^1 的自然扩展。上面的定义表示 Alice 有 n 个输入$(x_1,x_2,\cdots,x_n)$，Bob 提供输入 i,计算结果 Alice 没有得到任何信息，Bob 得到了 Alice 的第 i 个输入 x_i。

1 out-of 2 不经意传输协议执行过程如下：

(1) Alice 选择两个大素数 p,q，满足 $p\equiv3(\mathrm{mod}4)$，$q\equiv3(\mathrm{mod}4)$，将 $n=pq$ 发给 Bob。

(2) Bob 随机选择数 $x(0<x<n)$，计算 $x^2 \bmod n=a$，将 a 发给 Alice。

(3) Alice 求出 $x^2\equiv a(\mathrm{mod}\,p)$,$x^2\equiv a(\mathrm{mod}\,q)$的各两个根为 x_1,x_2,x_3,x_4，于是得到

$$\begin{cases}y_1\equiv x_1(\mathrm{mod}\,p)\\y_2\equiv x_3(\mathrm{mod}\,q)\end{cases}\quad\begin{cases}y_1\equiv x_2(\mathrm{mod}\,p)\\y_2\equiv x_3(\mathrm{mod}\,q)\end{cases}$$

$$\begin{cases}y_1\equiv x_1(\mathrm{mod}\,p)\\y_2\equiv x_4(\mathrm{mod}\,q)\end{cases}\quad\begin{cases}y_1\equiv x_2(\mathrm{mod}\,p)\\y_2\equiv x_4(\mathrm{mod}\,q)\end{cases} \tag{3-20}$$

根据中国剩余定理得到 $x^2\equiv a(\mathrm{mod}\,n)$的 4 个根：$x,n-x,y,n-y$，Alice 从中随机选取一个，发给 Bob。

(4) Bob 如果收到的是 y 或者 $n-y$，那么他能计算得到 p,q；

如果 Bob 得到的是 x 或者 $n-x$，那么 Bob 没有从 Alice 处得到任何信息，不能计算得到 p,q。

在这个方案中，Alice 发送 y 或者 $n-y$ 的概率为$\frac{1}{2}$，所以 Bob 以$\frac{1}{2}$的概率得到 p,q。

1 out-of n 不经意传输协议执行过程如下：

设 q 为一个素数，$p=2q+1$ 也是一个素数。G_q 为一 q 阶群，g,h 为 G_q 的两个生产元，$\mathbf{Z}_q$ 表示自然数模 q 的最小剩余集，(g,h,G_q)为双方共知，Alice 有 m 个消息：$M_1,M_2,\cdots,M_m$，Bob 希望得到其中的一个，Alice 不知道 Bob 得到了哪一个。

(1) Bob 选择一个希望的 $\alpha(1\leqslant\alpha\leqslant m)$与一个随机数 $r\in\mathbf{Z}_q$，计算 $y=g^r h^\alpha \bmod p$ 并将 y 发给 Alice。

(2) Alice 计算 m 个二元组的序列 $C=\{(a_1,b_1),(a_2,b_2),\cdots,(a_m,b_m)\}$，其中 $a_i=g^{k_i} \bmod p$，$b_i=M_i(y/h^i)^{k_i} \bmod p$，$k_i\in\mathbf{Z}_q$，$1\leqslant i\leqslant m$，并将序列 C 发给 Bob。

(3) 根据 $c_\alpha=(a_\alpha,b_\alpha)$，Bob 计算 $M_\alpha=(b_\alpha/(a_\alpha)^r) \bmod p$。

分析：$M_\alpha=M_\alpha(y/h^\alpha)^{k_\alpha}/g^{rk_\alpha}=M_\alpha(g^r h^\alpha/h^\alpha)^{k_\alpha}/g^{k_\alpha r}=M_\alpha$。

下面考虑加法门和乘法门的计算，假设某一个逻辑门有两个输入线，P_i 拥有子份额 a_i,b_i，其中 $a_1,\cdots,a_m$ 是第一根输入线值的全部子份额，$b_1,\cdots,b_m$ 是第二根输入线值的全部子份额，$z_1,\cdots,z_m$ 是输出线的全部子份额。

逻辑电路中加法门的计算如下：

在加法门中，每个参与者将 $z_i=a_i+b_i$ 作为逻辑加法门输出线值的子份额，这些子份额满足：

$$\sum_{i=1}^{m} z_i=\sum_{i=1}^{m}(a_i+b_i)=\sum_{i=1}^{m}(a_i)+\sum_{i=1}^{m}(b_i)=a+b \quad (3\text{-}21)$$

可以看到这正是理想的值，所以加法门平凡地满足要求。

逻辑电路中乘法门的计算如下：

如果仍采用上面的方法来计算乘法门，计算结果则不符合要

求，下面是通过乘法门进行计算后所得结果。

$$
\begin{aligned}
(\sum_{i=1}^{m} a_i)(\sum_{i=1}^{m} b_i) &= \sum_{i=1}^{m} a_i b_i + \sum_{1\leqslant i<j\leqslant m} (a_i b_j + a_j b_i) \\
&= \sum_{i=1}^{m} a_i b_i + \sum_{1\leqslant i<j\leqslant m} (a_i b_j + a_j b_i) + (m-1)\cdot \\
&\quad \sum_{i=1}^{m} a_i b_i - (m-1)\cdot \sum_{i=1}^{m} a_i b_i \\
&= m\sum_{i=1}^{m} a_i b_i + \sum_{1\leqslant i<j\leqslant m} (a_i + a_j)\cdot(b_i + b_j)
\end{aligned}
\tag{3-22}
$$

从式 3-22 看出，P_i 知道 a_i, b_i，而 $\sum\limits_{1\leqslant i<j\leqslant m}(a_i+a_j)\cdot(b_i+b_j)$ 可以由 P_i 和 P_j 执行安全两方电路计算获得，计算过程如下：P_i 随机选择一位比特 c_i 并将 c_i 作为与门输出线值的子份额即 $c_i^{(i,j)}=c_i$。另外 P_i 准备 4 个值 $c_{00}^2, c_{01}^2, c_{11}^2, c_{10}^2$，$P_i$ 和 P_j 执行不经意传输协议。经过调用不经意传输协议后，P_j 得到与门输出值的子份额，即

$$
\begin{cases}
\text{如果}(a_j,b_j)=(0,0),\text{那么 } i=1, \\
\text{如果}(a_j,b_j)=(0,1),\text{那么 } i=2, \\
\text{如果}(a_j,b_j)=(1,1),\text{那么 } i=3, \\
\text{如果}(a_j,b_j)=(1,0),\text{那么 } i=4.
\end{cases}
$$

下面分 4 种情况讨论。

(1) 当$(a_j,b_j)=(0,0)$时，令 $c_{00}^2=c_i+(a_i+0)\cdot(b_i+0)$，即 $c_j^{(i,j)}=c_{00}^2$，这时满足式(3-23)：

$$
\begin{aligned}
c_i^{(i,j)}+c_j^{(i,j)} &= c_i+c_{00}^2=c_i+c_i+(a_i+0)\cdot(b_i+0) \\
&= (a_i+0)\cdot(b_i+0)
\end{aligned}
\tag{3-23}
$$

(2) 当$(a_j,b_j)=(0,1)$时，令 $c_{01}^2=c_1+(x_1^1+0)\cdot(y_1^1+1)$，即 $z_1^2=c_{01}^2$，这时满足式(3-24)：

$$
\begin{aligned}
c_i^{(i,j)}+c_j^{(i,j)} &= c_i++c_{01}^2=c_i+c_i+(a_i+0)\cdot(b_i+1) \\
&= (a_i+0)\cdot(b_i+1)
\end{aligned}
\tag{3-24}
$$

(3) 当$(a_j, b_j)=(1,1)$时，令 $c_{01}^2=c_1+(x_1^1+1)\cdot(y_1^1+1)$，即 $z_1^2=c_{11}^2$，这时满足式(3-25)：

$$\begin{aligned} c_i^{(i,j)}+c_j^{(i,j)} &= c_i++c_{11}^2=c_i+c_i+(a_i+1)\cdot(b_i+1) \\ &=(a_i+1)\cdot(b_i+1) \end{aligned} \tag{3-25}$$

(4) 当$(a_j, b_j)=(1,0)$时，令 $c_{10}^2=c_1+(x_1^1+1)\cdot(y_1^1+0)$，即 $z_1^2=c_{10}^2$，这时满足式(3-26)：

$$\begin{aligned} c_i^{(i,j)}+c_j^{(i,j)} &= c_i++c_{10}^2=c_i+c_i+(a_i+1)\cdot(b_i+0) \\ &=(a_i+1)\cdot(b_i+0) \end{aligned} \tag{3-26}$$

可以看到经过与门的计算 P_1 得到 $c_i^{(i,j)}$，P_2 得到 $c_j^{(i,j)}$，满足式(3-27)：

$$c_i^{(i,j)}+c_j^{(i,j)}=(a_i+a_j)\cdot(b_i+b_j) \tag{3-27}$$

下面 P_i 将 $z_i=ma_ib_i+\sum_{j\neq i}c_i^{(i,j)}$ 作为乘法门输出线的子份额，可知乘法门满足式(3-28)：

$$\sum_{i=1}^{m}z_i=(\sum_{i=1}^{m}a_i)(\sum_{i=1}^{m}b_i) \tag{3-28}$$

将加法门和乘法门组合后，就形成了一个逻辑求和电路。通过对逻辑电路中的每一个逻辑门运算后，P_i 会获得电路输出线的子份额 s_i。最终，P_i 将自己的电路输出线的子份额 s_i 发给其他人，这样每个人都能够得到电路计算结果 $S=\sum_{i=1}^{n}s_i$。

2. 采用随机扰乱的方法隐藏计算结果

在第一步中，参与者在最后没有动机将计算结果告诉他人，这样不能保证协议的公平性。为了保证理性的参与者有动机发送子份额给其他人，模型中采用随机扰乱的方法将最后计算结果隐藏，随机信息的选取取决于参与者的效用。利用传统的多方电路计算[18,20]，每个参与者获得隐藏后值的子份额。

3. 采用相关方法保证及时发现成员偏离协议的行为

为了保证及时发现成员偏离协议的行为，如 Goldreich[18] 第一类编译器那样，采用输入承诺、零知识证明、扩展的投币协议和认

证计算的方法。

承诺方案是现代秘密协议的重要组成部分，它分为承诺阶段和揭示阶段两个阶段。在承诺阶段可以允许承诺者对某一特定的值进行承诺，并对这个值保密，接收者无法获得承诺者所承诺值的任何知识。在揭示阶段，承诺者提供相应的承诺值，如果和在承诺阶段接收者接收的信息一样，则接收者接受相应的承诺值。承诺者不能用两个不同的承诺值来打开同一个承诺。

下面是一个具体的承诺协议：设 p 是一个大素数，g 和 h 是 $\mathbf{Z}_p^*$ 中的两个生成元，要承诺的秘密是 s。

承诺阶段：承诺者随机选择一个随机数 $a\in\mathbf{Z}_p^*$，并计算 $b\equiv g^s h^a \bmod p$。然后将 b 发给接收者作为秘密 s 的承诺。

揭示阶段：承诺者将 s 和 a 发给接收者，接收者验证 $g^s h^a \bmod p\equiv b$是否成立。

语言 L 的非交互证明系统(P,V)是零知识的[21]，如果每个概率多项式图灵机，都存在一个概率多项式时间算法 M，使得对于所有 $x\in L$，下面两个随机变量是同分布的。

(1) $<P,V>(x)$（即图灵机 V 和 P 就共同的输入交互后的输出）。

(2) $M(x)$（即机器 M 在输入为 x 时的输出）。

下面是一个交互式零知识证明协议[22]。

设 $f(\cdot)$是 $\mathbf{Z}_n$ 上的一个单向函数，且满足同态条件 $\forall x,y\in\mathbf{Z}_n: f(x+y)=f(x)\cdot f(y)$。对于某个 $z\in\mathbf{Z}_n$，$X=f(z)$，Alice 的秘密输入为 z。重复下列步骤 m 次：

(1) Alice 随机选择 $k\in\mathbf{Z}_n$，计算 $Commit\leftarrow f(k)$，将 $Commit$ 发给 Bob。

(2) Bob 随机选取 $Challenge\in\{0,1\}$发给 Alice。

(3) 如果 $Challenge=0$，则 Alice 计算 $Response\leftarrow k$；如果 $Challenge=1$，则 Alice 计算 $Response\leftarrow k+z\pmod n$，然后将 $Response$ 发给 Bob。

(4) 如果 $Challenge=0$，Bob 验证等式 $f(Response)=Commit$；如果 $Challenge=1$，Bob 验证等式 $f(Response)=CommitX$。如果验证错误，Bob 则中止协议，否则，Bob 接受证明。

为了保证参与者或合谋集团输入的随机数是真正随机的，我们采用了扩展的投币协议。通过扩展的投币协议之后，一方获得一个随机值，而其他方获得随机值的承诺。下面是一个具体的双方投币入井协议[19]：

(1) P_1 均匀选择一位比特 $\sigma\in\{0,1\}$，$s\in\{0,1\}^n$，发送承诺 $c=C_s(\sigma)$ 给 P_2。

(2) P_2 均匀选择一位比特 $\sigma'\in\{0,1\}$，将 σ' 发送给 P_1。

(3) P_1 输出 $\sigma\oplus\sigma'$，然后将 (σ,s) 发给 P_2。

(4) P_2 检查 $C_s(\sigma)$ 是否等于 c，如果相等，则输出 $\sigma\oplus\sigma'$，否则，输出中断符 $\perp$。

为了保证理性的参与者在每个阶段，都能发送正确的信息，采用认证计算协议。也就是第一方有秘密 α，第二方有 $h(\alpha)$，这时第一方要发给第二方正确的 $f(\alpha)$，除此之外不能让第二方了解任何信息。也就是安全计算以下功能：

令 $f:\{0,1\}^*\times\{0,1\}^*\rightarrow\{0,1\}^*$ 和 $h:\{0,1\}^*\rightarrow\{0,1\}^*$ 是多项式时间可计算的，h-认证 f-计算的功能函数如下：

$$(\alpha,h(\alpha))\rightarrow(\lambda,f(\alpha)) \tag{3-29}$$

以上功能实现过程是让第一方将 $f(\alpha)$ 发给第二方，然后用零知识证明的方法证明其正确性（证明过程用到两方共同了解的 $h(\alpha)$），证明过程请参考文献[19]。这样在模型的每一轮中，采用以上相关密码协议，对理性参与者的行为进行约束，对偏离协议的行为进行惩罚。

4. 获得随机干扰信息，将计算结果恢复

参与者通过对自身利益得失的判断，来决定是否遵守和背离协议。参与者对合谋偏离协议的期望收益及遵守协议的收益进行

比较，如果合谋偏离协议没有遵守协议的收益大，那么理性的参与者不会合谋偏离协议。最终，所有理性的参与者在保证自己输入的隐私性的同时，又都能公平地得到计算结果。

3.5　本章小结

本章针对现有方案的合谋攻击问题和不足，对合谋者的策略和效益进行了分析，将防合谋均衡引入理性密码协议和算法，研究了防合谋均衡存在的条件和防合谋均衡的设计目标，提出了可计算防合谋均衡的概念，并设计了参与者的防合谋策略模型和防合谋效用模型。最后，提出了防合谋秘密共享博弈模型和防合谋安全多方计算电路博弈模型，从而达到了预防成员合谋的目的。

参考文献

[1] ZhuY W, Huang L S, Yang W, Yuan X. Efficient collusion-resisting secure sum protocol. Chinese Journal of Electronics, 2011, 20(3): 407-413.

[2] Yi X, Zhang Y C. Equally contributory privacy-preserving kmeans clustering over vertically partitioned data.Information Systems, 2013, 38(1): 97-107.

[3] Alwen J, Shelat A, Visconti I. Collusion-free protocols in the mediated model. Advances in Cryptology-Crypto 2008, LNCS5157, Berlin: Springer, 2008: 497-514.

[4] Joël Alwen, Jonathan Katz, Yehuda Lindell, Giuseppe Persiano, Abhi Shelat, Ivan Visconti. Collusion-free multiparty computation in the mediated model. CRYPTO 2009: 524-540.

[6] Shaik Maleka, Amjed Shareef, C. Pandu Ranga. Rational secret sharing with repeated games. ISPEC 2008: 334-346.

[7] Kol G, Naor M. Games for exchanging information.Proceedings of the 40th Annual ACM Symposium on Theory of Computing(STOC), New York: ACM Press, 2008: 423-432.

[8] Tian Youliang, Ma Jianfeng, Peng Changgen. et. al. One-time rational secret sharing scheme based on bayesian game. Wuhan University Journal of Natural Sciences, 2011, 16(5): 430-434.

[9] Micali S, Shelat A. Purely rational secret sharing. In 6th Theory of Cryptography Conference, LNCS, Springer-Verlag 5444, 2009: 54-71.

[10] One S J, Parkes D, Rosen A, Vadhan S. Fairness with an honest minority and a rational majority. Proceedings 6th Theory of Cryptography Conference (TCC), (LNCS, 5444), 2009: 36-53.

[11] Izmalkov S, Lepinski M, Micali S. Rational secure computation and ideal mechanism design. Proceedings 46th IEEE Symp. Foundations of Computer Science (FOCS), 2004: 623-632.

[12] Izmalkov S, Lepinski M, Micali S. Veriably secure devices. In 5th Theory of Cryptography Conference, LNCS, Springer-Verlag 4948, 2008: 273-301.

[13] Lepinksi M, Micali S, Shelat A. Collusion-free protocols. Proceedings of 37th ACM Symposium. Theory of Computing (STOC), 2005: 543-552.

[14] Lepinski M, Micali S, Peikert C, Shelat A. Completely fair SFE and coalition-safe cheap talk. Proceedings of 23th ACM Symposium. Principles of Distributed Computing (PODC), 2004: 1-10.

[15] Abraham I, Dolev D, Gonen R, Halpern J. Distributed computing meets game theory: robust mechanisms for

rational secret sharing and multiparty computation. Proceedings of 25th ACM Symposium. Principles of Distributed Computing (PODC), 2006: 53-62.

[16] Bernheim B D, Peleg B, Whinston M D. Coalition-proof Nash equilibria: Ⅰ. Concepts. Journal of Economic Theory, 1987, 42(1): 1-12.

[17] Bernheim B D, Peleg B, Whinston M D. Coalition-proof Nash equilibria: Ⅱ. Applications. Journal of Economic Theory, 1987, 42(1): 13-29.

[18] Goldreich O. Foundations of cryptography: Volume 2, Basic Applications. Cambridge: Cambridge University Press, 2004: 599-759.

[19] Rabin M O. How to exchange secrets by oblivious transfer. Technical Report TR-81, Aiken Computation Laboratory, Harvard University, 1981.

[20] Goldreich O, Micali S, Wigderson A. How to play any mental game. Proceedings of the 19th Annual ACM Symposium on Theory of Computing, New York: ACM Press, 1987: 218-229.

[21] Goldreich O. Foundations of Cryptography: Basic Applications. London: Cambridge University Press, 2004: 200-216.

[22] 毛文波．现代密码学理论与实践．北京：电子工业出版社，2004：340-351.

第 4 章　网络通信模型与原理

本章针对不同通信网络模型下的理性信息密码协议进行研究，目前常用的通信方式主要有广播通信和点对点通信两种。

广播通信使用一对多的通信方式，过程复杂，必须使用专用的共享信道协议来协调主机的数据发送。广播方式是指通过向所有站点发送分组的方式传输信息。现实中，无线广播电台和局域网(LAN)大多采用这种方式传播分组信息。其优点是从一个站点可很方便地访问全网，服务器不用向每个客户端单独发送数据。缺点有以下 3 点：无法针对每个客户提供个性化服务，网络提供数据的宽带有限，广播禁止在互联网上传输。

点对点通信使用一对一的通信方式。其优点是系统不会出现单点崩溃、维护容易、具有良好的健壮性和较佳的并发处理能力。缺点是在需要连接和发送数据的数量随着计算机数量的增长而迅速增长。但由于点对点通信更加实用和符合实际，所以目前使用最多的通信方式是点对点通信。

4.1　网络通信方案概述

在传统的秘密共享中，对通信方式的研究有两大类：一类是没有可信者，大家工作在同时广播通信网络下，参与者在重构阶段同时发送子份额，大家同时得到其他人发送的子份额，然后重构秘密信息，可参考文献[1-18]；另一类是有可信者，大家可以工作在点对点通信网络下，参与者在重构阶段将子份额发给可信的计算者，由可信计算者重构秘密信息后，再发给每一位参与者，可参考文献[19-21]。而传统的安全多方计算可以工作在点对点通信

网络下，分为 3 大类：第一类协议要求工作在半诚实模型下，也就是参与者诚实地遵守协议，尽管在协议执行后可以对协议进行分析，可参考文献[22-35]；第二类要求协议中诚实的参与者占大多数的协议，协议能够保证公平性，可参考文献[36-38]；第三类协议没有大多数诚实参与者的要求，可以工作在任意多个恶意参与者模型下，但认为参与者中断协议不违反协议的安全性，可参考文献[36，39-42]。

针对传统密码协议中的问题，现有的理性密码协议进行了各个方面的改进，但目前绝大多数理性密码协议需要工作在同时广播通信条件下。需要同时广播信道的文献可参考[43-55]。虽然有些协议可以工作在非广播条件下，但仍存在一些问题：文献[56]建立在半诚实模型下，文献[57]只适用于两方，Kol[58]利用安全多方计算等工具，构造了一种理性秘密共享方案，可以工作在非广播条件下，但该方案中的参与者有可能在安全多方计算阶段进行欺骗。另外，他们协议的效率非常低下。Kol[59]的方案不能防止拥有短份额的人和拥有长份额的人合谋攻击。文献[60]不能保证参与者收到的信息是正确和一致的。William 等人[61-62]在异步信道下各提出了一种理性秘密共享方案，但是方案需要有少量诚实的参与者，事实上，在分布式环境下很难保证某些参与者一直是诚实的。需要物理信道(如投票箱和信封)的文献可参考[63，64-67]，采用投票箱和信封的方法不易于在现实中推广，其实现难度甚至强于同时广播。Asharov 等人[68]提出了一种理性安全计算协议，可以工作在点对点通信网络下，但是缺陷有两个：协议只能适用于两方，协议不能保证总是得到正确的结果(得到正确结果的概率$\leqslant\frac{1}{2}$)。

4.2　同时广播通信模型与标准点对点通信模型

通信模型主要分为广播通信模型与点对点通信模型。其中广播通信旨在实现网内一点对多点传输信息，在广播通信中，接收方能够同时收到信息；与广播通信相对应的是点对点通信，它旨在实现网内任意两点间的通信，点对点通信一般会建立专用通信通道，两点间独占此通道进行通信。在点对点通信中，只有一点可以收到信息。

4.2.1 同时广播通信模型

为了描述方便，假设在广播信道下，P_1 有信息 X，其他人没有信息(用 λ 表示)，P_1 想将信息广播给其他参与者，如式(4-1)：

$$(X,\lambda,\cdots,\lambda)\rightarrow(X,X,\cdots,X) \tag{4-1}$$

也就是 P_1 将信息 X 广播后，其他每个人在收到信息 X 的同时，也确信所有参与者都得到了信息 X。广播的特点是简单、高效和方便描述问题，缺点是在现实生活中难以实现。所以如果考虑协议的实用性时，就必须要考虑在标准点对点通信网络条件下的构造。

4.2.2 标准点对点通信模型

下面首先介绍拜占庭模型和算法，然后介绍其在标准点对点通信网络中的应用。拜占庭位于土耳其的伊斯坦布尔，是东罗马的首都。由于当时拜占庭帝国地域辽阔，为了防御外敌，每个军队都分隔比较远，当将军与将军之间需要传达信息时，只能靠信差。当发生战争的时候，拜占庭军队内所有将军需达成共识，决定是否一起去攻打敌人的阵营。但是，在将军里存在叛徒和敌军的间谍，如果叛徒能达到以下目标：欺骗一些将军采取进攻行动，另一些将军按兵不动，或者迷惑某些将军，使他们无法做出决定。那么任何攻击行动的结果都是注定要失败的，因为只有所有忠诚的将军完全达成一致，共同采取进攻时才能获得战争胜利。

这时候，在已知有将军谋反的情况下，其余忠诚的将军怎样在不受叛徒的影响下达成一致的决定，拜占庭问题就此形成。最早由 Lamport 等人[69]提出，来解决通信中的基本问题。拜占庭将军问题也是一个协议问题，是对现实世界的模型化。由于硬件错误、网络拥塞或断开以及遭到恶意攻击，计算机网络可能会出现不可预料的行为。拜占庭容错协议必须能处理这些失效，一个可靠的通信系统必须具有鲁棒性，能够及时和有效处理引起错误的情况(比如通信噪声、攻击者和网络设备毁坏)。

拜占庭失效指一方向另一方发送消息，而另一方没有收到，发送方也无法确认消息确实丢失的情形。在容错的分布式计算中，拜占庭失效可以是分布式系统中算法执行过程中的任意一个错误。这些错误被统称为“崩溃失效”和“发送与遗漏失效”。当拜占庭失效发生时，系统可能会做出任何不可预料的反应。这些任意的失效可以粗略地分成以下几类：进行算法的另一步时失效，即崩溃失效；无法正确执行算法的一个步骤；执行了任意一个非算法指定的步骤。

定理 4-1　在点对点通信网络中设计的协议中，如果没有采用数字签名，那么需要超过三分之二的参与者是诚实的，才能保证所有诚实参与者收到的信息相同和当 P_i 是诚实的时候，其他诚实者一定能够收到 P_i 发送的信息这两个条件。

证明　假设在 3 个人参与的密码协议中，以 P_1 广播子份额为例，知道 P_1 采用广播时，每个参与者同时收到子份额，大家也知道收到的子份额是相同的。这种情况下，P_1 不能使得一方收到正确的子份额，另一些参与者收到错误的子份额。但在点对点通信网络中，没有广播设施，每个参与者都在分布式环境中，并且每两个参与者都能够正常通信，如果 P_i 想将自己的子份额发给其他的参与者，但这个过程中，有一些参与者会发送错误数据，则会出现以下情况。如图 4-1 所示，假设 P_1 为攻击者，其将子份额 Y 分别发给 P_2，将子份额 X 发给 P_3，然后 P_2 诚实地将 P_1 的子份额 Y 发给 P_3，P_3 诚实地将 P_1 的子份额 X 发给 P_2，这时，因为 P_2，P_3 得到的子份额不一样，这时 P_2 会感到困惑，不知道 P_1 和 P_3 谁是攻击者。同理，这时 P_3 也会感到困惑，不知道 P_1 和 P_2 谁是攻击者。如果假设 P_2 是一个攻击者，如图 4-2 所示，P_1 诚实地将子份额 X 分别发给 P_2,P_3，而 P_2 将 Y 发给 P_3，这时 P_3 就会感到困惑，不知道 P_1 和 P_3 谁在进行欺骗。

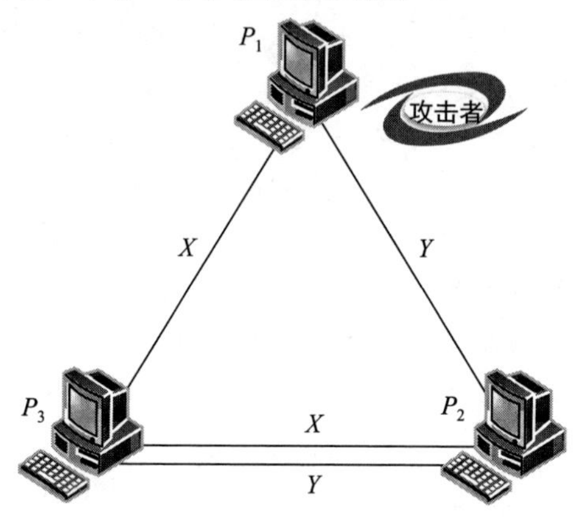

图 4-1　3 人中 P_1 为攻击者

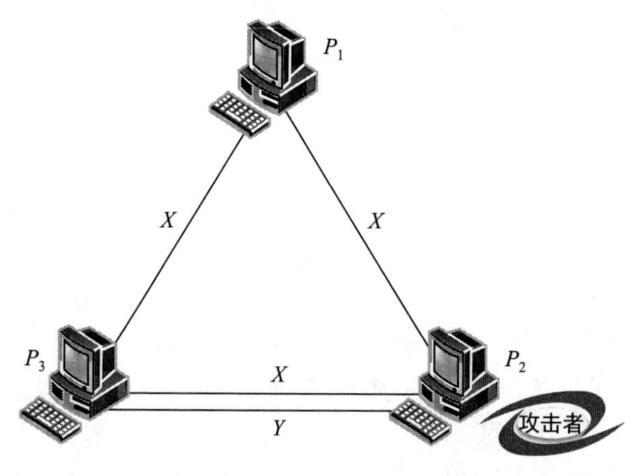

图 4-2　3 人中 P_2 为攻击者

P_3 为攻击者和 P_2 为攻击者的情形是一样的，这里不再说明。从以上看出，3 个人中如有一人是攻击者，那么诚实的参与者

不能达成一致，也无法知谁是攻击者，所以不存在相应的协议。

在 4 个人参与的密码协议中，以模拟 P_1 广播子份额为例，首先仍然考虑 P_1 为攻击者的情况，如图 4-3 所示，P_1 分别发给 P_2，P_3，$P_4$$(X,Y,Z)$，$P_2$，$P_3$，$P_4$ 诚实地将接收到的信息发给其余人，最终，P_2，P_3，P_4 收到的 3 个值都为(X,Y,Z)，这样诚实的参与者收到信息的值一样。考虑 P_2 为攻击者的情形如图 4-4 所示。

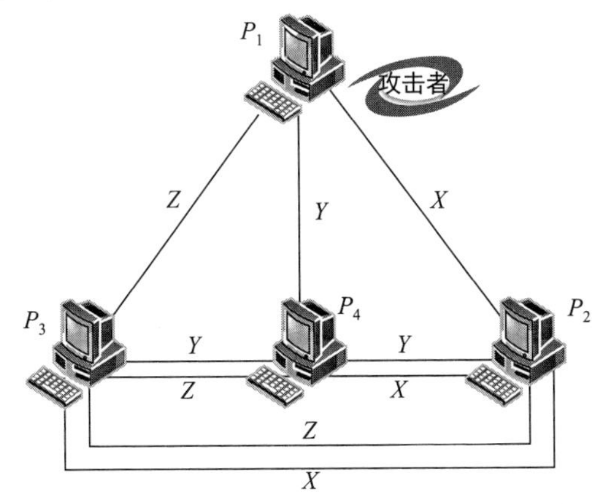

图 4-3　4 人中 P_1 为攻击者

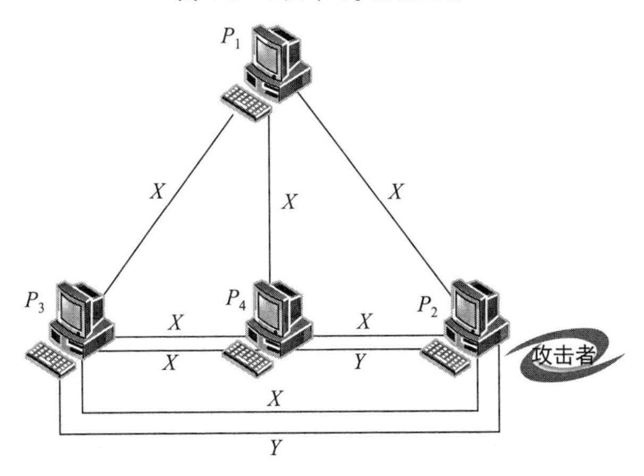

图 4-4　4 人中 P_2 为攻击者

首先 P_1 分别发给 P_2,P_3,P_4 子份额 X。P_2 发给 P_3,P_4 假信息 Y，P_3,P_4 诚实地发送 X，这样最后 P_3 得到(X,Y,Z)，P_4 也得到(X,Y,Z)，在 P_1 是诚实的情况下，P_3,P_4 相信 X 是 P_1 的子份额。

如果以 t 表示算法可以应付的攻击者，那么只有在 $t<\frac{n}{3}$时才有解，其中 n 是参与者总数，请参考文献[69]获取详细的证明过程。

定理 4-2 本文构造的理性密码算法采用了数字签名，在有 n 个参与者的时候，可以发现和防止 $n-2$ 个攻击者攻击。

证明 本书设计的理性密码算法认为参与者都是理性和自私的，没有诚实者和恶意者的假设，为了发现和防止攻击者，采用了数字签名的方法，并且有以下假设：(1) P_i 的数字签名不能伪造，如果伪造能被检测；(2) 任何人能验证签名的正确性。但该算法允许攻击者合谋，如图 4-5 所示，假设 P_1 为攻击者，其分别对 X,Y 进行了数字签名，然后发给 P_2 和 P_3，P_2 和 P_3 得到 P_1 的数字签名后，加上自己的数字签名，发给其他参与者。这时，P_2 得到的数据是 $Sig(s_1,X)$ 和 $Sig(s_3,Sig(s_1,X))$，P_3 得到的数据是 $Sig(s_1,Y)$ 和 $Sig(s_2,Sig(s_1,Y))$，因为 P_1 签名的数据不一样。所以 P_2 和 P_3 知道 P_1 是攻击者。

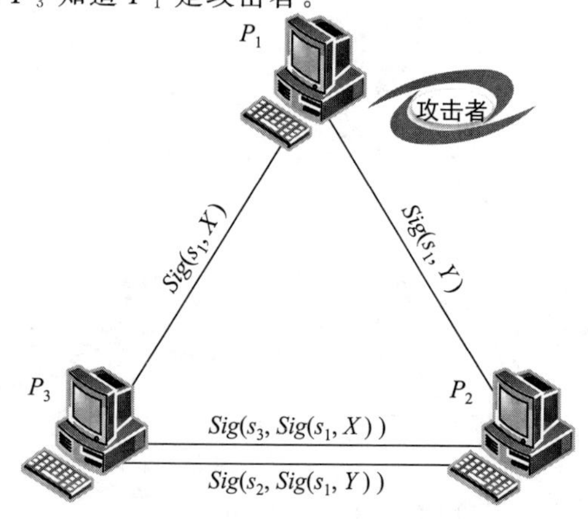

图 4-5 P_1 为攻击者

图 4-6 为假设 P_2 为攻击者的情形：P_1 对子份额 X 进行签名，然后发给 P_2 和 P_3，P_2 想伪造 P_1 的数字签名，将 P_1 的子份额改为 Y。但由于 P_2 不知道 P_1 的私钥 s_1，由数字签名方案的安全性，可知 P_2 伪造的 P_1 的数字签名，一定能被 P_3 所发现。

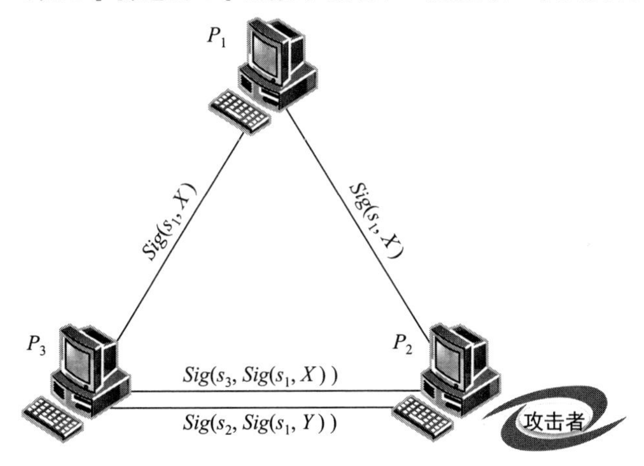

图 4-6　P_2 为攻击者

同理，当有 n 个参与者时，假设 P_1 为攻击者，其对子份额 X,Y 进行签名，然后将 $Sig(s_1,X)$发给 P_2，$Sig(s_1,Y)$发给 P_3，…,P_n。P_3,…,P_n 分别将 $Sig(s_1,Y)$再次签名发给 P_2，这时 P_3，…,P_n 中只要有一个是诚实者，那么 P_2 将会发现 P_1 为攻击者。从上述分析可见，在本文协议有 n 个参与者的时候，可以发现和防止 $n-2$ 个攻击者攻击，定理可证。

4.3　标准点对点通信网络下理性秘密共享模型

本小节研究将拜占庭算法引入理性秘密共享，从而摆脱目前使用广泛的同时广播通信方式，建立标准点对点通信方式下的理性秘密共享模型。假设在协议中存在公钥基础设施，每个人知道其他人的公钥，假设 $T=\{P_{a1},P_{a2},\cdots,P_{an}\}$是参与重构的 t 个参与者，且每两个参与者间是可以互相通信的。构建的理性秘密共享模型应该满足：发送的每个信息是正确的；接收者知道是谁发送的信息；发送者签名不可伪造，如果伪造可以被检测到。

假设 $P_{a_i}(1\leqslant i\leqslant t)$ 有子份额 V_{a_i}，设计目标：如果 P_{a_i} 是诚实的，所有诚实方都能收到 P_{a_i} 所发的信息，否则所有诚实的人会收到相同的信息。以下是点对点通信模型下理性秘密共享模型。

第一步：在同时广播信道条件下构建理性秘密共享算法。

第二步：分发者将信号标志放在协议最后一轮，通过单向散列函数传给参与者，单向函数 $f:\{0,1\}^*\rightarrow\{0,1\}^*$ 是一种容易计算却难以求逆的特殊函数，即满足以下性质：已知 x，易计算 $f(x)$；已知 $y=f(x)$，难计算 $x=f^{-1}(y)$。而单向散列函数又为哈希函数或杂凑函数，也是一种特殊的单向函数，对于任意的 $|x_1|\neq|x_2|$，都有 $|f(x_1)|=|f(x_2)|$，并具有以下特性：弱碰撞性，即对于任意给的 x，要找到一个 x'，使得 $f(x)=f(x')$，是非常困难的；自变量发生微小变化会引起单向散列函数值发生巨变。从单向散列函数的性质可知，参与者不能推出标志位在哪一轮，当参与者重构出信号标志时，说明上一轮已经重构出秘密。这样首先将同时广播信道，转变为单广播信道。

第三步：在点对点信道下模拟单广播信道，具体拜占庭算法构建如下。

(1) 如果 P_{a_i} 是诚实的，其对子份额 V_{a_i} 进行数字签名 $Sig(s_{a_i},V_{a_i})$，然后将 $(V_{a_i},Sig(s_{a_i},V_{a_i}))$ 发给其他参与重构的人。令 sig_{a_i} 表示 P_{a_i} 对自己的子份额的签名，令 Sig'_{a_i} 表示 P_{a_i} 对其他人传过来信息签名的签名。

(2) P_{a_i} 收到 $P_{a_j}(1\leqslant j\leqslant t$ 且 $j\neq i)$ 发来的关于 P_{a_j} 对子份额的签名 (V_{a_j},Sig_{a_j}) 和 P_{a_j} 对 P_{a_l} 的子份额签名的签名 $(V_{a_l},Sig_{a_l},Sig'_{a_i})(1\leqslant l\leqslant t$ 且 $l\neq j,l\neq i)$。

(3) 如果 P_{a_i} 收到 $(V_{a_l},Sig_{a_l},Sig'_{a_i})$ 和 $(V_{a_l},Sig_{a_l},Sig'_{a_i})$ $(V'_{a_i}\neq V_{a_l})$，那么 P_{a_i} 可以判断 P_{a_l} 是攻击者，因为其对签名的子

份额不一样。如果从没有收到(V_{al},Sig_{al})同样可以判断 P_{al} 是攻击者。如果收到的若干(V_{al},Sig_{al},…)信息里有相同的 V_{al}，则判断 P_{al} 的子份额为 V_{al}。

(4) P_{ai} 对收到信息进行验证。

(5) P_{ai} 对信息(V_{aj},Sig_{aj})增加自己签名后，将(V_{al},Sig_{al},Sig'_{ai})发给没有对 V_{aj} 签名的其他参与者。

定理 4-3　方案能够满足以下两条：

(1) 所有诚实的人收到相同的信息；

(2) 如果发送者 P_i 是诚实的，其他诚实者一定能收到 P_i 发送的信息。

证明　如果发送者 P_i 是诚实的，他的秘密共享子份额是 O，他先发送他签名的数据 $Sig(s_i,O)$给其他每个人，每个诚实者将收到数据 O。因为没有攻击者能够伪造 O'(因为有数字签名的安全性来保证)，所以诚实的参与者只能收到数据 O。可见，如果发送者是诚实的，方案满足第二条，同时也满足第一条。下面证明如果发送者是攻击者的情况，第一条要求诚实的参与者接收的相同的信息，不妨假设 P_k,P_j 为诚实的参与者，那么只要证明 P_k,P_j 接收到的信息一样即可。假设 P_k 已经收到对 O 的签名，如果这里面已经有 P_j 的签名，那么 P_k 知道 P_j 已经知道该信息，通过对比签名信息，可知道发送者是否诚实。如果没有 P_j 的签名，那么 P_k 将对收到的 O 的签名加上自己的签名，然后发给 P_j，这样 P_j 也会知道该信息。因为发送者是攻击者，所以 P_j 可能先收到对 O'的签名，如果这里已经有 P_k 的签名，那么 P_j 知道 P_k 已经知道该信息，通过对比签名信息，可知道发送者是否诚实。如果没得到 P_k 的签名，P_j 将对收到的 O'的签名进行签名，然后发给 P_k。可见最终诚实的参与者收到的信息是一样的，定理可证。

4.4　标准点对点通信网络下理性安全多方计算模型

点对点通信网络实现了任意两个用户的通信，是现实中使用最为广泛的通信网络。本节介绍在标准点对点通信网络下的理性安全多方计算模型。

4.4.1 标准点对点通信网络下逐步释放模型

在标准通信网络下，安全多方计算的公平性获得是一个困难的问题。因为在标准点对点通信网络中，总有一个人在最后进行计算，那么此人相比其他参与者就有优势先得到计算结果，如果其是理性的话，根据前面的假设，此人则不会将结果告知他人。比如以简单的两方交换密钥为例，有两个参与者 P_1，P_2，密钥为已公开的两个大素数乘积的素因子 $n_A=p_A\cdot q_A$ 和 $n_B=p_B\cdot q_B$，如果 P_1 先发送 p_A，但 P_2 没有发送 p_B，这样显然是不公平的。

最简单的有以下两种达到公平的方法。

(1) 找到一个在线的可信中介者，由中介者对参与者发出的数据进行验证和检验，由他来进行计算[70-71]，但当系统中有大量协议执行时，第三方会成为系统的瓶颈，也会成为黑客攻击的对象。(2) 找到一个离线的可信者，例如参与者在执行协议前先签订合同，如果成员有欺骗行为，那么其余的参与者可以将其上诉到法庭，让法官来进行裁决[72-73]。但是在分布式环境下，特别是随着移动网络、对等网络等新型网络的出现，更多的情况是没有大家都信任的第三方。

在本节设计的模型中，利用了逐步释放协议，下面介绍逐步释放模型的构造原理。点对点信道下无可信第三方的研究最早是由 Blum[74] 提出的，其研究和实现了两方密钥交换的安全协议。主要思想是将信息拆分，根据二次剩余困难问题，采用逐步释放的方法实现了公平交换。方法简单描述如下：

(1) Alice 构造 n_A，通过产生两个 60 位十进制的大素数相乘，同理，Bob 构造 n_B。

(2) Alice 将 n_A 发给 Bob，Bob 将 n_B 发给 Alice。

(3) 双方检验 n_A，n_B 是否满足要求。

(4) Alice 随机选择 100 个满足需求的数 $a_1, a_2, \cdots, a_{100}$，将 $a_1^2(\bmod n_B), \cdots, a_{100}^2(\bmod n_B)$发送给 Bob。同理，Bob 随机选择 $b_1, b_2, \cdots, b_{100}$，将 $b_1^2(\bmod n_A), \cdots, b_{100}^2(\bmod n_A)$发送给 Alice。

(5) Alice 计算每一个二次剩余数 $b_j^2(\bmod n_A), 1 \leqslant j \leqslant 100$ 的 4 个平方根 $b_j, b_j', n_A - b_j, n_A - b_j'$，将最大的两个平方根去掉，剩余两个小的，表示为$(sqrt_1(b_j^2 \bmod n_A), sqrt_2(b_j^2 \bmod n_A))$。同理，Bob 计算得到两个二次剩余平方根，表示为$(sqrt_1(a_j^2 \bmod n_B), sqrt_2(a_j^2 \bmod n_B))$。这样，Alice 和 Bob 各准备了 100 对二次平方根，Alice 有$\{(sqrt_1(b_j^2 \bmod n_A)), (sqrt_2(b_j^2 \bmod n_A))\}$，Bob 有$\{(sqrt_1(a_j^2 \bmod n_B)), (sqrt_2(a_j^2 \bmod n_B))\}(1 \leqslant j \leqslant 100)$。

(6) Alice 和 Bob 按最高有效位优先，逐比特交换 200 个平方根，也就是一次交换 200 比特，然后各自检验这 200 比特对不对，如果不对，退出。如果 Bob 需要知道 Alice 随机选的 a_j 的话，那么 Bob 将二次剩余平方根$\{(sqrt_1(a_j^2 \bmod n_B)), (sqrt_2(a_j^2 \bmod n_B))\}(1 \leqslant j \leqslant 100)$，其中一个设为 a_j，另一个改为一个无用的数字，即可成功欺骗 Alice，但这种概率为$\frac{1}{2}$，又因为共有 100 个数字，所以 Bob 欺骗的概率为$\frac{1}{2^{100}}$。同理 Alice 欺骗的概率也为$\frac{1}{2^{100}}$。

如果 Alice 先得到 Bob 的数据，那么她得到数据的仅比 Bob 得到的数据多一位，如果在最后一位，Alice 退出，那么 Bob 通过测试也可得到结果。其后，Luby 等人[75]对两方如何公平交换一位比特的情况进行了研究。Beaver 等人[76]构造了多方有偏向的投币协议，对计算布尔函数的公平性进行了研究。本模型对其改进后用在理性安全多方计算中，下面简单描述 Beaver 构造的多方有偏向的投币协议。令 $\Psi(x_1, \cdots, x_n) = x_1 \oplus \cdots \oplus x_n$，如果任意的 x_i 都是均匀随机的比特，那么 Ψ 也是一个均衡随机的比特。当 $x_1 + \cdots + x_{2k^d} \geqslant k^d + 1$ 时(k 为安全参数，d 为指定公平性约束的参数)，令 $\varphi(x_1+\cdots+x_{2kd})=1$，否则，令 $\varphi(x_1+\cdots+x_{2kd})=0$，这样 φ 具有$\frac{1}{2}+\frac{1}{k^d}$概率偏向 0。接着协议将计算结果与每个投币结果相异或，然后将异或后结果的子份额发给每个参与者，最后参与者揭示异或的结果，这样每个参与者都获得一系列结果的采样点，大家统计这些采样点，占多数的采样点即为最终的计算结果。

4.4.2 理性安全多方电路计算模型

本节设计的理性安全多方电路计算模型工作在失败－停止环境下，且要求达到计算的公平性。下面介绍失败－停止协议和博弈论公平的定义。

定义 4-1(失败一停止协议) 在协议执行时，参与者不会改变最初的输入，但允许任何参与者在协议任何时刻中断或者停止协议和改变他们的输出，称这种协议为失败－停止协议。

定义 4-2 (博弈论公平的协议) 当所有参与者的最优策略为遵守协议，并且能达到可计算纳什均衡时，则称协议为博弈论公平的协议。

之所以采用了可计算纳什均衡，而没有采用子博弈精炼纳什均衡，是因为在所设计的协议中，如果发现参与者欺骗的行为，那么其他参与者将中断和退出协议，这样博弈论中的“空威胁”是没有意义的，也就是说这时可计算纳什均衡就是子博弈精炼纳什均衡。

简单起见，我们研究只有一个输出结果的安全多方计算协议，即一个交互概率图灵机集合$(M_1,\cdots,M_n)$，每一个图灵机有公开输入带、私有输入带、私有随机带、隐私输出带和公开输出带。令 1^k 为安全参数，x_i 为 P_i 的输入，P_i 为 x_i 选择的域，令 $f:D_1\times D_2\times\cdots D_n\rightarrow S$，是一个单输出的多方计算函数。$P_i$ 的视图 $VIEW_i^{\pi}(\bar{x})$为$(x_i,r^i,m_1^i,\cdots,m_t^i)$，其中 $\bar{x}=(x_1,\cdots,x_n)$，r^i 为内部投币结果，m_j^i 代表 P_i 目前收到的第 j 个信息。

为了保证计算的公平性，将参与者收益融入安全多方计算过程，设计的模型依靠逐步释放子份额的方式，参与者产生一系列有偏向的投币值，然后逐步释放信息，如果恶意参与者欺骗，会被诚实者发现，这时恶意者了解的信息和诚实者了解的信息基本差不多。参与者根据自己的利益得失情况，有动机发送正确数据。

第一步：根据所求功能设计相应的逻辑电路，以简单的单输出功能为例，如图 4-7 所示。

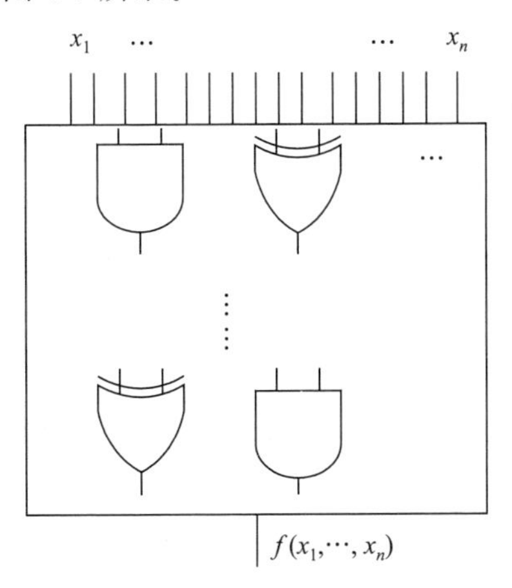

图 4-7　安全多方计算功能图

第二步：利用传统的多方计算协议产生一个随机二进制串 R，$|R|$（R 的长度）取决于参与者的效益（在后续章节具体协议设计时介绍），每个参与者拥有 R 串中每一位比特的子份额。

第三步：利用传统的 GMW 多方电路计算[36,77]，输出 $f(x_1,\cdots,x_n)+R$ 的子份额，此时，如果每个参与者将子份额发给其他参与者，不会对公平性造成影响，因为，有随机数 R 对 $f(x_1,\cdots,x_n)$ 进行了随机隐藏，这样，每个参与者获得 $f(x_1,\cdots,x_n)+R$ 的值。

第四步：然后循环 $|R|$ 轮，利用 Beaver 等人[76]的投币算法来取得 R 中的每一位。在每一轮，参与者逐步释放信息，循环结束后，所有参与者可以公平的获得 R。然后将第三步获得的结果和

R 相减，每个参与者可公平的得到计算结果。

第五步：采用拜占庭算法，在标准点对点通信网络下对广播通信网络进行模拟和仿真，从而达到在点对点通信网络下构造模型的目的。

经典的安全多方计算有两类恶意模型：第一类是恶意参与者个数任意的模型（没有大多数诚实者的安全多方计算协议模型），该类协议的隐私性和正确性能够保证，但是协议不能保证公平性和输出交付性，这样只能对协议的安全性做一定的减弱，该类协议允许成员在得到计算结果后，任意中断协议，并且认为不影响协议的安全性，即认为中断安全，协议的设计基于加强的陷门函数或不经意传输协议。在该类模型中有 3 个问题不可避免：恶意的参与者可以拒绝参与协议，恶意参与者可以替换它们的本地输入，恶意参与者可以早期中断协议。第二类是恶意的参与者个数严格少于参与者总数一半的模型（拥有大多数诚实者的安全多方计算协议模型），这类协议可以获得完全的安全性，协议不仅能保证成员输入隐私性和计算结果正确性，而且能够保证公平性（当参与一方获得输出，其他成员也能获得相应的输出）和输出交付性（诚实的参与者能够保证成功地完成计算），这样可以有效地阻止恶意参与者早期中断协议。但现实中，很难保证大多数参与者都是诚实的。

而我们设计的理性安全多方计算模型，没有大多数诚实者的硬性要求，恶意的参与者根据自己的收益多少来决定是否替换输入和早期中断。在模型安全分析时，一般来说，在借助可信任方式不可避免的任何行为，都不认为是安全漏洞。我们希望安全模型（实际模型）仅能忍受那些在借助可信任方（理想模型）时不可避免的行为。具体说，对一个在实际模型中的敌手 A 存在一个理想模型中的敌手 B，两者攻击效果是可计算不可区分的。

真实模型－理性安全多方计算模型：

令 $f:(\{0,1\}^*)^n \to (\{0,1\}^*)^n$ 是一个 n 元函数，其中 $f_i(x_1,$

$\cdots, x_n)$是 $f(x_1,\cdots,x_n)$的第 i 个元素。x_i 为 P_i 的输入，$\bar{x}=(x_1,\cdots,x_n)$，$I=\{i_1,\cdots,i_t\}\subseteq[n]\overset{\text{def}}{=}\{1,\cdots,n\}$为腐败集合。$\bar{I}=[n]\backslash I$ 为诚实集合。z 辅助输入，π 为计算 f 的 n-方协议。概率多项式算法 A 代表现实模型中的攻击策略。现实模型下对 π 的联合执行，用$REAL_{\pi,I,A(z)}(\bar{x})$表示。

在理想模型中，有一个可信者代表参与者计算 f，该模型没有假设存在大多数诚实者。执行过程如下：首先，参与者把他的输入发给可信者，用 x_i'代表 P_i 发送的值。对诚实的参与者或是半诚实的敌手，我们要求 $x_i'=x_i$。然后，可信者计算 $f(x_1',\cdots,x_n')=(y_1,\cdots,y_n)$，把$\{y_i\}_{i\in I}$发给敌手。

敌手有两种选择，即继续协议或者中断协议。如果敌手选择继续协议，则可信者把$\{y_i\}_{i\in\bar{I}}$发给诚实者。如果敌手选择中断协议，可信者发给每个诚实者一个中断符$\perp$。该类理想模型下，对 f 的联合执行用 $IDEAL_{f,I,B(z)}(\bar{x})$表示。

如果对每个概率多项式时间算法 A，都存在一个概率多项式时间算法 B(代表理想模型中的攻击策略)，使得每一个 $I\subseteq[m]$，都有$\{IDEAL_{f,I,B(z)}(\bar{x})\}_{\bar{x},z}\overset{c}{\equiv}\{REAL_{\pi,I,A(z)}(\bar{x})\}_{\bar{x},z}$，则称协议 π(在理性安全多方计算模型下)安全计算 f。有时也称 π 是对 f 的一个实现。

4.5　本章小结

本章针对不同通信模型下的理性信息密码交换协议进行了研究，首先设计了可验证拜占庭算法和逐步释放的模型，然后在标准点对点通信网络下，分别设计了理性秘密共享和理性安全多方电路计算的博弈模型，这样既摆脱了广播通信的束缚，同时也达到了广播通信的效果。在设计的模型中，无须可信者或诚实者参与，也没有假设存在信封或投票箱等强的物理信道，从而更加符合实际。

参考文献

[1] Shamir A. How to share a secret. Communications of the ACM, 1979, 22(1): 612-613.

[2] Blakeley G R. Safeguarding cryptographic keys. Proceedings of the National Computer Conference, New York: AFIPS Press, 1979: 313-317.

[3] Chor B, Goldwasser S, Micali S. Verifiable Secret Sharing and Achieving Simultaneity in the Presence of Faults. Proceedings of the 26th Annual Symposium on Foundations of Computer Science, Washington, DC: IEEE Computer Society, 1985: 383-395.

[4] Feldman P. A practical scheme for non-interactive verifiable secret sharing. Proceedings of the 28th IEEE Symposium. On Foundations of Comp, Science (FOCS' 87), Los Angeles: IEEE Computer Society, 1987: 427-437.

[5] Pedersen T P. Distributed provers with applications to undeniable signatures. Proceedings of Eurocrypt' 91, Lecture Notes in Computer Science, LNCS, Springer-Verlag 547, 1991: 221-238.

[6] Rabin T, Ben-Or M. Verifiable secret sharing and multi-party protocols with honest majority. Proceedings of ACM STOC, 1989: 73-85.

[7] Lin H Y, Harn L. Fair Reconstruction of a Secret. Information Processing Letters, 1995, 55(1): 45-47.

[8] Blundo C, De Santis A, Stinson D R. Vaccaro U. Graph Decomposition and Secret Sharing Schemes. Journal of Cryptology, 1995, 8(1): 39-64.

[9] Sun H M. New construction of perfect secret sharing schemes for graph-based prohibited structures. Computers and Electrical Engineering, 1999, 25(4): 267-278.

[10] 刘木兰，肖亮亮，张志芳. 一类基于图上随机游动的密钥共享体制. 中国科学E辑：信息科学，2007，37(2)：199-208.

[11] Naor M, Shamir A. Visual cryptography. In EUROCRYPT 1994, LNCS 950, Berlin: Springer, 1994: 1-12.

[12] Hou Y C, Quan Z Y Tsai C F, Tseng A Y. Block-based progressive visual secret sharing. Information Sciences, 2013, 233(1): 290-304

[13] Wu X T, Sun W. Improving the visual quality of random grid-based visual secret sharing. Signal Processing, 2013, 93(5): 988-955.

[14] Blundo C, Santis A D, Grescenzo G D, Gaggia A G, Vaccaro U. Multi-secret sharing schemes. In Advances in Cryptology-CRYPTO' 94, LNCS, Springer-Verlag 839, 1994: 150-163.

[15] Blundo C, Santis A D, and Vaccaro U. Efficient sharing of many secrets. In Proceedings of 10th Symp. On Theoretical Aspects of Computer Science-STACS' 93, LNCS, Springer-Verlag 665, 1993: 692-703.

[16] Chien H Y, Jan J K, Tseng Y M. A practical (t, n) multi-secret sharing scheme. IEICE Transactions on Fundamentals, 2000, E83-A (12): 2762-2765.

[17] Yang C C, Chang T Y, Hwang Min-Shiang. A(t, n) multi-secret sharing scheme. Applied Mathematics and Computation, 2004, 151(2): 483-490.

[18] Pang L J. Wang Y M. A new (t, n) multi-secret sharing scheme based on Shamir' s secret sharing. Applied Mathe-

matics and Computation，2005，167(2)：840-848.

[19] 庞辽军，王育民．基于 RSA 密码体制（t，n）门限秘密共享方案．通信学报，2005，26(6)：70-73.

[20] 裴庆祺，马建峰，庞辽军，等．基于身份自证实的秘密共享方案．计算机学报，2010，33(1)：152-156.

[21] 庞辽军，裴庆祺，焦李成，王育民．基于 ID 的门限多重秘密共享方案．软件学报，2008，19(10)：2739-2745.

[22] Yao A. Protocols for secure computations. Proceedings of 23th IEEE Symposium on Foundations of Computer Science (FOCS'82), IEEE Computer Society. 1982：160-164.

[23] Yao A. How to generate and exchange secrets. Proceedings of 27th IEEE Symposium on Foundations of Computer Science (FOCS'86), IEEE Computer Society，1986：162-167.

[24] Hirt M，Maurer U，Przydatek B. Efficient secure multi-party computation. In Advances in cryptology-ASIACRYPT 2000. Lecture Notes in Computer Science，Springer-Verlag，2000：143-161.

[25] Schuster A，Wolff R，Giburd B. Privacy-Preserving Association Rule Mining in Large-scale distributed Systems. In Proceedings of CCGRID'04，IEEE，2004：411-418.

[26] Oliveira S，Zaiane O，Saygin Y. Secure Association Rule Sharing. Advances in Knowledge Discovery and Data Mining，Lecture Notes in Computer Science，Spring-Verlag 3056，2004：74-85.

[27] Vaidya J，Clifton C. Privacy Preserving Association Rule Mining in Vertically Partitioned Data. In Proceedings of SIGKDD02，Canada，2002：639-644.

[28] Oliveria S，Zaiane O. Algorithms for Balancing Privacy and knowledge Discovery in Association Rule Mining. Proceedings

of the Seventh International Databased Engineering and Applications symposium，IEEE，2003：54-63.

[29] 李顺东，司天歌，戴一奇．集合包含与几何包含的多方保密计算．计算机研究与发展．2005，42(10)：1647-1653.

[30] 罗永龙，黄刘生，荆巍巍，等．保护私有信息的叉积协议及其应用．计算机学报．2007，30(2)：248-254.

[31] Luo Y L，Huang L S，Chen G L，Shen H. Privacy-Preserving Distance Measurement and Its Applications. Chinese Journal of Electronics，2006，15(2)：237-241.

[32] 罗永龙，黄刘生，荆巍巍，等．空间几何对象相对位置判定中的私有信息保护．计算机研究与发展．2006，43(3)：410-416.

[33] Atallah M，Du W L. Secure multi-party computational geometry.//Workshop on Algorithms and Data Structures，Springer，Berlin，Heidelberg，2001：165-179.

[34] Du W L. A Study of Several Specific Secure Two-party Computation Problems. Ph. D. dissertation. Purdue University，USA，2000：10-38.

[35] 罗文俊，李祥．多方安全矩阵乘积协议及应用．计算机学报，2005，28(7)：1230-1235.

[36] Goldreich O，Micali S，Wigderson A. How to play any mental game. Proceedings of the 19th Annual ACM Symposium on Theory of Computing，New York：ACM Press，1987：218-229.

[37] Beaver D. Secure Multi-Party Protocols and Zeor-Knowlede Proof Systems Tolerating a Faulty Minority. Journal of Cryptology，1991，4(2)：75-22.

[38] Beame P，Huynh-Ngoc D T. Multiparty communication complexity and threshold circuit complexity of AC. In Proceedings of the 50th Annual Ieee Symposium on Foundations of Computer Science，2009：53-62.

[39] Beaver D, Goldwasser S. Multiparty Computation with Faulty Majority. In Proceedings of FOCS, 1989: 468-473.

[40] Goldwasser S, Levin L A. Fair Computation of general functions in presence of immoral majority. In Advances in Crypto'90, volume 537 of LNCS, Berllin: Springer, 1991: 77-93.

[41] Katz J, Ostrovsky R, Smith A. Round Efficiency of Multi-party Computation with a Dishonest Majority. Advances in Cryptology EUROCRYPT, 2003: 578-595.

[42] Julien B, Herve C, Alain P. Privacy-preserving biometric identification using secure multiparty compuation. IEEE signal processing magazine, 2013, 30(2): 42-52.

[43] Halpern J, Teague V. Rational Secret Sharing and Multi-party Computation. Proceedings of the 36th Annual ACM Symposium on Theory of Computing(STOC), New York: ACM Press, 2004: 623-632.

[44] Cai Yongquan, Peng Xiaoyu. Rational Secret Sharing Protocol with Fairness. Chinese Journal of Electronics, 2012, 21(1): 149-152.

[45] 张恩，蔡永泉．基于双线性对的可验证的理性秘密共享方案．电子学报．2012，40(5)：1050-1054.

[46] Gordon S D, Katz J. Rational Secret Sharing, Revisited. Proceedings. of the 5th Security and Cryptography for Networks (SCN), 2006: 229-241.

[47] Abraham I, Dolev D, Gonen R, Halpern J. Distributed computing meets game theory: robust mechanisms for rational secret sharing and multiparty computation. Proceedings of 25th ACM Symposium. Principles of Distributed Computing (PODC), 2006: 53-62.

[48] Maleka S, Amjed S, Rangan C P. Rational Secret Sharing with Repeated Games. In 4th Information Security Practice and Experience Conference, LNCS, Springer-Verlag 4991, 2008: 334-346.

[49] Maleka S, Amjed S, Rangan C P. The Deterministic Protocol for Rational Secret Sharing. In 22th IEEE International Parallel and Distributed Processing Symposium, Miami, FL: IEEE Computer Society, 2008: 1-7.

[50] Cai Yongquan, Luo Zhanhai, Yang Yi. Rational Multi-Secret Sharing Scheme Based On Bit Commitment Protocol. Journal of Networks, 2012, 7(4):738-745.

[51] Zhang Z F, Liu M L. Rational secret sharing as extensive games. Scientia Sinica Informationis, 2012, 42(1): 32-46.

[52] Zhang E, Cai Y Q. A New Rational Secret Sharing. China Communications, 2010, 7(4): 18-22.

[53] Isshiki T, Wada K, Tanaka K. A Rational Secret-Sharing Scheme Based on RSA-OAEP. IEICE Transactions on Fundamentals, 2010, E93-A(1): 42-49.

[54] One S J, Parkes D, Rosen A, Vadhan S. Fairness with an honest minority and a rational majority. Proceedings of 6th Theory of Cryptography Conference (TCC), (LNCS, 5444), 2009: 36-53.

[55] Asharov G, Lindell Y. Utility Dependence in Correct and Fair Rational Secret Sharing. Journal of Cryptology, 2011, 24(1): 157-202.

[56] Wang Yilei, Wang Hao, Xu Qiuliang. Rational secret sharing with semi-rational players. International Journal of Grid and Utility Computing, 2012, 3(1): 59-87.

[57] Tian Youliang, Ma Jianfeng, Peng Changgen. et. al. One-

time rational secret sharing scheme based on bayesian game. Wuhan University Journal of Natural Sciences, 2011, 16(5): 430-434.

[58] Kol G, Naor M. Cryptography and Game Theory: Designing Protocols for Exchanging Information. In the Proceedings of the 5th Theory of Cryptography Conference (TCC). Springer-Verlag, 2008: 320-339.

[59] Kol G, Naor M. Games for exchanging information. Proceedings of the 40th Annual ACM Symposium on Theory of Computing (STOC), New York: ACM Press, 2008: 423-432.

[60] Fuchsbauer G, Katz J, Naccache D. Eficient Rational Secret Sharing in the Standard Communication Networks. Proceedings of 7th Theory of Cryptography Conference (TCC), 2010: 419-436.

[61] William K. Moses Jr, and C. Pandu Rangan. Rational Secret Sharing over an Asynchronous Broadcast Channel with Information Theoretic Security. International Journal of Network Security & Its Applications (IJNSA), 2011, 3(6): 1-18.

[62] William K. MOses Jr, and C. Pandu Rangan. secret sharing with honest players over an asynchronous channel. Advances in Network Security and Applications-Communications in Computer and Information Science, 2011, 196(1): 414-426.

[63] One S J, Parkes D, Rosen A, Vadhan S. Fairness with an honest minority and a rational majority. Proceedings of 6th Theory of Cryptography Conference (TCC), (LNCS, 5444), 2009: 36-53.

[64] Izmalkov S, Lepinski M, Micali S. Rational secure computation and ideal mechanism design. Proceedings of 46th IEEE Symp. Foundations of Computer Science (FOCS), 2004: 623-632.

[65] Izmalkov S, Lepinski M, Micali S. Veriably Secure Devices. In 5th Theory of Cryptography Conference, LNCS, Springer-Verlag 4948, 2008: 273-301.

[66] Lepinksi M, Micali S, Shelat A. Collusion-free protocols. Proceedings 37th ACM Symposium. Theory of Computing (STOC), 2005: 543-552.

[67] Lepinski M, Micali S, Peikert C, Shelat A. Completely fair SFE and coalition-safe cheap talk. Proceedings 23th ACM Symposium. Principles of Distributed Computing (PODC), 2004: 1-10.

[68] Asharov G, Canetti R, Hazay C. Towards a game theoretic view of secure computation. In Advances in Cryptology Eurocrypt, Springer, 2011: 426-445.

[69] Lamport L, Shostak R, Pease M. The Byzantine Generals Problem. ACM transactions on Programming Languages and Systems, 1982, 4(3): 382-401.

[70] Cox B, Tygar J. D, Sirbu M. NetBill security and transaction protocol. In Proceedings of the 1st USENIX Workshop in Electronic Commerce, 1995: 77-88.

[71] Rabin M. O. Transaction protection by beacons. Tech. Rep. Harvard Center for Research in Omputer Technology, Cambridge, Mass, 1981: 29-91.

[72] Kolata G. Gryptographers gather to dicuss research. Science, 1981, 214(6):646-647.

[73] Peterson I. Whom do you trust. Science News, 1981, 120

(13)：205-206.

[74] Blum M. How to Exchange (Secret) Keys. ACM Transactions on Computer Systems，1983，1(2)：175-193.

[75] Luby M，Micali S，Rackoff C. How to Simultaneously Exchange a Secret Bit by Flipping a Symmetrically-Biased Coin. FOCS，1983：11-22.

[76] Beaver D，Goldwasser S. Multiparty Computation with Faulty Majority. In Proceedings of FOCS，1989：468-473.

[77] Goldreich O. Foundations of cryptography：Volume 2，Basic Applications. Cambridge：Cambridge University Press，2004：599-759.

第5章　云外包模型与原理

随着移动通信技术、网络技术、信息技术的持续快速发展和普及，云外包服务以其独特的技术方案和新兴商业模式得到学术界、产业界及政府部门的广泛关注。我国于2015年1月发布《国务院关于促进云计算创新发展培育产业新业态的意见》，为提升云外包服务水平、培育战略性新兴产业、调整云外包企业运营模式和产业经营理念指明了方向。通过云外包服务，企业或个人可以将大量复杂、耗时的计算和存储任务外包给不可信的云服务提供商(CSP)，从而减轻客户端的计算开销。

现有云外包密码协议不能有效防止参与者合谋攻击或者方案建立在半诚实模型基础上，对参与者合谋动机、防合谋攻击模型和防合谋攻击方法研究相对薄弱，尚不能应用于实际云外包计算环境中。本章分析了云外包计算过程中面临的一些挑战问题，如成员合谋攻击问题、计算公平性问题和可验证问题等，在融合博弈论、声誉系统和密码学理论基础上构建理性密码协议云外包模型。

5.1　云外包方案概述

云外包计算协议将云计算和密码协议相结合，对经典密码协议进行有益的云外包扩展，是近年信息安全领域一个新的研究热点，具有重要的理论研究价值和广泛的应用前景。在云外包计算协议环境中，多个租户可以利用计算能力薄弱或者计算资源不足的设备如智能手机、平板电脑、PDA和传感器等收集信息，当需要对收集的信息进行分析和统计时，通过将计算外包给具有强大计算能力的 CSP 来完成相关任务，这样租户可以享受无限制的计算资源，CSP 则根据租户计算任务按需收取相应报酬。然而，在一个互不信任的分布式云计算环境中，各租户间既想通过合作完成计算任务，又不愿意暴露各自的隐私信息。由于租户使用了云计算技术，使得云数据的所有权与管理权分离，租户的云数据安全问题更加突出，如果这些问题不能有效解决，将严重阻碍云计算产业的发展。图 5-1 以一个典型的应用场景剖析云外包安全多方计算的重要作用和研究意义。

如图 5-1 所示，有四家单位分别是生物制药公司、基因公司、医院和科研机构，他们想结合四方各自的优势针对某种癌症或顽疾，共同研制和开发一种药品。在多方联合计算过程中，四家单位都有各自的隐私和敏感数据不愿泄漏给他人，例如医院有病人病历，基因公司有某种疾病的基因序列和 DNA 编码数据库，生物制药公司有核心和关键的制药技术，科研机构有大量针对该疾病分析和统计的科研数据等。为了提高效率和降低成本，四家单位想借助性能高效的云外包服务来分析、统计和聚合计算数据。

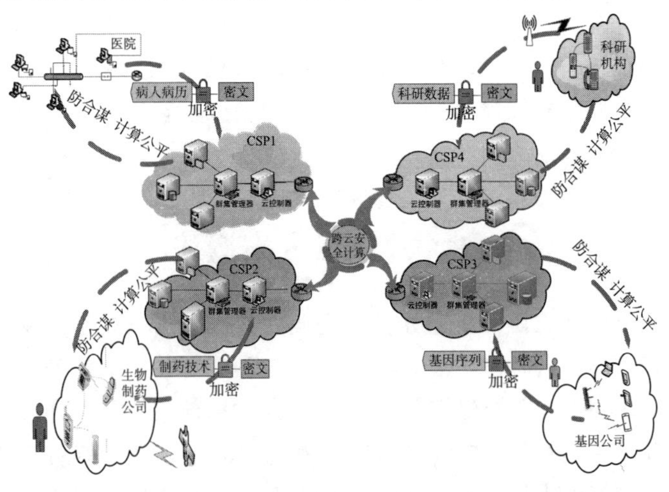

图 5-1　云外包安全多方计算典型应用场景

在图5-1所示的云外包安全多方计算过程中，不存在可信的CSP，四家单位间既想合作又互不信任，为了保护各自的隐私信息，每家单位可以将隐私数据加密上传到一个CSP或者通过密钥共享的方法上传到多个CSP，CSP之间执行跨云安全多方计算，然后将计算子份额返还给租户，租户重构计算结果并执行非交互论证以验证数据的正确性。最后每家单位都期望在保护自身隐私数据的同时，公平地得到最终计算结果。但在实际安全多方计算过程中，存在四家单位之间、四家单位和CSP之间、CSP和CSP之间合谋获取他人隐私数据及最终计算结果的可能。同时CSP或某一家单位在首先获得重要的计算结果之后，可能会中断协议或者告诉他人一个错误的结果，这样造成计算不公平。因此，对云外包密码协议模型与方法进行深入研究是非常必要和迫切的。

Hohenberger等人[1]提出一种安全外包计算协议，协议需要两个半诚实的云服务器，并且服务器之间不能合谋。Peter等人[2]提出一种有效的云外包安全多方计算协议，首先将不同密钥加密的密文转换为同一个密钥加密的密文，然后再进行密文计算，租户不需要参与计算过程，但协议假设存在两个不合谋、半诚实的CSP。Chen等人[3]在两个不合谋的云服务器辅助下设计了外包双线性对计算协议。Choi等人[4]在半诚实模型下结合混淆电路和代理不经意传输，提出一种多输入功能加密，多个成员在保护各自隐私的条件下能够共同计算某一项功能。Lopez等人[5]提出一种on-the-fly安全多方计算协议，方案基于多密钥FHE，用户将密文存储在云中，CSP可以非交互动态选择计算功能，但其方案要求在解密阶段租户交互执行安全多方计算协议，并且租户间不能合谋。Gordon等人[6]结合属性加密和代理不经意传输等加密方法，在假设租户和CSP不合谋的前提下提出一种可验证云外包安全多方计算协议。

在云外包安全多方计算环境中，由于租户数据拥有权和管理权分离，造成计算公平性更难以达到，租户从不可信的CSP处得到计算结果，首先需要对计算结果进行验证，然后进一步要求保证计算的公平性。如果租户不能验证最终计算结果的正确性，那么云服务商会因为节约开支、内部软件出现错误或者收到恶意攻击等原因返给租户一个错误的计算结果。因此，为了使计算资源薄弱的设备能够验证计算结果的正确性。Micali[7]在随机预言模型下提出了一种非交互的验证方法。Gennaro 等人[8]在标准模型下，基于混淆电路和全同态提出一种可验证外包计算协议。方案增加了离线的预处理阶段，构造了具有全同态解密功能的混淆电路，租户能够验证 CSP 返回结果的正确性和完整性。Parno[9]提出一种公开代理和验证的方案，方案基于属性加密，代理者用属性 x 加密一个随机信息 m，然后发给服务器。如果 $f(x)=1$，服务器能够解密并返回 m。如果租户能够得到同样的信息，则确信 $f(x)=1$。反之，则可能是因为 $f(x)=0$，服务器不能解密，或者因为 $f(x)=1$，但服务器故意拒绝解密。该方案不能保证租户属性的隐私。Glodwasser 等人[10]提出一种基于 RLWE 问题的单密钥功能加密，并在功能加密基础上设计了公开可验证方案。Li 等人[11]在半诚实模型下提出一种可验证的外包属性加密方案。文献[12-14]对具体的外包科学计算及验证进行了创新性研究。

5.2 云外包密钥共享框架与模型

本节构建了云外包理性密钥共享框架与模型，实现了跨云数据共享和聚合计算隐私保护。

根据密钥共享特性，本节提出云外包密钥共享框架和模型，模型中包含分发者、云租户和云服务提供商三种实体，并分为三个阶段：密钥分发阶段、云外包计算阶段和密钥解密验证阶段。其体系架构如图 5-2 所示在密钥分发阶段，分发者将密钥子份额加密并进行数字签名后分发给云租户，并将密钥的哈希值公开，从而保证密钥的安全传输和验证。在云外包计算阶段(密钥重构)，

云服务提供商首先对云租户的信息进行验证，若验证成功则进行云外包密文计算，并将密文计算结果返回云租户；若验证失败则拒绝执行计算，并将参与者的欺骗行为进行广播。在密钥解密验证阶段，云租户对云服务提供商的密文计算结果解密，然后对解密后的结果进行验证，以达到正确接收计算结果的目的。

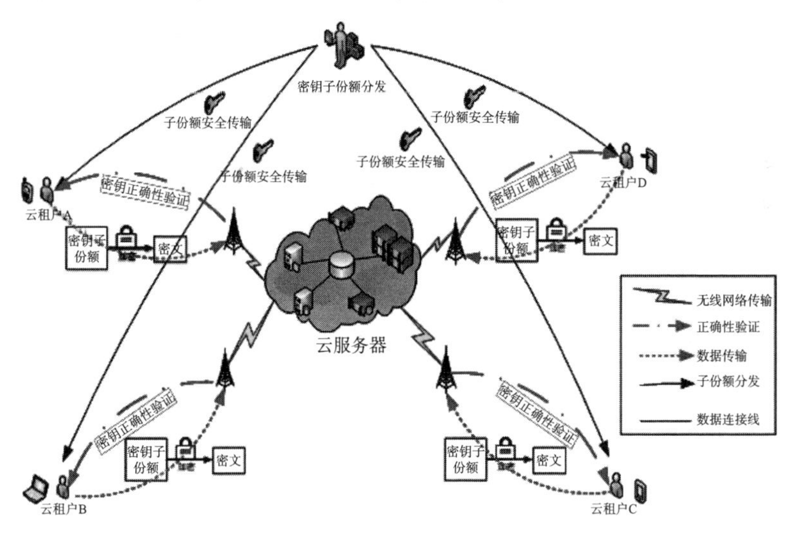

图 5-2　多密钥全同态云外包密钥共享方案模型

5.3　云外包安全多方计算框架与模型

随着云计算技术的发展，租户在多个 CSP 存储数据已成为常态。不同的租户之间、租户和 CSP 之间、CSP 与 CSP 之间经常需要数据共享和聚合计算，如图 5-3 所示。

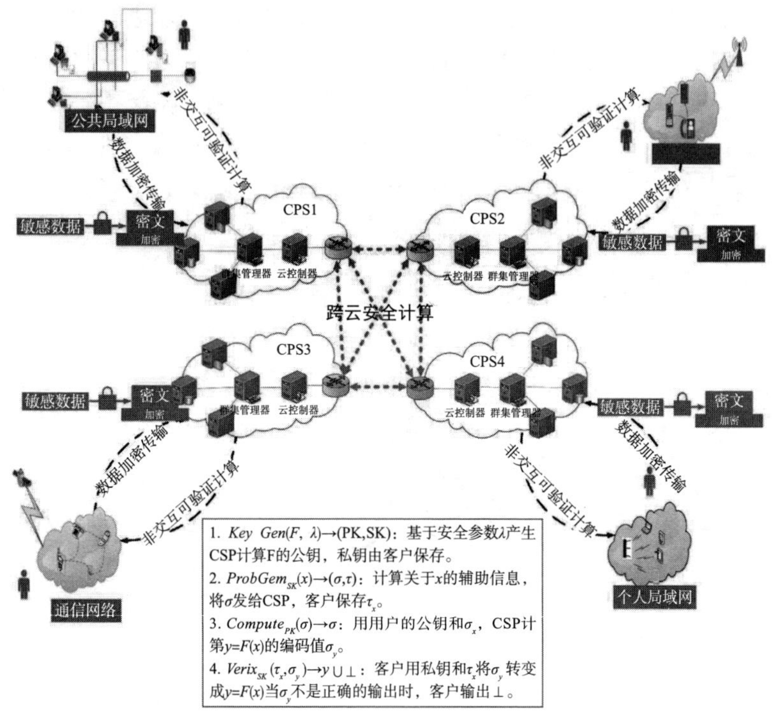

图 5-3　云外包安全计算模型

然而，在一个互不信任的分布式云计算环境中，各租户间既想通过合作完成计算任务，又不愿意暴露各自的隐私信息。由于租户使用了云计算技术，使得云数据的所有权与管理权分离，租户的云数据安全问题更加突出，如果这些问题不能有效解决，将严重阻碍云计算产业的发展。现有云外包计算方案在计算过程中存在计算不公平及合谋欺诈问题，尚不能为跨云辅助安全多方计算场景提供有效的解决模型和方法。

针对云外包的问题，融合云外包框架，在第 2～4 章理性密码原理及模型基础上，根据云外包计算特点，研究云外包计算参与者策略、收益、均衡及防合谋均衡存在条件，提出适用于云外包框

架的可计算防合谋纳什均衡的设计方法，构建云外包防合谋攻击模型，使得理性的参与者依据自身收益得失，没有动机合谋偏离协议，为防合谋研究提供理论基础和技术支撑，进而在融合博弈论、声誉系统和密码学理论基础上构建理性密码协议云外包模型。

5.4　理性密码协议云外包模型

5.4.1　云外包密码协议防合谋攻击博弈模型

针对参与者合谋问题，基于博弈论提出一种抗合谋攻击的算法，使理性参与者没有动机偏离协议，且该协议可以达到纳什均衡。防合谋攻击理论与方法框架如图5-4所示。

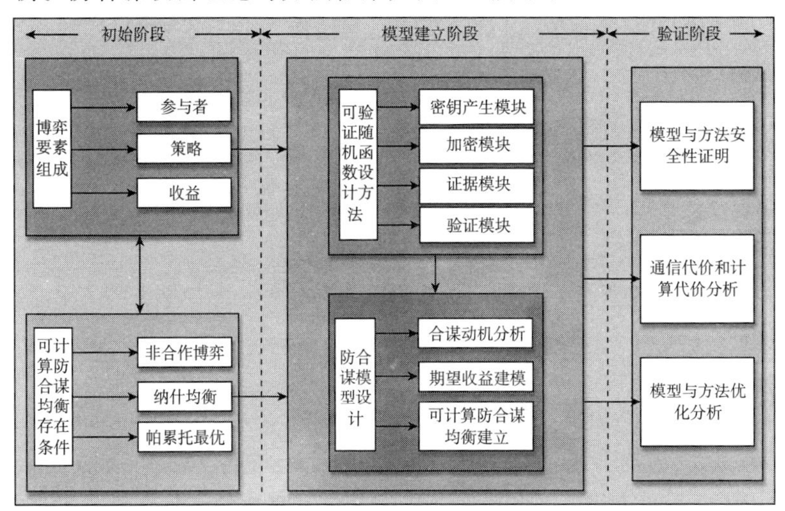

图5-4　防合谋攻击理论与方法框架

1. 防合谋攻击协议博弈要素和均衡形式化表示方法

参与者：为云外包密码协议博弈过程中决策主体，记为 P_i。

策略：是参与者在决策时的动作和行为，用 a_i 表示参与者 P_i 的策略，$a=(a_1,\cdots,a_n)$表示所有参与者的策略组合，a_{-i}表示除 P_i 外其他人的策略，$(a_i',a_{-i})=(a_1,\cdots,a_{i-1},a_i',a_{i+1},\cdots,a_n)$表示参与者 P_i 的策略改为 a_i'。

收益：在云外包密码协议计算博弈模型中，参与者的最大收益是了解秘密信息，其次是让尽可能少的其他人了解秘密信息，用 $u_i(a)$表示 P_i 关于策略 a 的收益。

2. 参与者收益度量建模

在云外包密码协议中，参与者的最大收益是了解计算结果，其次是让尽可能少的其他人了解结果，用 $u_i(o)$表示 P_i 关于结果 o 的效益函数，用 U^+,U,U^-,U^{--} 表示参与者在以下几种情况下的收益：

(1) 当 o 表示 P_i 了解结果，而其他参与者不了解结果时，那么 $u_i(o)=U^+$。

(2) 当 o 表示 P_i 了解结果，而至少有一个其他参与者也了解结果时，那么 $u_i(o)=U$。

(3) 当 o 表示 P_i 不了解结果，其他参与者也不了解结果时，那么 $u_i(o)=U^-$。

(4) 当 o 表示 P_i 不了解结果，而至少有一个其他参与者了解结果时，$u_i(o)=U^{--}$。

它们间的关系是 $U^+>U>U^->U^{--}$。

3. 防合谋均衡存在条件分析

防合谋均衡是一个更强的纳什均衡，但值得注意的是，防合谋均衡仍是非合作博弈的概念，博弈方的串通和合谋行为建立在各博弈方自身利益最大化的基础上，行为准则是个体理性，而不是集体理性。对整个合谋集团收益来说，防合谋均衡不一定是最优的。对于多人博弈来说，不是任何博弈模型中都具有防合谋均衡。如果在博弈中，给定任何博弈方子集的策略组合后，剩余博弈方策略有唯一的纳什均衡，那么对于剩余的博弈方来说，这时的策

略已经是最优的，帕累托效率也是最优的，合谋偏离协议不能给自己带来收益，相反可能会损害自己的收益，这时原博弈的纳什均衡一定是防合谋均衡。

4. 云外包密码协议防合谋攻击算法

(1) 提出可计算防合谋纳什均衡：由于防合谋均衡最初用在经济学中，并没有考虑到密码协议中一些密码原语的可计算安全性，所以该均衡不能直接用在密码协议中。因为密码协议中所涉及的一些加密原语和工具是可计算安全的，设计的密码协议有可能被敌手突破。为了模拟这样的情景，本项目研究和提出可计算防合谋均衡的概念，以捕捉协议中出现小概率安全问题的场景。

可计算防合谋均衡：在博弈 $\Gamma=(\{A_i\}_{i=1}^n,\{u_i\}_{i=1}^n)$ 中，用 T 表示一个合谋集团，k 为密码协议的安全参数，对每个合谋团体来说，不合谋的策略用 a_T 表示，合谋的策略用 a'_T 表示，非合谋团体的策略用 a_{-T} 表示，称策略组合 $a=(a_1,\cdots,a_n)\in A$ 是一个可计算防合谋均衡，如果对于 P_i，存在一个可忽略的函数 $\varepsilon(k)$，博弈能够保持

$$u_i(a'_T(k),a_{-T}(k))\leqslant u_i(a_T(k),a_{-T}(k))+\varepsilon(k) \qquad (5\text{-}1)$$

(2) 设计参与者合谋攻击发现和惩罚机制：在参与者在发送子份额过程中，采用可验证随机函数鉴别参与者欺诈和合谋行为，进而对合谋者进行收益惩罚，其算法如下。

① 公私钥产生模块 $\mathrm{Gen}(1^k)$：输入 1^k，输出 $SK=s$，$PK=g^s$。

② 加密模块 $F_{SK}(x)$：输入 SK，x，输出 $y=F_{SK}(x)=e(g,g)^{1/(x+SK)}$。

③ 证据模块 $\pi_{SK}(x)$：输入 SK，x，输出 $\pi=\pi_{SK}(x)=g^{1/(x+SK)}$。

④ 验证模块 $V_{PK}(x,y,\pi)$：判定 y 是否是与输入 x 对应的输出，输入(PK,x,y,π)，验证 $e(g^x\cdot PK,\pi)=e(g,g)$和 $y=e(g,\pi)$是否成立，若两式都成立输出 1，否则输出 0。

(3) 设计防合谋博弈和云外包密码协议融合方法：参与者根

据自身收益选择是否背离云外包密码协议，如果 P_i 诚实遵守协议，那么收益为 U_i^h。当 P_i 采用策略 σ_i' 欺骗，而其他参与者采用指定的策略 σ_{-i} 时，令 *cheat* 表示这个基本事件，又分三种情况：当 P_i 了解秘密信息，而其他参与者不了解秘密信息时，P_i 收益为 U_i^+；当 P_i 了解秘密信息，而至少有一个其他参与者也了解秘密信息时，P_i 收益为 U_i；当 P_i 不了解秘密信息，其他参与者也不了解秘密信息时，P_i 收益为 U_i^-。用 *early* 表示 P_i 通过猜测秘密进行欺骗；*correct*、*false* 分别表示 P_i 通过猜测获得正确和错误的秘密值；用 *exact* 表示当 $r=r^*$ 时，P_i 恰好在第 r^* 轮偏离协议；用 *late* 表示 P_i 在 r^* 轮之后进行欺骗；$Pr[\cdot]$表示事件发生的概率。那么 P_i 在第 r 轮背离协议的期望收益模型为

$$\begin{aligned}E(U_i^{\text{expect}})=&U_i^+\cdot Pr[exact\mid cheat]\cdot Pr[cheat]+\\&U_i^+Pr[corrrct\mid early]\cdot Pr[early\mid cheat]\cdot\\&Pr[cheat]+U_i^-Pr[false\mid early]\cdot\\&Pr[early\mid cheat]\cdot Pr[cheat]+U_i\cdot Pr[late]\end{aligned}\tag{5-2}$$

当模型满足 $E(U_i^{\text{expect}})<U_i^h$ 时，参与者没有合谋背离云外包密码协议动机。

5.4.2 云外包密码协议计算公平性

计算公平性是密码协议长期以来研究的重点和难点，本小节针对现有云外包密码协议计算不公平问题，在声誉系统基础上构建密码协议计算公平性声誉模型，提出跨云非交互验证方法，设计密码协议计算公平性算法，使得参与者根据自身声誉和收益得失决定遵守云外包密码协议计算步骤，从而保证计算的公平性。理性密码协议云外包计算公平性模型如图 5-5 所示。

1. 理性密码协议云外包社交声誉模型

随着社交网络、大数据和云计算的发展，许多电子商务网站和虚拟社区都引入了声誉系统来管理整个平台用户的声誉。声誉理论的基本思想是：人们的历史行为将对未来的收益产生影响。

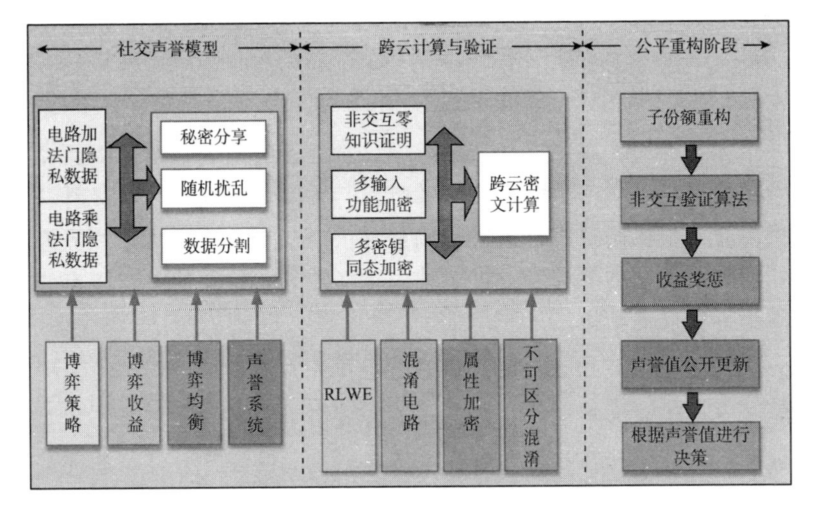

图 5-5　理性密码协议云外包计算公平性模型

研究将声誉系统引入云外包密码协议，针对云外包计算公平性需求，分析云租户和 CSP 行为、策略和收益，结合输入承诺方案、零知识证明和多方认证计算等算法，将参与者博弈策略、收益和均衡融入逻辑电路加法门、乘法门计算过程，并对云外包密码协议社交声誉系统建模，即在云外包密码协议 N 人社交团体中，一个社交博弈 $\Gamma=(A_i, T_i, u_i, u_i')(1\leqslant i\leqslant N)$，通过不同的参与者子集进行无限次重复博弈，参与者 P_i 有策略集 A_i、信誉值 T_i、长期收益功能 u_i 和实际收益功能 u_i'，令 $A=A_1\times\cdots\times A_N$ 是策略集。在每次博弈中，根据参与者的信誉值，分发者选择一个子集 $n\leqslant N$，声誉值高的参与者被选择的机会更高，参与者 P_i 基于本次博弈和将来博弈的收益得失，通过长期收益功能 $u_i: A\times T_i\mapsto R$ 评估其长期收益，然后 P_i 根据收益选择策略 a_i。令 $a=(a_1,\cdots,a_N)\in A$ 是当前博弈的结果，在当前博弈结束时，参与者根据 $u_i': A\mapsto R$ 计算本轮博弈的实际收益。每个参与者的声誉值 T_i 基于其在当前博弈的策略进行公开更新。令 $T_i^j(p)$ 是时间间隔 p 时刻参与者 P_j 给参与者 P_i 的信誉值，$T_i: N\mapsto R$ 是用来计算参与者 P_i 声誉的功能：

$$T_i(p)=\frac{1}{n-1}\sum_{j\neq i}T_i^j(p) \tag{5-3}$$

在云外包密码协议计算过程中，参与者的历史行为将对未来的收益产生影响。在根据参与者历史行为和策略基础上，设计社交声誉调整机制对声誉值进行调整和公开更新。这样可以为具有长期利益关系的参与者提供一种隐形激励机制，促使参与者有正确执行协议的动机。

2. 理性密码协议跨云计算非交互验证方法

下面研究多密钥同态算法和跨云非交互安全多方计算，在分析参与者社交理性收益和声誉系统基础上，设计跨云计算非交互验证方法。跨云非交互验证方法如图 5-6 所示。

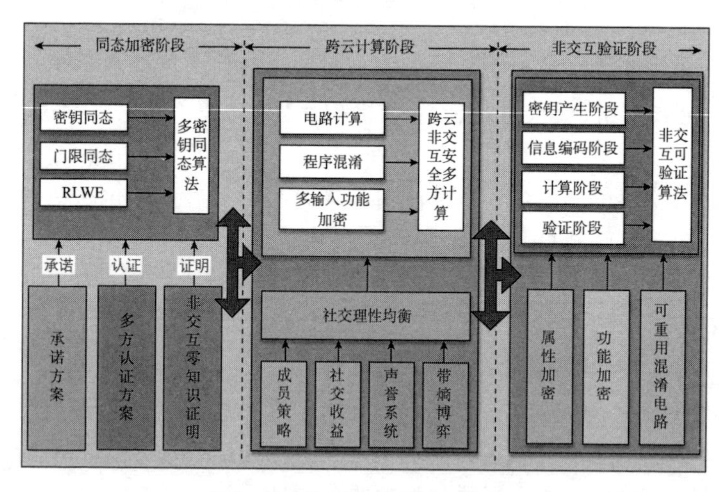

图 5-6　跨云非交互验证方法

(1) 设计多密钥同态加密方法：针对多方租户加密隐私数据的需求和特性，在研究密钥同态、门限同态和 RLWE 问题基础上，设计满足密钥同态性质的多密钥同态方案，实现多个租户使用不同密钥对多个密文进行同态加密。为了防止参与者欺诈背离

协议，应设计承诺方案和非交互零知识证明方案，参与者采用承诺方案对输入信息进行承诺，然后利用非交互零知识证明方案证明发送的确实是自己输入信息的承诺，这样以保证参与者输入信息的独立性和可验证性。

（2）理性密码协议跨云非交互安全计算：在分析成员策略、社交理性收益和声誉系统基础上，构建社交理性均衡，在满足该均衡时，理性的参与者会选择自觉遵守协议。然后 CSP 间融合程序混淆、电路计算和多输入功能加密，执行非交互安全多方计算协议获得计算结果，基于声誉和博弈收益考虑，每个 CSP 有动机将正确结果返给租户。

（3）提出跨云非交互验证计算方法：租户基于可重用混淆电路、属性加密和功能加密的非交互验证机制，对返回结果进行非交互验证。在维持良好声誉系统基础上，可随机减少验证次数，以增加算法的高效性。

3. 云外包理性密码协议计算公平性算法

（1）设计密文数据共享与分发技术：分析云外包密码协议计算特征，设计随机隐藏方法，在电路与门、异或门隐私保护方法基础上，利用秘密共享将电路输入值分割，融合承诺方案、不经意传输零知识证明和多方认证计算等密码算法，以保证参与者正确发送数据，将子份额发给 CSP 计算处理，实现跨云计算模式下密文数据安全共享。

（2）提出面向跨云计算模式的密文计算：针对跨云环境中多个授权机构并存的情况，在不可区分性混淆、混淆电路、属性加密和 RLWE 问题基础上，设计多输入功能加密和多密钥同态加密，不同参与者的数据使用不同的密钥进行加密。然后在 CSP 间执行多方密文计算，每个 CSP 得到计算结果的子份额，最后 CSP 将计算结果的子份额返给租户重构。

（3）设计公平的数据重构方法：设计云外包密码协议社交博弈框架，租户对收到的子份额进行重构，并且利用非交互论证方法验证 CSP 计算结果的正确性。如果 CSP 诚实合作将会得到收益奖赏，恶意背离会受到收益惩罚。根据 CSP 历史行为，公开更新声誉值，进而在未来交易时，租户根据声誉值来选择 CSP，促使 CSP 根据自身声誉和收益得失选择诚实执行协议，返回正确的计算结果子份额，促使租户能够公平地得到计算结果。

5.5 本章小结

本章研究了基于云外包计算的理性密码协议模型与方法，主要分析和设计了密码协议的博弈策略、博弈收益和防合谋均衡的公理化方法，提出可计算防合谋均衡以及合谋攻击检测和惩罚机制，构建防合谋博弈模型和方法，从而防止参与者合谋攻击。此外，本章还设计声誉调整机制和非交互验证方法，构建云外包密钥共享和云外包密码协议模型和框架，从而实现跨云数据共享和聚合计算隐私保护。

参考文献

[1] Hohenberger S, Lysyanskaya A. How to securely outsource cryptographic computations. Proceedings of Theory of Cryptography Conference, LNCS 3378, Springer, 2005: 264-282.

[2] Peter A, Tews E, Katzenbeisser S. Efficiently Outsourcing Multiparty Computation under Multiple Keys. IEEE Transactions on Information Forensics and Security, 2013, 8(12): 2046-2058.

[3] Chen X F, Susilo W, Li J, Wong D S, Ma J F. Efficient algorithms for secure outsourcing of bilinear pairings. Theoretical Computer Science, 2015, 562 (11): 112-121.

[4] Choi G S, Katz J, Kumaresan R, and Cid C. Multi-Client

Non-interactive Verifiable Computation. Proceedings of Theory of Cryptography Conference, LNCS 7785, Springer, 2013: 499-518.

[5] Lopez A, Tromer E, Vaikuntanathan V. On-the-Fly Multiparty Computation on the Cloud via Multikey Fully Homomorphic Encryption. Proceedings of the 44th Annual ACM Symposium on Theory of Computing, 2012: 1219-1234.

[6] Gordon S D, Katz J, et al. Multi-Client Verifiable Computation with Stronger Security Guarantees. Proceedings of Theory of Cryptography Conference, LNCS 9015, Springer, 2015: 144-168.

[7] Micali S. CS proofs. Proceedings of the 35th Annual Symposium on Foundations of Computer Science, 1994, 39: 436-453.

[8] Gennaro R, Gentry C, Parno B. Non-interactive Verifiable Computing: Outsourcing Computation to Untrusted Workers. Advances in Cryptology-CRYPTO' 2010, LNCS 6223, Springer, 2010: 465-482.

[9] Parno B, Raykova M, Vaikuntanathan V. How to Delegate and Verify in Public: Verifiable Computation from Attribute-Based Encryption. Proceedings of Theory of Cryptography Conference, Springer, 2012: 422-439.

[10] Goldwasser S, Kalai Y T, et al. Reusable garbled circuts and succinct functional encryption. Proceedings of the 44th Annual ACM Symposium on Theory of Computing, 2013: 555-564.

[11] Li J, Huang X Y, Li J W, et al. Securely outsourcing attribute-based encryption with checkabiltiy. IEEE Transactions on Parallel and Distributed Systems, 2014, 25(8): 2201-2210.

[12] 胡杏，裴定一，唐春明．可验证安全外包矩阵计算及其应用．中国科学：信息科学，2013，43(7)：842-852.

[13] Zhang F G, Xu M, Liu S L. Efficient computation outsourcing for inverting a class of homomorphic functions. Information Sciences, 2014, 286(1): 19-28.

[14] Chen X F, Huang X Y, Line J, et al. New Algorithms for Secure Outsourcing of Large-Scale Systems of Linear Equations. IEEE Transactions on Information Forensics and Security. 2015, 10(1): 69-78.

第6章　可证明安全的理性多秘密共享协议

本章利用前面构造的模型和方法，提出了一种在标准点对点通信网络下可证明安全的理性多秘密共享方案。在点对点通信网络下构造的秘密共享方案，解决了广播通信的缺陷，更加符合现实需要；同时，构造的理性多秘密共享方案解决了理性单秘密共享效率低下的问题，并且消除了理性方案中参与者合谋的动机。

6.1　秘密共享概述

秘密共享是信息安全领域研究的重要内容。经典的(m, n)门限秘密共享方案由Shamir[1]和Blakeley[2]于1979年分别提出。之后，针对参与者和分发者欺骗的问题，Chor等人[3]和Feldman[4]等人提出可验证秘密共享方案。但以上方案存在缺陷：在一次秘密共享过程中，只能共享一个秘密，如果要重构多个秘密，则方案存在效率低下的问题，如一个秘密被重构后，秘密分发者必须重新为参与者分发新的秘密份额。这样随着参与者及秘密数量的增加，方案的计算量明显增加，执行效率大大降低。裴庆祺等人[5]提出一种基于身份的自证实的秘密共享方案，在每次秘密分发过程中，秘密分发者不必重新分配秘密份额，可以一次性重构$p(p \geqslant 1)$个秘密。为了在一次共享过程中能共享多个秘密，文献[6-9]对多秘密共享进行了研究。Chien等人[6]基于系统分组码提出一种多秘密方案。Yang等人[7]基于Shamir方案提出一种多秘密共享方案。庞辽军等人[8]分别基于Shamir方案和ID提出一种多秘密共享方案。He等人[9]利用单向函数构造了一个多阶段秘密共享方案，在其方案中，分发者首先任意选 n 个数字$(y_1,\cdots,y_n)$，将 y_i 发给 P_i，然后构造 $f(x)=s+a_1x+a_2x^2+\cdots+a_{t-1}x^{t-1}$，计算 $z_i=f(x_i)$，$d_i=z_i-y_i$，$i=1,2,\cdots,n$，并公布 d_i 的值。参与者 P_i 可以通过 d_i+y_i 获得 z_i 的值，这样，参与者子份额 y_i 可以多次使用，从而能够达到重构多个秘密的目的。Harn 等人[10]提出了一种可验证的多秘密共享方案。

但是，文献[5，6，8]提出，在秘密重构阶段需要有可信的计算者参与。诚然，如果存在可信的计算者，那么方案可以工作在点对点通信网络下，根据秘密共享的性质可知，小于等于 $m-1$ 个合谋者也不能独自得到秘密。然而在网络环境下很难找到各参与方都信任的可信者，即使找到这样的可信者，他也可能成为网络资源的瓶颈，同时也会成为黑客集中攻击的对象。文献[8-10]指出，在同时广播通信网络下构造秘密共享方案，参与者同时发送子份额，这样存在参与者单独欺骗或者合谋欺骗的问题。例如，在重构过程中，一个参与者 A 没有广播他的子份额，而其他 $m-1$ 个人广播了各自的子份额，这样 A 则可以独享秘密(尽管参与者欺骗行为能被可验证的手段检验到，但为时已晚)。同样，如果参与者通过合谋，欺骗其他参与者，那么合谋集团将独得秘密。比如两个参与者合谋不广播或者广播错误的子份额，而其他 $m-2$ 个参与者广播正确的子份额，那么最终只有这两个合谋成员能获得秘密；如果 $m-1$ 个成员合谋欺骗，则他们只需要再骗取一个子份额即可。

Halpern 和 Teague[11]提出将博弈论引入秘密共享方案，之后虽然有一系列文献对理性秘密共享进行了研究[12-31]，但是都有一定的缺陷，诸如 Halpern 等人[11]的方案不能防止成员合谋，不适用于 2 人情况，另外存在分发者在线的问题。Cai 等人[14]通过对基于单向哈希函数的比特承诺协议进行改进，提出一种理性的多秘密方案，但不能防止成员合谋，且方案需要同时广播信道。为了消除在线的分发者，文献[16-17，24，26]利用了安全多方计算协议，

但这样容易造成复杂度增加、效率降低；而文献[11，16-23]需要同时广播信道。Kol 等人[25]的方案不依靠可计算假设，是信息论安全的，但该方案不能抵抗合谋，例如如果拥有短份额的参与者和拥有长份额的参与者合谋，则合谋者就能重构出秘密，而阻止其他人获得秘密。One 等人[27]构造的协议需要少量的诚实参与者参与。Asharov 等人[29]提出的方案中，假设只要有一个人先得到秘密，那么对于其他参与者来说，就没有动机欺骗，这与许多现实情况不符(许多情况下，即使参与者第二个得到秘密，那么他也不希望有更多的人得到秘密)。William 等人[30-31]在异步信道下提出了一种理性秘密共享方案，但是方案也需要有少量诚实的参与者。再有，以上所有的理性秘密共享方案均为单秘密共享方案，如果要共享多个秘密，则需要多次调用协议，这样效率低、计算量大。

另外，先前的理性秘密共享协议侧重于方案的实现和构造，而几乎都没有对方案进行严格的安全性分析和证明，如果缺少严格和缜密的安全证明，则不利于方案的推广和应用。综上，如何在点对点通信网络下，设计有效率的可证明安全的理性多秘密共享是急需解决的一个问题。

本节首先在同时广播通信网络下构造了一种理性多秘密共享方案，接着通过设置和延迟标志位的方法，将同时广播通信转化为单广播通信，然后利用拜占庭算法对单广播通信网络下的理性多秘密共享方案进行仿真，从而在标准点到点信道下构造了一种理性多秘密共享方案，最后利用归约证明的方法分析和证明了方案的安全性。

在本方案中，参与者使用各自的私钥对每一轮数字的加密，作为他们的秘密份额，秘密分发者只需计算一些公开信息，不需要进行秘密份额的分配，从而很大程度上提高了秘密分发的效率。在重构阶段，方案没有利用安全多方计算工具，同时无须可信的计算者参与。方案采用了多轮的设计思想，每个参与者不清楚协议当前轮是真秘密所在轮，还是检验参与者诚实度的测试轮，合谋成员偏离协议的期望收益没有遵守协议的收益大，理性的参与者没有动机合谋。最终，每个参与者在标准点对点通信网络下，能够公平地得到多个秘密。

6.2 基础知识

用 a_i 表示参与者 P_i 的策略，$a=(a_1,\cdots,a_n)$表示所有参与者的策略组合，a_{-i}表示除P_i 外其他人的策略，$(a_i',a_{-i})=(a_1,\cdots,a_{i-1},a_i',a_{i+1},\cdots,a_n)$表示参与者 P_i 的策略改为a_i'，$\mu_i(a)$表示P_i 在给定策略集a 的条件下的收益。

在理性秘密共享协议中，参与者的最大收益是了解秘密，其次是让尽可能少的其他人了解秘密。我们用$\mu_i(o)$表示 P_i 关于结果o 的效益函数，用U^+,U,U^-,U^{--}表示参与者在以下几种情况下的收益：① 当o 表示P_i 了解秘密，而其他参与者不了解秘密时，那么$u_i(o)=U^+$；② 当o 表示P_i 了解秘密，而至少有一个其他参与者也了解秘密时，那么$u_i(o)=U$；③ 当o 表示P_i 不了解秘密，其他参与者也不了解秘密时，那么$u_i(o)=U^-$；④ 当o 表示P_i 不了解秘密，而至少有一个其他参与者了解秘密时，$u_i(o)=U^{--}$。它们之间的关系是$U^+>U>U^->U^{--}$。相关基础知识和模型请参考前面章节。

定义 6-1(双线性映射) 设$(G_1,+)$和$(G_2,+)$是 2 个阶为素数p 的循环群，其中前者为加法群，后者是乘法群，令g 为G_1 的生成元。如果一个二元函数$e:G_1\times G_1\rightarrow G_2$ 满足：

(1) 双线性：① 对任意的$P_1,P_2,Q\in G_1,e(P_1+P_2,Q)=e(P_1,Q)\cdot e(P_2,Q)$；

② 对任意的$P,Q_1,Q_2\in G_1,e(P,Q_1+Q_2)=e(P,Q_1)\cdot e(P,Q_2)$；

(2) 非退化性：存在$P,Q\in G_1$，使得$e(P,Q)\neq 1$；

(3) 可计算性：对任何$P,Q\in G_1$，都存在有效的算法来计算

$e(P,Q)$。

则称 e 为双线性映射。双线性映射可以由 Weil 映射和 Tate 映射得到。

定义 6-2(双线性 Diffie-Hellman 问题)　对给定的 $aP,bP,cP \in G_1$,计算 $e(P,P)^{abc}$ 是非常困难的，这里 $abc \in Z_n^*$ 是未知的整数，该问题也称为 BDH 问题。

定义 6-3(判定双线性 Diffie-Hellman 逆问题假设)　具有多项式时间能力的敌对者不能以不可忽略的优势区分四元组$(g,g^x,\cdots,g^{(xq)},e(g,g)^{1/x})$和$(g,g^x,\cdots,g^{(xq)},\Gamma)$，$x \in Z_n^*,\Gamma \in G_2$，该假设也称为 q-DBDHI 问题。

本章采用了可验证随机函数[32]，已经有一系列文献[32-35]对其进行了研究。可验证随机函数可以用来验证函数的输出是否和输入一致。一个可验证随机函数 $F_{(.)}(\cdot):\{0,1\}^{a(k)} \rightarrow \{0,1\}^{b(k)}$ 由三部分组成：公私钥产生模块 $\text{Gen}(1^k)$、计算模块 $F_{SK}(x)=(E_{SK}(x),\pi_{SK}(x))$（其中 $E_{SK}(x)$是函数值，$\pi_{SK}(x)$是证据）和验证模块 $V_{PK}(x,y,\pi)$。可验证随机函数主要满足以下三个性质：

(1) 唯一性：不存在值$(PK,x,y_1,y_2,\pi_1,\pi_2)$能满足

$$\text{VER}_{PK}(x,y_1,\pi_1)=\text{VER}_{PK}(x,y_2,\pi_2)。$$

(2) 可验证性：如果$(y,\pi)=(E_{SK}(x),\pi_{SK}(x))$，那么 $\text{VER}_{PK}(x,y,\pi)=1$。

(3) 伪随机性：对于任意的概率多项式算法 $T=(T_E,T_J)$满足

$$Pr\left[b=b' \left| \begin{array}{l} (PK,SK)\leftarrow \text{Gen}(1^k);(x,state)\leftarrow T_{F(\cdot)E}(PK); \\ y_0=E_{SK}(x);y_1=\{0,1\}^{b(k)} \\ b\leftarrow\{0,1\}\ ;b'\leftarrow T_{F(\cdot)E}(y_b,state) \end{array} \right.\right] \leqslant 1/2+negl(k) \tag{6-1}$$

文献[35]基于双线性对构造了一种高效的可验证随机函数，方案如下。

(1) 公私钥产生模块 $\text{Gen}(1^k)$：输入 1^k，输出 $SK=s,PK=g^s$。

(2) 加密模块 $F_{SK}(x)$：输入 SK, x，输出

$$y = F_{SK}(x) = e(g, g)^{1/(x+SK)} \tag{6-2}$$

(3) 证据模块 $\pi_{SK}(x)$：输入 SK, x，输出

$$\pi = \pi_{SK}(x) = g^{1/(x+SK)} \tag{6-3}$$

(4) 验证模块 $V_{PK}(x, y, \pi)$：判定 y 是否是与输入 x 对应的输出，输入(PK, x, y, π)，验证(6-4)式和(6-5)式是否成立。

$$e(g^x \cdot PK, \pi) = e(g, g) \tag{6-4}$$

$$y = e(g, \pi) \tag{6-5}$$

若两式都成立输出 1，否则输出 0。

6.3 同时广播通信网络下理性多秘密共享协议

6.3.1 系统参数

令 $P=\{P_0, \cdots, P_n\}$表示 n 个参与者，用 $s_0, s_1, \cdots, s_{p-1}$表示 p 个秘密，$h:\{0, 1\}^* \to Z_p^*$ 为防碰撞哈希函数，F_q 为包含 q 个元素的有限域，其中 q 为一个大素数，系统工作在 F_q 上。

6.3.2 秘密分享阶段

在秘密分享阶段，分发者依照以下步骤进行工作。

(1) 分发者根据几何分布选择 $r^* \in \mathbf{Z}^+$ ($\mathbf{Z}^+$ 为正整数集)，几何分布的参数为 λ(一次贝努利实验中秘密出现的概率)，λ 的值取决于参与者的效益，如果参与者的效益很大，则可将 λ 设置小一点，增加协议的期望执行轮数以增大参与者背离协议的风险(协议的模型是建立在完全信息静态博弈下的，参与者对他人采取策略的收益是完全了解的，每个参与者都能通过 6.5 节介绍的公式(6-16)～(6-18)计算获得 λ 的值。每个参与者也都清楚，分发者一定会采取这样的 λ 值来防范参与者背离协议，但参与者无法了解分发者选择的 r^* 的值)。分发者使用 Gen(1^k)模块产生(pk_1, sk_1)，

$\cdots,(pk_n, sk_n)$，其中 $pk_n = g^{sk_n}$。

(2) 秘密分发者使用 n 个数值对 $(h(ID_1 \parallel r^*), F_{sk_1}(r^*))$，$\cdots,(h(ID_n \parallel r^*), F_{sk_n}(r^*))$ 和 $(0,s_0),(1,s_1),\cdots,(p-1,s_{p-1})$ 确定一个 $n+p-1$ 次多项式，如式(6-6)所示：

$$
\begin{aligned}
G(x) &= \sum_{i=1}^{n} F_{sk_i}(r^*) \prod_{j=1,j\neq i}^{n} \frac{x-h(ID_j \parallel r^*)}{h(ID_i \parallel r^*)-h(ID_j \parallel r^*)} \prod_{j=0}^{p-1} \frac{x-j}{h(ID_i \parallel r^*)-j} \\
&\quad + \sum_{i=0}^{p-1} s_i \prod_{j=1,j\neq i}^{p-1} \frac{x-j}{i-j} \prod_{j=1}^{n} \frac{x-h(ID_j \parallel r^*)}{i-h(ID_j \parallel r^*)} \bmod q \\
&= a_0^{r^*} + a_1^{r^*} x + a_2^{r^*} x^2 + \cdots + \cdots + a_{n+p-1}^{r^*} x^{n+p-1}
\end{aligned} \tag{6-6}
$$

令 $V_0^{r^*} = s_0 \oplus G(0), V_1^{r^*} = s_1 \oplus G(1), \cdots, V_{p-1}^{r^*} = s_{p-1} \oplus G(p-1)$。

(3) 为了防止 x 坐标的值和 $h(ID_i \parallel r)(i=1,2,\cdots,n, r=1,2,\cdots,r^*)$ 重复，分发者从 $[p,q-1]-\{h(ID_i \parallel r) \mid i=1,2,\cdots,n, r=1,2,\cdots,r^*\}$ 中选取 $n+p-m$ 个最小的整数 $d_1,\cdots,d_{n+p-m}$。

(4) 将 sk_i 通过安全信道传给参与者 i，同时公布如下数据：①公钥 $pk_i(i=1,2,\cdots,n)$；②$n+p-m$ 个二元数组 $(d_1, G(d_1))$，$\cdots,(d_{n+p-m}, G(d_{n+p-m}))$；③$V_j^{r^*} = s_j \oplus G(j)(j=0,\cdots,p-1)$；④$h(a_k^{r^*})(k=0,\cdots,n+p-1)$，其中 $a_k^{r^*}$ 为多项式 $G(x)$ 系数。

6.3.3　秘密重构阶段

在第 r 轮 $(r=1,\cdots,r^*)$，参与者做以下工作。

(1) 参与者 $(i=1,2,\cdots,m)$ 同时广播发送 $y_i^r = F_{sk_i}(r) = e(g,g)^{1/(r+sk_i)}$，$\pi_i^r = \pi_{sk_i}(r) = g^{1/(r+sk_i)}$ 给其他参与者。

(2) 参与者 i 收到 $y_i^r, \pi_i^r(j=0,1,\cdots,i-1,i+1,\cdots,n)$，判断 $e(g^r \cdot pk_j, \pi_j^r) = e(g,g)$ 与 $y_j^r = e(g, \pi_j^r)$ 是否成立。若两式都成立输出1，执行第(3)步，否则输出0(即出现欺骗行为)，协议终止。

(3) P_i 利用参与者身份信息可以构造 m 个数值对 $(h(ID_1 \parallel r), F_{sk_1}(r)),\cdots,(h(ID_m \parallel r), F_{sk_m}(r))$，结合 $(d_1, G(d_1)),\cdots,(d_{n+p-m}, G(d_{n+p-m}))$ 共 $n+p$ 个数值对可以确定一个 $n+p-1$ 次

多项式，如式(6-7)所示：

$$\begin{aligned}P(x) &= \sum_{u=1}^{m} F_{sk_u}(r) \prod_{j=1,j\neq u}^{m} \frac{x-h(ID_j \parallel r)}{h(ID_u \parallel r)-h(ID_j \parallel r)} \prod_{k=1}^{n+p-m} \frac{x-d_k}{h(ID_u \parallel r)-d_k} + \\ &\quad \sum_{i=1}^{n+p-m} G(d_i) \prod_{k=1,k\neq i}^{n+p-m} \frac{x-d_k}{d_i-d_k} \prod_{u=1}^{m} \frac{x-h(ID_u \parallel r)}{d_i-h(ID_u \parallel r)} \bmod q \\ &= b_0^r + b_1^r x + b_2^r x^2 + \cdots + \cdots + b_{n+p-1}^r x^{n+p-1} \qquad (6\text{-}7)\end{aligned}$$

(4) 如果 $h(a_k^{r^*})=h(b_k^r)(k=0,\cdots,n+p-1)$，那么这 p 个秘密为 $s_i=P(i)\oplus V_i^{r^*}$ $(i=0,1,\cdots,p-1)$，协议结束，否则，协议进行到下一轮。

6.4 点对点通信网络下理性多秘密共享协议

本节利用标志位来标志真秘密所在轮的下一轮，即当参与者重构出信号标志时，说明上一轮已经重构出秘密。这样首先将同时广播通信信道转变为单广播信道，然后采用拜占庭算法，对单广播信道的理性多秘密共享协议进行模拟，最终达到在标准点对点网络下通信的效果。

6.4.1 系统参数

令 $P=\{P_0,\cdots,P_n\}$表示 n 个参与者，用 $s_0,s_1,\cdots,s_{p-1}$表示 p 个秘密，$h:\{0,1\}^*\to Z_p^*$ 为防碰撞哈希函数，F_q 为包含 q 个元素的有限域，其中 q 为一个大素数，系统工作在 F_q 上。

6.4.2 秘密分享阶段

在秘密分享阶段,分发者依照以下步骤进行工作。

(1) 分发者根据几何分布选择 $r^*\in \mathbf{Z}^+$ ($\mathbf{Z}^+$ 为正整数集)，几何分布的参数为 λ(一次贝努利实验中秘密出现的概率)，λ 的值取决于参与者的效益，如果参与者的效益很大，则可将 λ 设置小一点，增加协议的期望执行轮数以增大参与者背离协议的风险(协议

的模型建立在完全信息静态博弈下，参与者对他人采取策略的收益是完全了解的，每个参与者都能通过6.5节介绍的公式(6-16)～(6-18)计算获得λ的值，每个参与者也都清楚，分发者一定会采取这样的λ值来防范参与者背离协议，但参与者无法了解分发者选择的r^*的值)。分发者使用Gen(1^k)模块产生(pk_1, sk_1)，…，(pk_n, sk_n)，其中$pk_n = g^{sk_n}$。

(2) 秘密分发者使用n个数值对$(h(ID_1 \| r^*), F_{sk_1}(r^*))$，…，$(h(ID_n \| r^*), F_{sk_n}(r^*))$和$(0, s_0)$，$(1, s_1)$，…，$(p-1, s_{p-1})$确定一个$n+p-1$次多项式，如式(6-8)所示。使用$(h(ID_1 \| r^*+1), F_{sk_1}(r^*+1))$，…，$(h(ID_n \| r^*+1), F_{sk_n}(r^*+1))$和$(0, s_0)$，$(1, s_1)$，…，$(p-1, s_{p-1})$确定另一个$n+p-1$次多项式，如式(6-9)所示。

$$
\begin{aligned}
G(x) = & \sum_{i=1}^{n} F_{sk_i}(r^*+1) \prod_{j=1, j\neq i}^{n} \frac{x - h(ID_j \| r^*+1)}{h(ID_i \| r^*+1) - h(ID_j \| r^*+1)} \prod_{j=0}^{p-1} \frac{x-j}{h(ID_i \| r^*+1) - j} + \\
& \sum_{i=0}^{p-1} s_i \prod_{j=0, j\neq i}^{p-1} \frac{x-j}{i-j} \prod_{j=1}^{n} \frac{x - h(ID_j \| r^*+1)}{d_i - h(ID_j \| r^*+1)} \bmod q \\
= & (a_0^{r^*+1} + a_1^{r^*+1} x + a_2^{r^*+1} x^2 + \cdots + \cdots + a_{n+p-1}^{r^*+1} x^{n+p-1}) \bmod q
\end{aligned} \tag{6-8}
$$

$$
\begin{aligned}
G'(x) = & \sum_{i=1}^{n} F_{sk_i}(r^*+1) \prod_{j=1, j\neq i}^{n} \frac{x - h(ID_j \| r^*+1)}{h(ID_i \| r^*+1) - h(ID_j \| r^*+1)} \prod_{j=0}^{p-1} \frac{x-j}{h(ID_i \| r^*+1) - j} + \\
& \sum_{i=0}^{p-1} s_i \prod_{j=0, j\neq i}^{p-1} \frac{x-j}{i-j} \prod_{j=1}^{n} \frac{x - h(ID_j \| r^*+1)}{d_i - h(ID_j \| r^*+1)} \bmod q \\
= & (a_0^{r^*+1} + a_1^{r^*+1} x + a_2^{r^*+1} x^2 + \cdots + \cdots + a_{n+p-1}^{r^*+1} x^{n+p-1}) \bmod q
\end{aligned} \tag{6-9}
$$

令$V_0^{r^*} = s_0 \oplus G(0)$，$V_1^{r^*} = s_1 \oplus G(1)$，…，$V_{p-1}^{r^*} = s_{p-1} \oplus G(p-1)$。

(3) 为了防止x坐标的值和$h(ID_i \| r)$($i=1,2,\cdots,n$，$r=1,2,\cdots,r^*$)重复，分发者从$[p, q-1] - \{h(ID_i \| r) \mid (i=1,2,\cdots,n, r=1,2,\cdots,r^*\}$中选取$n+p-m$个数$d_1, \cdots, d_{n+p-m}$，计算$G(d_k)$和$G'(d_k)$，$k=1,2,\cdots,n+p-m$。

(4) 将sk_i通过安全信道传给参与者i，同时公布如下数据：① 公钥pk_i($i=1,2,\cdots,n$)；② $(d_1, G(d_1))$，…，$(d_{n+p-m}, G(d_{n+p-m}))$，$(d_1, G'(d_1))$，…，$(d_{n+p-m}, G'(d_{n+p-m}))$；③ $V_j^{r^*} = s_j \oplus G(j)$($j=0,\cdots,p-1$)；④ $h(a_k^{r^*+1})$($k=0,\cdots,n+p-1$)，其中

$a_k^{r^*+1}$ 为多项式$G'(x)$的系数。

6.4.3 秘密重构阶段

在第 r 轮($r=1,\cdots,r^*+1$)，参与者做以下工作。

(1) 令 $v_i=(F_{sk_i}(r),\pi_{sk_i}(r))$。参与者 $i(i=1,2,\cdots,m)$按升序发送(v_i,sig_i)给其他参与者，其中 sig_i 为对 v_i 的签名。

(2) P_i 收到 P_j 发的信息$(v_l,\cdots,sig'_j)(1\leqslant l\leqslant m)$。如果$(v_l,\cdots,sig'_j)=(v_l,sig_l,\cdots,sig'_j)$，则表示本次发送的信息是 P_l 的。P_i 对信息$(v_l,\cdots,sig'_j)$签名后，将$(v_l,\cdots,sig'_j,sig'_i)$发送给其他人。但是 P_i 最多只发一次对 P_l 信息的签名。

(3) 每个参与者 P_i 计算如下：如果 P_i 从没收到P_l 信息的签名信息，或者收到签名信息$(v_l,sig_l,\cdots)$和$(v'_l,\cdots,sig_l,\cdots)$并且$v_l\neq v'_l$，那么证明 P_l 是恶意的，P_i 中断协议。如果 P_i 收到的$m-1$个关于 v_i 的签名都一样，则 P_i 可知道 P_l 的子份额信息为 v_i。

(4) P_i 收到 v_j 后，判断 $e(g^r\cdot pk_i,\pi_j^r)=e(g,g)$与 $y_j^r=e(g,\pi_j^r)$是否成立。若不成立，那么 P_i 利用参与者身份信息可以构造m 个数值对$(h(ID_1\parallel r-1),F_{sk_1}(r-1)),\cdots,(h(ID_m\parallel r-1),F_{sk_m}(r-1))$，结合$(d_1,G(d_1)),\cdots,(d_{n+p-m},G(d_{n+p-m}))$共$n+p$ 对可以确定一个$n+p-1$ 次多项式，如式(6-10)所示：

$$
\begin{aligned}
P(x)=&\sum_{u=1}^{m}F_{sk_u}(r)\prod_{j=1,j\neq u}^{m}\frac{x-h(ID_j\parallel r-1)}{h(ID_u\parallel r-1)-h(ID_j\parallel r-1)}\prod_{k=1}^{n+p-m}\frac{x-d_k}{h(ID_u\parallel r-1)-d_k}+\\
&\sum_{i=1}^{n+p-m}G(d_i)\prod_{k=1,k\neq i}^{n+p-m}\frac{x-d_k}{d_i-d_k}\prod_{u=1}^{m}\frac{x-h(ID_u\parallel r-1)}{d_i-h(ID_u\parallel r-1)}\bmod q\\
=&b_0^{r-1}+b_1^{r-1}x+b_2^{r-1}x^2+\cdots+\cdots+b_{n+p-1}^{r-1}x^{n+p-1}
\end{aligned}\tag{6-10}
$$

令 $s_i=P(i)\oplus V_i^{r^*}(i=0,1,\cdots,p-1)$，协议终止；若等式成立，协议继续。

(5) P_i 利用参与者身份信息可以构造 m 个数值对$(h(ID_1\parallel r),F_{sk_1}(r)),\cdots,(h(ID_m\parallel r),F_{sk_m}(r))$，结合$(d_1,G'(d_1)),\cdots,(d_{n+p-m},G'(d_{n+p-m}))$共 $n+p$ 个数值对可以确定一个$n+p-1$ 次多项式，如式(6-11)所示：

$$P'(x)=\sum_{u=1}^{m}F_{sk_u}(r)\prod_{j=1,j\neq u}^{m}\frac{x-h(ID_j\parallel r)}{h(ID_u\parallel r)-h(ID_j\parallel r)}\prod_{k=1}^{n+p-m}\frac{x-d_k}{h(ID_u\parallel r)-d_k}+$$
$$\sum_{i=1}^{n+p-m}G'(d_i)\prod_{k=1,k\neq i}^{n+p-m}\frac{x-d_k}{d_i-d_k}\prod_{u=1}^{m}\frac{x-h(ID_u\parallel r)}{d_i-h(ID_u\parallel r)}\bmod q$$
$$=b_0^r+b_1^r x+b_2^r x^2+\cdots+b_{n+p-1}^r x^{n+p-1}\tag{6-11}$$

(6) 如果 $h(a_k^{r^*+1})=h(b_k^r)(k=0,\cdots,n+p-1)$，那么可判断 $r=r*+1$，P_i 利用 m 个数值对 $(h(ID_1\parallel r-1),F_{sk_1}(r-1))$，$\cdots$，$(h(ID_m\parallel r-1),F_{sk_m}(r-1))$，结合 $(d_1,G(d_1))$，$\cdots$，$(d_{n+p-m},G(d_{n+p-m}))$ 共 $n+p$ 个数值对可以确定一个 $n+p-1$ 次多项式，如式(6−11)所示，这 p 个秘密为 $s_i=P_i\oplus V_i^{r^*}$ $(i=0,1,\cdots,p-1)$，协议结束；否则，协议进行到下一轮。

6.5　协议分析

引理 6-1　如果参与者知道博弈什么时候结束，那么他将没有合作的动机。

证明　如果参与者知道博弈在哪一轮结束，那么在这一轮欺骗者通过欺骗将独得秘密，因为不害怕有进一步的惩罚措施，所以他们就没有合作的动机，那么用逆向归纳法来分析，在每一轮，所有的参与者将保持沉默，秘密不会被重构。而在本方案中，参与者不清楚秘密会在哪一轮中出现，也不知道博弈会在哪一轮结束，所以他们有动机合作。

6.5.1　正确性分析

定理 6-1　参与者能通过判断 $e(g^r\cdot pk_j,\pi_j^r)=e(g,g)$ 与 $y_j^r=e(g,\pi_j^r)$ 是否成立，验证参与者发送份额的正确性。

证明

$$\begin{aligned}e(g^r\cdot pk_j,\pi_j^r)&=e(g^r\cdot g^{skj},g^{1/(r+skj)})\\&=e(g^{r+skj},g^{1/(r+skj)})\\&=e(g,g)^{(r+skj)/(r+skj)}\end{aligned}$$

$$=e(g,g) \tag{6-12}$$

又

$$\begin{aligned} y_j^r &= e(g,g)^{1/(r+sk_j)} \\ &= e(g,g^{1/(r+sk_j)}) \\ &= e(g,\pi_j^r) \end{aligned} \tag{6-13}$$

这样，每一位参与者都能确信他所获得的子份额是合法有效的。

定理 6-2 在 SBC 模型下，如果 $h(a_k^{r^*})=h(b_k^r)(k=0,\cdots,n+p-1)$，那么这 p 个秘密为 $P_i=P(i)\oplus V_i^{r^*}(i=0,1,\cdots,p-1)$。

证明 在第 r 轮时，P_i 利用参与者身份信息可以构造 m 个数值对 $(h(ID_1\parallel r),F_{sk_1}(r)),\cdots,(h(ID_m\parallel r),F_{sk_m}(r))$，结合 $(d_1,G(d_1)),\cdots,(d_{n+p-m},G(d_{n+p-m}))$ 共 $n+p$ 个数值对可以确定一个 $n+p-1$ 次多项式，如式(6-14)所示：

$$\begin{aligned} P(x) = & \sum_{u=1}^{m} F_{sk_u}(r) \prod_{j=1,j\neq u}^{m} \frac{x-h(ID_j\parallel r)}{h(ID_u\parallel r)-h(ID_j\parallel r)} \prod_{k=1}^{n+p-m} \frac{x-d_k}{h(ID_u\parallel r)-d_k} + \\ & \sum_{i=1}^{n+p-m} G(d_i) \prod_{k=1,k\neq i}^{n+p-m} \frac{x-d_k}{d_i-d_k} \prod_{u=1}^{t} \frac{x-h(ID_u\parallel r)}{d_i-h(ID_u\parallel r)} \bmod q \\ = & b_0^r + b_1^r x + b_2^r x^2 + \cdots + \cdots + b_{n+p-1}^r x^{n+p-1} \end{aligned} \tag{6-14}$$

又

$$\begin{aligned} G(x) = & \sum_{i=1}^{n} F_{sk_i}(r^*) \prod_{j=1,j\neq i}^{n} \frac{x-h(ID_j\parallel r^*)}{h(ID_i\parallel r^*)-h(ID_j\parallel r^*)} \prod_{j=0}^{p-1} \frac{x-j}{h(ID_i\parallel r^*)-j} + \\ & \sum_{i=0}^{p-1} s_i \prod_{j=0,j\neq i}^{p-1} \frac{x-j}{i-j} \prod_{j=1}^{n} \frac{x-h(ID_j\parallel r^*)}{d_i-h(ID_j\parallel r^*)} \bmod q \\ = & \sum_{u=1}^{n} F_{sk_u}(r^*) \prod_{j=1,j\neq u}^{m} \frac{x-h(ID_j\parallel r^*)}{h(ID_u\parallel r^*)-h(ID_j\parallel r^*)} \prod_{k=1}^{n+p-m} \frac{x-d_k}{h(ID_u\parallel r^*)-d_k} + \\ & \sum_{i=1}^{n+p-m} G(d_i) \prod_{k=1,k\neq i}^{n+p-m} \frac{x-d_k}{d_i-d_k} \prod_{u=1}^{t} \frac{x-h(ID_u\parallel r^*)}{d_i-h(ID_u\parallel r^*)} \bmod q \end{aligned} \tag{6-15}$$

如果 $h(a_k^{r^*})=h(b_k^r)(k=0,\cdots,n+p-1)$，则 $r=r^*$，此时多项式 $P(x)=G(x)$，又因为 $V_0^{r^*}=s_0\oplus G(0),V_1^{r^*}=s_1\oplus G(1),\cdots,V_{p-1}^{r^*}=s_{p-1}\oplus G(p-1)$，所以这 p 个秘密为 $s_i=P(i)\oplus V_i^{r^*}(i=0,1,\cdots,p-1)$。定理可证，点对点模型下的证明类似。

6.5.2　安全性分析

可证明安全性理论是一种公理化的研究方法，其在计算复杂性理论的框架下，利用归约的方法将基础密码模块归约到对安全协议的攻击。假如存在一个攻击者能够对密码协议发动有效的攻击，那么就可以利用该攻击者构造一个算法用于求解困难问题(如大整数分解、二次剩余、离散对数、q-DBDHI 等)或者破解基础密码模块。本节首先用可证明安全的理论方法，证明攻击者不能获得和伪造信息，然后借助博弈论分析了本协议中理性的参与者没有合谋攻击的动机。下面首先分析 SBC 模型的安全性。

引理 6-2　如果具有多项式计算能力的攻击者 A 能以 ε 优势突破本协议算法，构造出假的 VRF 输出值的话，则可以构造一个模拟算法 B 以不可忽略的优势求解 q-DBDHI 困难问题。

证明　假设存在攻击者 A 能够以至少$\frac{1}{2}+\varepsilon(k)$的概率区分 $y=F_{SK}(x)=e(g,g)^{1/(x+SK)}$ 和 G_2 中的一个随机元素的话，下面我们以 A 为基础构造求解 DBDHI 问题的算法 B，即给定$(g,g^{\alpha},\cdots,g^{(\alpha q)},\Gamma)$，$\Gamma$ 或者为 $e(g,g)^{1/\alpha}$ 或者是 G_2 中的一个随机元素，B 试图以不可忽略的优势区分，如果 Γ 为 $e(g,g)^{1/\alpha}$ 就输出 0，否则输出 1。

初始化阶段：假设 A 选择伪造某一个输入 x_0 的 VRF 值，模拟算法 B 令$\chi=\alpha-x_0$，定义一个函数 $m(o)=\sum_{j=0}^{q-1}c_j o^j$，$m'(o)=\sum_{j=0}^{q-2}c_j o^j$，计算 $n=g^{m(\beta)}$，得到 $PK=n^{\chi}$ 和 $SK=\chi$作为公钥和私钥。系统在 B 视野外投币随机选择 ξ，如果 $\xi=0$，系统设置 $\Gamma=e(g,g)^{1/\alpha}$，如果 $\xi=1$，系统设置 Γ 是 G_2 中的随机元素。

询问挑战阶段：攻击者 A 选择两个等长的值 x_0,x_1 发给模拟算法 B，B 随机选择一个 ψ，$\psi=0$ *or* 1 值后生成 $\pi_{\psi}=\pi_{SK}(x_{\psi})=$

$n^{1/x_\psi+\chi}$，$y_\psi = F_{SK}(x_\psi) = e(n,n)^{1/x_\psi+\chi}$。设 $\Gamma * = \Gamma^{r^2} e(g,g)^{(f(\beta)^2-r^2)/\alpha}$，这里如果 $\Gamma = e(g,g)^{1/\alpha}$，那么 $\Gamma * = (n,n)^{1/\alpha}$。将 $\pi_\psi, y_\psi, \Gamma *$ 发给攻击者 A，即当 $\xi=0$，$\Gamma=e(g,g)^{1/\alpha}$，所以 $\Gamma * = (n,n)^{1/\alpha}$ 是有效的信息，当 $\xi=1$，因为 Γ 为随机数，所以 $\Gamma *$ 也是随机的信息。

猜测阶段：A 给出猜测的值 ψ'，如果 $\psi' \neq \psi$，则模拟算法 B 输出 $\xi'=0$；如果 $\psi' \neq \psi$，则算法 B 输出 $\xi'=1$。

下面来分析 B 的优势，当 $\xi=1$ 时，攻击者得到的是随机的信息，有 $Pr[\psi' \neq \psi | \xi=1] = \frac{1}{2}$，算法 B 在 $\psi' \neq \psi$ 时猜测 $\xi'=1$，所以 $Pr[\xi' \neq \xi | \xi=1] = \frac{1}{2}$。当 $\xi=0$ 时，攻击者得到的是有效的信息，此时攻击者的优势为 ε，所以有 $Pr[\psi' \neq \psi | \xi=0] = \frac{1}{2} + \varepsilon$，算法 B 在 $\psi' \neq \psi$ 时猜测 $\xi'=0$，因此 $Pr[\xi' \neq \xi | \xi=0] = \frac{1}{2} + \varepsilon$。那么算法 B 破解 q-DBDHI 中的优势为：

$$
\begin{aligned}
&Pr[\xi' \neq \xi \mid \xi=1] + Pr[\xi' \neq \xi \mid \xi=0] - \frac{1}{2} \\
&= \frac{1}{2}\left(\frac{1}{2}+\varepsilon\right) + \frac{1}{2} \times \frac{1}{2} - \frac{1}{2} \\
&= \frac{\varepsilon}{2}
\end{aligned} \tag{6-16}
$$

定理得证。

引理 6-3 任何少于等于 $m-1$ 个参与者合作不能获得关于 p 个秘密的信息。

证明 公开的信息 $(d_1, G(d_1)), \cdots, (d_{n+p-m}, G(d_{n+p-m}))$ 中总共有 $n+p-m$ 个数值对，个数少于多项式 $G(x)$ 的次数，即使 P_i 可以利用 $m-1$ 个数值对 $(h(ID_1 \| r-1), F_{sk_1}(r-1)), \cdots, (h(ID_{m-1} \| r-1), F_{sk_m-1}(r-1))$ 和公开数值对结合，也至多可

以获得 $n+p-1$ 个数值对，这样不可以确定一个 $n+p-1$ 次多项式。但是如果有 m 个参与者合作，结合公开信息则能够唯一确定一个 $n+p-1$ 次多项式，如式(6-10)所示。

定理 6-3　在满足式(6-19)的条件下，本节设计的协议满足可计算防合谋均衡，理性的参与者有动机执行协议。

证明　在理性秘密共享方案秘密重构阶段，没有可信者存在的，参与者根据自身效益来决定是否同时发送正确的子份额，这时就存在参与者合谋的问题，比如最简单的情况是两个人合谋，只要这两个人在发送子份额时发送错误的信息，而其他参与者发送正确的信息，那么这两个合谋成员将独得秘密，而其他成员则得不到正确的秘密，虽然事后该两个合谋成员的行为能被可验证的方法发现欺骗。通过引理 6-2 知，攻击者不能伪造信息。通过引理 6-3 知，任何少于 $m-1$ 个参与者合作，不能获得关于 p 个秘密的信息，在我们所提出的方案中，每一个合谋集团 $T\subset[n]$，$|T|\leqslant m-1$ 中的合谋者不能通过合谋获得当前轮是否是 $r*$ 轮。如果合谋者在参与协议前想了解秘密，他们只能通过猜测秘密，猜对的概率为 β^T，合谋者 P_i 获得效益为 U_i^+。如果猜错秘密，概率为 $1-\beta^T$，合谋者 P_i 获得效益为 U_i^-。所以合谋者 P_i 的期望收益为

$$E(U_i^{T\text{guess}})=\beta^T\cdot U_i^+ +(1-\beta^T)\cdot U_i^- \tag{6-17}$$

如果合谋成员参与协议时，恰好在 r^* 轮进行攻击，概率 λ^T，那么合谋者 P_i 获得效益为 U_i^+，否则合谋者 P_i 获得效益为 $E(U_i^{T\text{guess}})$。因此合谋者 P_i 的期望收益至多为

$$\lambda^T\cdot U_i^+ +(1-\lambda^T)\cdot E(U_i^{T\text{guess}}) \tag{6-18}$$

如果合谋成员遵守协议，那么合谋者 P_i 获得效益为 U_i，所以当满足式(6-19)时，合谋成员将没有偏离协议的动机。

$$U_i>\lambda^T\cdot U_i^+ +(1-\lambda^T)\cdot E(U_i^{T\text{guess}}) \tag{6-19}$$

考虑到加密算法是可计算安全的，具有多项式计算能力的合谋成员，能以 $\lambda^{T'}$ 概率突破加密算法获得利益，则存在一个可忽略的 $\xi(k)$，满足

$$\lambda^{T'} \leqslant \lambda^{T} + \xi(k) \tag{6-20}$$

否则，合谋成员能够以比较大的概率突破加密算法，计算到哪一轮是真秘密所在轮，这对于计算能力有限的合谋者是不可能的。我们用 $U^{*'}$ 表示考虑到在计算安全情况下参与者的收益，那么

$$\begin{aligned}
U^{*'} &= \lambda^{T'} U^{+} + (1-\lambda^{T'}) \cdot E(U_i^{T\text{guess}}) \\
&= \lambda^{T'} (U^{+} - E(U_i^{T\text{guess}})) + E(U_i^{T\text{guess}}) \\
&\leqslant (\lambda^{T} + \xi(k))(U^{+} - E(U_i^{T\text{guess}})) + E(U_i^{T\text{guess}}) \\
&\leqslant \lambda^{T} \cdot U_i^{+} + (1-\lambda^{T}) \cdot E(U_i^{T\text{guess}}) + \xi(k)(U^{+} - E(U_i^{T\text{guess}})) \\
&\leqslant U_i + \varepsilon(k)
\end{aligned} \tag{6-21}$$

可见，当我们的协议满足式(6-19)时，参与者没有合谋偏离协议的动机，参与者在协议执行过程中都会选择占优策略(遵守协议)，这样协议最终达到均衡，可证我们的协议满足可计算防合谋均衡，理性的参与者没有动机偏离协议。

下面我们分析协议在点对点通信网络下的安全性：本节通过设置标志轮，首先将同时广播通信信道转化为单广播通信信道，然后通过拜占庭协议将 SBC 模型转化为点对点模型，假设 P_1 首先发送数据，P_i 最后发送数据，可见 P_m 有后发送数据的优势，如果 P_m 恰好在第 i^*+1 轮中断的话，那么他了解到秘密在上一轮，可以获得秘密，但是其他参与者也已经知道秘密。也就是说当参与者知道真秘密在哪一轮的时候，真秘密所在轮已经发生过，所有的参与者都已经知道秘密。如果 P_m 在小于 i^*+1 轮中断的话，那么分两种情况：一种是恰在 i^* 轮，那么 P_m 获得收益为 U_m^{+}；另一种是在小于 i^* 轮，在这种情况下，P_m 不了解关于秘密的任何信息，只能靠猜测，收益为 U_m^{guess}，可见期望收益为 $\lambda U_m^{+} + (1-\lambda) U_i^{\text{guess}} < U_m$，理性的参与者没有欺骗的动机。在点对点通信网络下协议防合谋的证明类似于广播通信网络下的证明。

6.5.3 性能分析

在表 6-1 中，我们将本章提出的方案与现有典型的方案做一比较。

表6-1　与现有典型方案的比较

方案	是否理性方案	是否多秘密共享	期望迭代轮数	能否工作在点对点网络	是否防合谋	是否可证明安全的
文献[5]	否	是	$O(1)$	能	是	否
文献[11]	是	否	$O(5/\alpha^3)$	否	否	否
文献[19]	是	否	$O(n^2)$	否	否	否
文献[25]	是	否	$O(n/\beta)$	能	否	否
文献[36]	否	否	$O(1)$	能	是	否
本章	是	是	$O(1/\lambda)$	能	能	是

从表6-1中，我们可以看出，文献[5，36]不是理性方案，在重构中需要可信的计算者参与，而如何找到所有参与者都信任的可信者，是非常困难的，这在分布式环境下几乎是不能实现的，但因为有可信者参与计算，其方案的期望迭代轮数为$O(1)$。文献[11]是最早提出的理性方案，但方案需要分发者一直在线，这在生活中要求是比较高的，另外该方案不能防止成员合谋，他们的协议只适合参与者大于或等于3的情况，协议的期望迭代轮数为$O(5/\alpha^3)$。而在文献[19]中，参与者在最后一轮可以得知别人的秘密在这一轮或下一轮出现，从而参与者可以以50%的概率进行欺骗，从而得到秘密。这个概率是相当高的，所以，在最后一轮，理性的参与者可能都保持沉默，秘密不会被重构，可见其对逆向归纳是敏感的。另外，由于方案对所有参与者的子份额进一步分割，使得效率低下，其期望迭代轮数为$O(n^2)$。再有，其方案也不能防止合谋。文献[25]采用了信息论安全的方案，但同样不能防止拥有短份额的成员和拥有长份额的成员合谋，其协议的期望迭代轮数为$O(n/\beta)$。另外，以上所有的理性秘密共享方案都是单秘密共享方案，如果用上述理性方案来共享多个秘密，效率和性能极其低下。

当α,β值和本章采用的λ值相等时，表6-2是当n为5时，随着α,β,λ取值变化，各个理性方案所得到的期望轮数。

表 6-2　当 n 为 5 时，理性方案的期望轮数

α,β,γ 取值	本章方案	文献[11]	文献[19]	文献[25]
0.01	100	5E6	25	500
0.03	33.333 33	185185.18519	25	166.666 67
0.05	20	40000	25	100
0.07	14.285 71	14577.25948	25	71.428 57
0.09	11.111 11	6858.71056	25	55.555 56

从表 6-2 可见，文献[11]的期望迭代轮数最高，本章方案随着参数值的增大，优势越明显，下面用图 6-1～图 6-3 分别对当 n 为 5、10 和 20 时，本章方案和文献[19，25]随着 α,β,λ 取值变化所得期望轮数进行模拟。

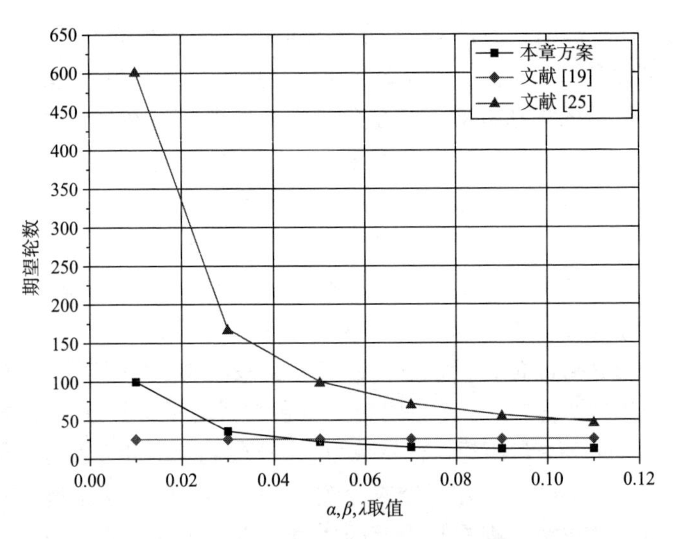

图 6-1　当 n 为 5 时，三种理性方案的期望轮数

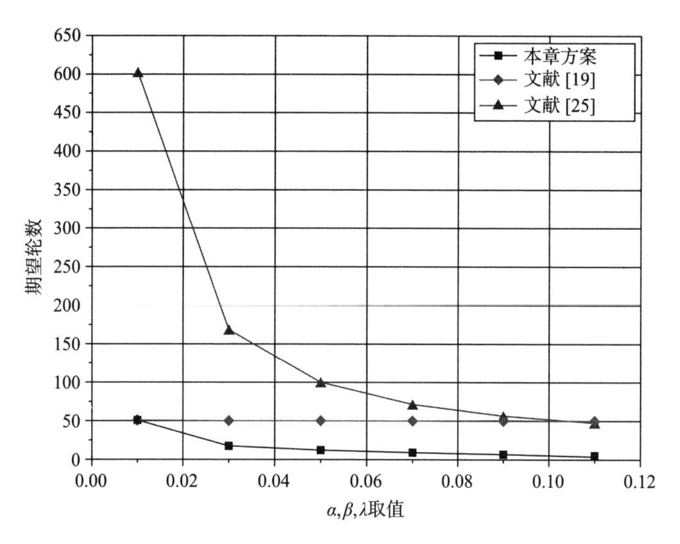

图 6-2　当 n 为 10 时，三种理性方案的期望轮数

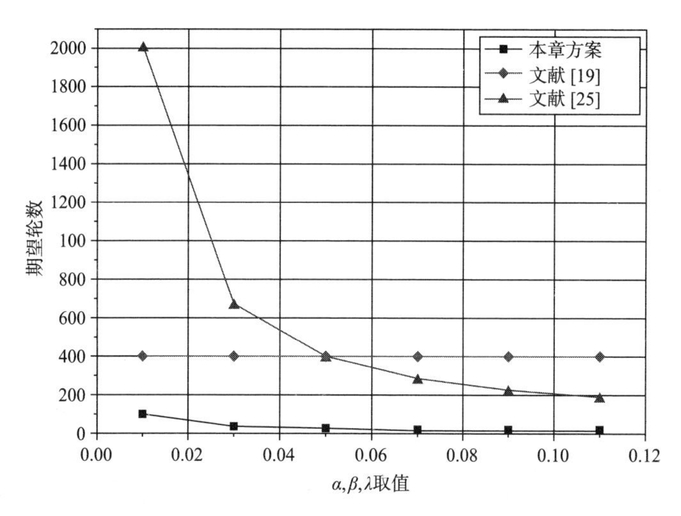

图 6-3　当 n 为 20 时，三种理性方案的期望轮数

从图中可见，随着参与人数的增加，本章方案的优势越明显。另外，本章方案在重构过程中不需要可信的第三者参与，参与者自始至终都不知哪一轮是真秘密所在轮，哪一轮是测试轮，合谋成员欺骗获得收益的期望小于他们遵守协议获得收益的期望，所以理性的参与者不会合谋欺骗，最终参与者可以获得多个秘密。本方案可以工作在同时广播信道和点对点信道两种环境下，从而更加符合现实，应用方便。另外，在以上方案中，只有我们的方案利用可证明安全的方法对协议进行了归约证明。

6.6 本章小结

本章提出一种可证明安全的理性多秘密共享方案，解决了单个理性秘密共享效率低下问题、参与者合谋的问题以及通信网络的问题。在本章的方案中，遵守协议是理性参与者的最优策略，参与者没有偏离协议的动机，直至每个参与者获得多个秘密。通过可证明安全的理论和方法分析和证明，显示该方案是安全和高效的。

参考文献

[1] Shamir A. How to share a secret. Communications of the ACM，1979，22(11):612-613.

[2] Blakely G R. Safeguarding cryptographic keys. Proceedings of AFIPS，1979，48：313-317.

[3] Chor B，Goldwasser S，Micali S. Verifiable Secret Sharing and Achieving Simultaneity in the Presence of Faults. Proceedings of the 26th Annual Symposium on Foundations of Computer Science，Washington，DC：IEEE Computer Society，1985：383-395.

[4] Feldman P. A practical scheme for non-interactive verifiable secret sharing. Proceedings of the 28th IEEE Symposium. On Foundations of Comp，Science(FOCS' 87)，Los Angeles：

IEEE Computer Society，1987：427-437.

[5] 裴庆祺，马建峰，庞辽军，等．基于身份自证实的秘密共享方案．计算机学报，2010，33(1)：152-156.

[6] Chien H Y，Jan J K，Tseng Y M. A practical (t,n) multi-secret sharing scheme. IEICE Transactions on Fundamentals，2000，E83-A (12)：2762-2765.

[7] Yang C C，Chang T Y，Hwang Min-Shiang. A (t，n) multi-secret sharing scheme. Applied Mathematics and Computation，2004，151(2)：483-490.

[8] Pang L J. Wang Y M. A new (t，n) multi-secret sharing scheme based on Shamir's secret sharing. Applied Mathematics and Computation，2005，167(2)：840-848.

[9] He J，Dawson E，Multistage secret sharing based on one-way function. Electron. Lett，1994，30(19)：1591-1592.

[10] Harn L. Efficient sharing (broadcasting) of multiple secrets. IEEE Proceedings-Computers and Digital Techniques. 1995，142(3)：237-240.

[11] Halpern J，Teague V. Rational Secret Sharing and Multiparty Computation. Proceedings of the 36th Annual ACM Symposium on Theory of Computing (STOC)，New York：ACM Press，2004：623-632.

[12] Wang Yilei，Wang Hao，Xu Qiuliang. Rational secret sharing with semi-rational players. International Journal of Grid and Utility Computing，2012，3(1)：59-87.

[13] Tian Youliang，Ma Jianfeng，Peng Changgen. et. al. One-time rational secret sharing scheme based on bayesian game. Wuhan University Journal of Natural Sciences，2011，16(5)：430-434.

[14] Cai Yongquan，Peng Xiaoyu. Rational Secret Sharing Proto-

col with Fairness. Chinese Journal of Electronics. 2012，21(1)：149-152.

[15] 张恩，蔡永泉．基于双线性对的可验证的理性秘密共享方案．电子学报．2012，40(5)：1050-1054.

[16] Gordon S D，Katz J. Rational Secret Sharing，Revisited. Proceedings of the 5th Security and Cryptography for Networks(SCN)，2006：229-241.

[17] Abraham I，Dolev D，Gonen R，Halpern J. Distributed computing meets game theory：robust mechanisms for rational secret sharing and multiparty computation. Proceedings of 25th ACM Symposium. Principles of Distributed Computing(PODC)，2006：53-62.

[18] Maleka S，Amjed S，Rangan C P. Rational Secret Sharing with Repeated Games. In 4th Information Security Practice and Experience Conference，LNCS，Springer-Verlag 4991，2008：334-346.

[19] Maleka S，Amjed S，Rangan C P. The Deterministic Protocol for Rational Secret Sharing. In 22th IEEE International Parallel and Distributed Processing Symposium，Miami，FL：IEEE Computer Society，2008：1-7.

[20] Cai Yongquan，Luo Zhanhai，Yang Yi. Rational Multi-Secret Sharing Scheme Based On Bit Commitment Protocol. Journal of Networks，2012，7(4)：738-745.

[21] Zhang Z F，Liu M L. Rational secret sharing as extensive games. Scientia Sinica Informationis，2012，42(1)：32-46.

[22] Zhang E，Cai Y Q. A New Rational Secret Sharing. China Communications，2010，7(4)：18-22.

[23] Isshiki T，Wada K，Tanaka K. A Rational Secret-Sharing Scheme Based on RSA-OAEP. IEICE Transactions on Fun-

damentals, 2010, E93-A(1): 42-49.

[24] Kol G, Naor M. Cryptography and Game Theory: Designing Protocols for Exchanging Information. Proceedings of the 5th Theory of Cryptography Conference (TCC). Springer-Verlag, 2008: 320-339.

[25] Kol G, Naor M. Games for exchanging information. Proceedings of the 40th Annual ACM Symposium on Theory of Computing(STOC), New York: ACM Press, 2008: 423-432.

[26] Micali S, Shelat A. Purely Rational Secret Sharing. 6th Theory of Cryptography Conference, LNCS, Springer-Verlag 5444, 2009: 54-71.

[27] One S J, Parkes D, Rosen A, Vadhan S. Fairness with an honest minority and a rational majority. Proceedings of 6th Theory of Cryptography Conference (TCC), 2009: 36-53.

[28] Fuchsbauer G, Katz J, Naccache D. Eficient Rational Secret Sharing in the Standard Communication Networks. Proceedings of 7th Theory of Cryptography Conference (TCC), 2010, 419-436.

[29] Asharov G, Lindell Y. Utility Dependence in Correct and Fair Rational Secret Sharing. Journal of Cryptology, 2011, 24(1): 157-202.

[30] William K. MOses Jr, and C. Pandu Rangan. Rational Secret Sharing over an Asynchronous Broadcast Channel with Information Theoretic Security. International Journal of Network Security & Its Applications (IJNSA), 2011, 3(6): 1-18.

[31] William K. MOses Jr, and C. Pandu Rangan. secret sharing with honest players over an asynchronous channel. Advances in Network Security and Applications-Communica-

tions in Computer and Information Science, 2011, 196(1): 414-426.

[32] Micali S, Rabin M, Vadhan S. Verifiable random functions. Proceedings of the 40th IEEE Symposium on Foundations of Computer Science. New York: IEEE press, 1999: 120-130

[33] Dodis Y. Efficient construction of (distributed) verifiable random functions. Proceedings of 6th International Workshop on Theory and Practice in Public Key Cryptography, 2003: 1-17.

[34] Ysyanskaya A. Unique signatures and verifiable random functions from DH-DDH separation. Proceedings of the 22th Annual International Cryptologh Conference on Advances in Cryptology, 2002: 597-612.

[35] Dodis Y, Yampolskiy A. A verifiable random function with short proof and keys. PKC2005, LNCS, Springer-Verlag 3386, 2005: 416-431.

[36] Hou Y C, Quan Z Y Tsai C F, Tseng A Y. Block-based progressive visual secret sharing. Information Sciences, 2013, 233(1): 290-304.

第 7 章　基于双线性对的可验证的理性秘密共享方案

针对传统秘密共享方案不能事先预防参与者欺骗的问题，本章结合博弈论提出了一种理性秘密共享方案，该方案基于双线性对，是可验证的，能检验参与者的欺骗行为。秘密分发者不需要进行秘密份额的分配，因此很大程度上提高了秘密分发的效率。在秘密重构阶段，不需要可信者参与。参与者偏离协议没有遵守协议的收益大，理性的参与者有动机遵守协议，最终每位参与者公平地得到秘密。另外，所提方案可以防止至多 $m-1$ 个成员合谋，并且经过分析它们是安全和有效的。

7.1　可验证秘密共享方案概述

秘密共享是现代密码学研究的重要内容，有着广泛且重要的应用。秘密共享方案最早是由 Shamir[1] 和 Blakeley[2] 于 1979 年分别基于多项式插值法和多维空间点的特性提出的。方案要求大于或等于 m 人方可重构出秘密，少于 m 人合作则得不到秘密。但方案存在分发者和参与者欺骗的问题。为了解决欺骗问题，Chor[3] 等人提出可验证的秘密共享（Verifiable Secret Sharing，简称 VSS），Feldman[4] 和 Pedersen[5] 分别提出一种能检验分发者和参与者欺骗的可验证的秘密共享方案。但是 VSS 方案只能起到事后验证而不能起到事先预防的作用。例如，在重构过程中，一个参与者 A 没有广播他的子份额，而其他 $m-1$ 个人广播了各自的子份额。这样 A 则可以独享秘密，尽管他能被检验出存在欺骗行为。Lin 和 Harn[6] 提出一种方案来解决此类问题，但在该方案中，如果秘密在最后一轮，欺骗者通过欺骗将独得秘密，那么用逆向归纳法来分析，所有参与者将保持沉默，秘密不会被重构。庞辽军[7]等人提出一种门限多重秘密共享体制，通过一次秘密共享过程就可以实现多个秘密的共享，但文献[7]在重构的过程中需要将参与者子份额提交给可信的秘密计算者，如果没有可信的秘密计算者，理性的参与者必然会采取欺骗的策略，而在网络环境下，要找到大家都信任的秘密计算者是一件非常困难的事情。

理性的秘密共享的概念首先由 Halpern 和 Teague[8] 于 2004 年提出，他们将博弈论引入秘密共享方案和安全多方计算，用以弥补传统方案的缺陷，其方案认为所有的参与者都是自私的，都想使自己的效益最大化，参与者通过对自身利益得失的判断来决定是否遵守或背离协议。他们认为所设计的理性方案必须满足让参与者不知道协议什么时候结束，从而才能使他们有合作的动机。但他们的协议不能工作在 2 out-of 2 模式下，另外他们的协议在一定条件下需要重启，这样分发者需要重新分发秘密份额，相当于分发者需要一直在线。之后，一系列文献对理性秘密共享进行了研究，Kol 和 Naor[9] 采用一种信息论安全的方法，设计了一种秘密共享方案，在他们的方案中不需要可计算假设，但其方案不能防止拥有短份额的人和拥有长份额人的合谋攻击。Maleka 和 Amjed[10] 提出一种基于重复博弈的秘密共享方案，通过考虑所有阶段博弈得益的贴现值之和(加权平均值)来对秘密共享建立模型，使得参与者考虑当前行为对后续博弈的影响，最终选择对自己最有利的策略，但参与者在最后一圈可以以较高的概率获得秘密，所以他们的方案对逆向归纳来说是敏感的。Micali 和 Shelat[11] 提出的方案需要外部可信方在重构阶段参与，然而现实很难找到参与各方都信任的可信方。

本章提出一种新的可验证的理性秘密共享方案，方案采用文献[12]构造的基于双线性对的随机函数，来检验参与者的欺骗行为，用椭圆曲线上双线性对实现的密码算法可以获得更好的安全

性、达到特定的安全级别所需的密钥长度更短。在协议中，参与者使用各自的私钥对每一轮数字的加密作为他们的秘密份额，秘密分发者只需计算一些公开信息，不需要进行秘密份额的分配，从而很大程度上提高了秘密分发的效率。在重构阶段，不需要可信者参与秘密重构过程，每个参与者不清楚当前轮是真秘密所在轮，还是检验参与者诚实度的测试轮，偏离协议没有遵守协议的收益大，理性的参与者不可能偏离协议，分发者和参与者的任何欺骗行为都能被检测出，最终，每个参与者公平地得到秘密。

7.2　基础知识

本节将简要说明双线性映射、博弈论与 Dodis 和 Yampolskiy 方案。双线性映射可理解为一个通过两个向量空间上的元素来生成第三个向量空间上一个元素的函数，并且该函数与每个参数都是成线性关系。博弈论研究个体的预测行为和实际行为，并发展出它们的优化策略。Dodis 和 Yampolskiy 构造了基于双线性对的可验证随机函数，与之前的可验证随机函数结构相比，它避免了使用低效的 Goldreich-Levin 转换。

7.2.1　双线性映射

定义 7-1　设 G_1, G_2 是 2 个阶为素数 p 的循环群，G_1 为加法循环群，G_2 为乘法循环群，g 为 G_1 的生成元。如果满足下列性质，则称映射 $e: G_1 \times G_1 \rightarrow G_2$ 是双线性映射。

(1) 双线性：①对任意的 $P_1, P_2, Q \in G_1, e(P_1+P_2, Q)=e(P_1, Q) \cdot e(P_2, Q)$；②对任意的 $P, Q_1, Q_2 \in G_1, e(P, Q_1+Q_2)=e(P, Q_1) \cdot e(P, Q_2)$。

(2) 非退化性：存在 $P, Q \in G_1$，使得 $e(P, Q) \neq 1$。

(3) 可计算性：对任何 $P, Q \in G_1$，都存在有效的算法来计算 $e(P, Q)$。

双线性映射可以由 Weil 映射和 Tate 映射得到。

定义 7-2 判定双线性 Diffie-Hellman 逆问题假设(Decisional Bilinear Diffie-Hellman Inversion Assumption)：具有多项式时间能力的敌对者不能以不可忽略的优势区分 $g, g^{x}, \cdots, g^{x^q}$, $e(g, g^{1/x})$和$(g, g^{x}, \cdots, g^{x^q}, \Gamma)$, $x \in \mathbf{Z}_p^*$, $\Gamma \in G_2$。该假设也称为 q-DBDHI问题。

7.2.2 博弈论相关知识

博弈论又叫对策论，目前在许多学科中都有重要的应用。在博弈论中，将所有的人视为理性的、自私的，都是从最大化自己的利益出发，具体在理性秘密共享协议中就是每个参与者首先需要了解秘密，其次希望越少的人知道秘密越好。如果他们偏离协议不能比其遵守协议获得利益多，那么他们将会遵守协议，这是设计安全、稳定的密码协议的基础。我们用 a_i 表示参与者 P_i 的策略，a_{-i}表示除 P_i 外其他人的策略，$a=(a_1, \cdots, a_n)$表示所有参与者的策略组合，$(a_i', a_{-i})=(a_1, \cdots, a_{i-1}, a_i', a_{i+1}, \cdots a_n)$表示参与者 P_i 的策略改为 a_i', $u_i(a)$表示 P_i 在给定策略集 a 的条件下的收益。

定义 7-3 在博弈 $\Gamma=(\{A_i\}_{i=1}^n, \{u_i\}_{i=1}^n)$中，策略组合 $a=\{a_1, \cdots, a_n\} \in A$ 为 Γ 的一个纳什均衡，如果由各个博弈方的各一个策略组成的某个策略组合 $a=(a_1, \cdots, a_n) \in A$ 中，任一博弈方 i 的策略 a_i，都是对其余博弈方策略组合的最佳策略，也即

$$u_i(a_i', a_{-i}) \leqslant u_i(a) \tag{7-1}$$

通俗来讲就是给定你的策略，我的策略是最好的策略；给定我的策略，你的策略也是你最好的策略。此时，双方在对方给定策略下不愿意调整自己的策略，最好按协议走。

定义 7-4 在博弈 $\Gamma=(\{A_i\}_{i=1}^n, \{u_i\}_{i=1}^n)$中，$1 \leqslant t < n$，策略组合 $a=(a_1, \cdots, a_n) \in A$ 是一个 t-弹性均衡，如果 $C \subset [n]$, $|C| \leqslant t$, $i \in C$，对任意的 $a_C' \in \Delta(A_C)$，博弈保持

$$u_i(a'_C, a_{-C}) \leqslant u_i(a) \tag{7-2}$$

文献[13]首先提出弹性均衡的概念，该均衡可以用在有 t 方合谋的博弈中，因为每一个博弈方都在其余 $t-1$ 个博弈方策略基础上最大化了自己的得益，所以没有任何人会偏离纳什均衡策略，即合谋成员的任何偏离都不会为自己带来利益。

7.2.3　Dodis 和 Yampolskiy 方案简介

本节简单介绍 Dodis 和 Yampolskiy 构造的基于双线性对的可验证随机函数，具体细节可参考文献[12]。方案主要有四部分组成。

(1) 公私钥产生模块 $\mathrm{Gen}(1^k)$：输入 1^k，输出 $SK=s, PK=g^S$。

(2) 加密模块 $F_{SK}(x)$：输入 SK, x，输出 $y=F_{SK}(x)=e(g,g)^{1/(x+SK)}$。

(3) 证据模块 $\pi_{SK}(x)$：输入 SK, x，输出 $\pi=\pi_{SK}(x)=g^{1/(x+SK)}$。

(4) 验证模块 $V_{PK}(x,y,\pi)$：判定 y 是否是与输入 x 对应的输出，输入 (PK,x,y,π)，判断 $e(g^x \cdot PK, \pi)=e(g,g)$ 与 $y=e(g,\pi)$ 是否成立。若两式都成立输出 1，否则输出 0。

7.3　方案设计

本方案基于双线性映射提出一种可验证的理性秘密共享方案，具体方案如下。

7.3.1　系统参数

令 $P=\{P_1,P_2,\cdots,P_n\}$ 是 n 个参与者的集合，用 s 表示在参与者间分享的秘密，$h(\cdot)$ 为单向哈希函数，$f(\cdot)$ 为单向函数，$sk_1,sk_2,\cdots,sk_n$ 分别为参与者 $P_i(i=1,2,\cdots,n)$ 的私钥，$pk_1,pk_2,\cdots,pk_n$ 分别为参与者 $P_i(i=1,2,\cdots,n)$ 的公钥。

7.3.2 秘密分享阶段

在秘密分享阶段，分发者依照以下步骤进行工作。

(1) 分发者根据几何分布选择一个整数 $r^* \in \mathbf{N}$,几何分布的参数为 β,β 的值取决于参与者的效益(将在第 7.4.2 节给出 β 是如何选取的)。分发者使用 $\mathrm{Gen}(1^k)$模块产生$(pk_1, sk_1), \cdots, (pk_n, sk_n)$,其中 $sk_n = s_n, pk_n = g^{sn}$。

(2) 分发者使用 n 个数值对$(h(ID_1 \| r^*), F_{sk_1}(r^*)), \cdots, (h(ID_n \| r^*), F_{sk_n}(r^*))$确定一个 $n-1$ 次多项式如式(7-3):

$$G(x) = \sum_{i=1}^{n} F_{sk_i}(r^*) \cdot \prod_{j=1, j \neq i}^{n} \frac{x - h(ID_j \| r^*)}{h(ID_i \| r^*) - h(ID_j \| r^*)} \bmod q$$
$$= c_0^{r^{real}} + c_1^{r^{real}} x + c_2^{r^{real}} x^2 + \cdots + c_{n-1}^{r^{real}} x^{n-1}$$

将 G(0)赋值给 M^{r^*},则

$$M^{r^*} = G(0) \tag{7-4}$$

将 s、M^{r^*} 赋值给 $value$,则

$$value = s \oplus -M^{r^*} \tag{7-5}$$

(3) 从$[1, q-1] - h(ID_i \| r)\{i = 1, 2, \cdots, n, r = 1, 2, \cdots, r^*\}$中选取 $n-t$ 个最小的整数 $d_1, \cdots, d_{n-t}$。

(4) 将 sk_i 通过安全信道传给参与者 P_i,同时公布 pk_i,$(d_1, G(d_1)), \cdots, (d_{n-t}, G(d_{n-t}))$,$value$ 和 $f(c_j^{r^{real}})(j = 0, 1, \cdots, n-1)$的值。

7.3.3 秘密重构阶段

在第 $r(r=1,\cdots)$轮,参与者做以下工作。

(1) 参与者 $P_i(i = 1, \cdots t)$同时发送 $y_i^r = F_{sk_i}(r) = e(g, g)^{1/(r+sk_i)}$,$\pi_i^r = \pi_{sk_i}(r) = g^{1/(r+sk_i)}$给其他参与者。

(2) 参与者 P_i 收到 $y_j^r, \pi_j^r (j = 1, 2, \cdots i-1, i+1, \cdots, n)$,判断 $e(g^r \cdot pk_j, \pi_j^r) = e(g, g)$与 $y_j^r = e(g, \pi_j^r)$是否成立。若两式都成

立输出1,协议继续。否则输出0,协议结束,欺骗者将永远失去得到秘密的机会。

(3) 参与者 $P_i(i=1,2,\cdots t)$ 利用参与者身份信息可以构造 t 个数值对 $(h(ID_1\parallel r),F_{sk_1}(r)),\cdots,(h(ID_t\parallel r),F_{sk_t}(r))$,结合 $(d_1,G(d_1)),\cdots,(d_{n-t},G(d_{n-t}))$ 共 n 个数值对可以确定一个 $n-1$ 次多项式如式(7-6):

$$\begin{aligned}P(x)=&\sum_{i=1}^{t}F_{sk_i}(r)\prod_{j=1,j\neq i}^{t}\frac{x-h(ID_j\parallel r)}{h(ID_i\parallel r)-h(ID_j\parallel r)}\\&\cdot\prod_{j=1}^{n-t}\frac{x-d_i}{h(ID_i\parallel r)-d_i}+\sum_{i=1}^{n-t}G(d_i)\\&\cdot\prod_{j=1,j\neq i}^{n-t}\frac{x-d_j}{d_i-d_j}\prod_{j=1}^{t}\frac{x-h(ID_j\parallel r)}{d_i-h(ID_j\parallel r)}\bmod q\\=&a_0^r+a_1^rx+a_2^rx^2+\cdots+a_{n-1}^rx^{n-1}\end{aligned}\tag{7-6}$$

如果 $f(a_j^r)\neq f(c_j^{r^{real}})(j=0,1,\cdots,n-1)$,协议执行下一轮,否则 $M^r=P(0),s=value+M^r$,协议结束。

7.4 方案分析

本节对上述方案进行一系列分析,其中包括正确性分析、安全性分析以及方案的性能分析与比较。

7.4.1 正确性分析

定理7-1 如果 $f(a_j^r)=f(c_j^{r^{real}})(j=0,1,\cdots,n-1)$,则 $r=r^*$,最终参与者能够得到正确的秘密 $s=value+M^r$。

证明 参与者 P_i 在第 r 轮构造 t 个数值对 $(h(ID_1\parallel r),F_{sk_1}(r)),\cdots,(h(ID_t\parallel r),F_{sk_t}(r))$,结合 $(d_1,G(d_1)),\cdots,(d_{n-t},G(d_{n-t}))$ 共 n 个数值对可以确定一个 $n-1$ 次多项式如式(7-6)。如果 $f(a_j^r)=f(c_j^{r^{real}})(j=0,1,\cdots,n-1)$ 则 $r=r^*,P(0)=M^r=G(0)=M^{r^*}$,又 $value=s-M^{r^*}$,即 $s=value+M^r$。

7.4.2 安全性分析

以下从所采用加密算法的安全性、博弈的角度来分析理性参与者没有攻击协议的动机。

定理 7-2 具有多项式计算能力的攻击者,不能突破所设计方案采用的加密算法,独自得到秘密。

证明 在协议中,如果攻击者可以选择利用算法从已知信息中,计算出其他成员的私钥。那么攻击者不再需要执行该协议,就可以独自重构出秘密。下面分析攻击者能否采用算法 A 来获得其他成员的私钥。在协议中,攻击者 A 通过执行协议可以得到 $y_i^r=F_{sk_i}(r)=e(g,g)^{1/(r+sk_i)}$,$\pi_i^r=\pi_{sk_i}(r)=g^{1/(r+sk_i)}$,其中 $i\neq A$。假设攻击者采用算法 A 能够攻破加密算法,从 y_i^r,π_i^r 中计算获得 sk_i 的话,那么就可以构造一个模拟算法 B,利用算法 A 以不可忽略的优势解决离散对数难题和 DBDHI 难题,而这是不可能的,所以攻击者不能独自获得秘密。

定理 7-3 当协议满足式(7-9)时,理性的参与者不会背离协议。

证明 在协议中,参与者不清楚当前轮是真秘密所在轮,还是没有任何有用信息的测试轮。如果有一位参与者偏离协议,那么其他参与者将终止协议,欺骗者将永远得不到秘密。对于理性参与者来说,他们只能恰在真秘密所在 r^* 轮,不发送子份额或者发送错误的子份额(尽管事后能被发现,但欺骗者已经能够重构出秘密),才能获得比其他成员更多的利益。在方案中,合谋集团 $C\subset[n]$,$|C|\leqslant m-1$ 中的合谋者通过合谋不能获得当前轮是真秘密所在轮还是测试轮。如果合谋者在参与协议前想了解秘密,他们只能通过猜测秘密猜对的概率为 λ^C,合谋者 P_i 获得效益为 U_i^+。如果猜错秘密,概率为 $1-\lambda^C$,合谋者 P_i 获得效益为 U_i^-。所以合谋者 P_i 的期望收益为

$$E(U_{\mathrm{i}}^{C^{\mathrm{guess}}})=\lambda^C\cdot U_i^+ +(1-\lambda^C)\cdot U_i^- \tag{7-7}$$

如果合谋成员参与协议时,恰好在真秘密所在轮进行攻击,概率

为β,那么合谋者P_i获得效益为U_i^+,否则合谋者P_i获得效益为$E(U_i^{C^{\text{guess}}})$。因此，合谋者$P_i$的期望收益至多为

$$\beta \cdot U_i^+ + (1-\beta) \cdot E(U_i^{C^{\text{guess}}}) \tag{7-8}$$

如果合谋成员遵守协议,那么合谋者P_i获得效益U_i,所以当满足式(7-9)时,合谋成员偏离协议没有遵守协议的收益大。

$$U_i > \beta \cdot U_i^+ + (1-\beta) \cdot E(U_i^{C^{\text{guess}}}) \tag{7-9}$$

当满足式(7-9)时,没有合谋成员能通过背离协议来获得更大的收益,在每一轮中,理性的参与者不得不遵守协议,最终,每一个参与者都获得秘密。

7.4.3　性能分析与比较

本节将所提方案与现有典型的理性方案性能做比较。在协议中,秘密分发者只需计算一些公开信息,不需要进行秘密份额的分配,从而很大程度上提高了秘密分发的效率。所设计协议的期望执行时间为$O(\frac{1}{\beta})$。另外,协议满足弹性均衡,能防止至多$m-1$个参与者合谋。而文献[8]在处理$m \geqslant 3, n > 3$这种情况时,要把参与者分成3个组,每个组都有一个组长,方案不能防止组长间合谋。并且他们的协议不能工作在2 out-of 2模式下,他们协议的期望执行时间为$O(\frac{5}{\alpha^3})$,当α值和本节采用的β值相等时(α,β都小于1),本章所设计协议的期望执行时间更短。文献[9]采用一种信息论安全的方法设计了一种秘密共享方案,但其方案不能防止拥有短份额的人和拥有长份额人的合谋攻击,他们协议在同时广播信道下的期望执行时间为$O(\frac{1}{\beta^2})$。在文献[10]中,参与者在最后一轮通过欺骗会以较高的概率获得秘密,另外因为他们协议对参与者的子份额用拉格朗日插值法进一步分解,所以他们的协议执行效率非常的低,协议的期望执行时间为$O(n^2)$。从以上分析比较可知,本章方案的性能更加高效。

7.5 本章小结

本章基于双线性对提出一种可验证的理性秘密共享方案,在此方案中,理性的参与者偏离协议的收益没有遵守协议的收益大,所以他们没有偏离协议的动机,从而可以达到事先预防参与者欺骗的目的。分析证明,该方案是简单、公平和有效的。但是,当前协议中没有考虑恶意的参与者,恶意参与者的最大利益不是获得秘密,而是阻止他人获得秘密,今后将进一步研究如何防止恶意参与者的解决方案。

参考文献

[1] Shamir A. How to share a secret. Communications of the ACM, 1979, 22(1): 612-613.

[2] Blakeley G R. Safeguarding cryptographic keys. Proceedings of the National Computer Conference. New York: AFIPS Press, 1979: 313-317.

[3] Chor B, Goldwasser S, Micali S. Verifiable secret sharing and achieving simultaneity in the presence of faults. Proceedings of the 26th Annual Symposium on Foundations of Computer Science. Washington, DC: IEEE Computer Society, 1985: 383- 395 .

[4] Feldman P. A practical scheme for non- interactive verifiable secret sharing. Proceedings of the 28th IEEE Symp. On Foundations of Comp, Science(FOCS' 87). Los Angeles: IEEE Computer Society, 1987: 427-437.

[5] Pedersen T P. Distributed provers with applications to unde-

niable signatures. Proceedings of Eurocrypt'91, Lecture Notes in Computer Science, LNCS 547. Berlin: SpringerVerlag, 1991: 221-238.

[6] Lin H Y, Harn L. Fair reconstruction of a secret. Information Processing Letters, 1995, 55(1): 45-47.

[7] 庞辽军,柳毅,王育民．一个有效的(t, n)门限多重秘密共享体制．电子学报, 2006, 34(4): 585-589.

[8] Halperm J, Teague V. Rational secret sharing and multiparty computation. Proceedings of the 36th Annual ACM Symposium on Theory of Computing (STOC). New York: ACM Press, 2004: 623-632.

[9] Kol G, Naor M. Games for exchanging information. Proceedings of the 40th Annual ACM Symposium on Theory of Computing(STOC). New York: ACM Press, 2008: 423-432.

[10] Maleka S, Amjed S, Rangan C P. Rational secret sharing with repeated games. 4th Information Security Practice and Experience Conference, LNCS 4991. Berlin: Springer Verlag, 2008: 334-346.

[11] Micali S, Shelat A. Purely rational secret sharing. 6th Theory of Cryptography Conference, LNCS 5444. Berlin: Springer-Verlag, 2009: 54-71.

[12] Dodis Y, Yampolskiy A. A verifiable random function with short proof and keys. PKC2005, LNCS 3386. Berlin: Springer, 2005: 416- 431.

[13] Abraham I, Dolev D, Gonen R, Halperm J. Distributed computing meets game theory: robust mechanisms for rational secret sharing and multiparty computation. 25th ACM Symposium Anmual on Principles of Distributed Computing. New York: ACM Press, 2006: 53-62.

第8章 基于椭圆曲线的可验证的理性秘密共享方案

传统的(m,n)门限秘密共享方案由Shamir[1]和Blakeley[2]于1979年分别提出，方案要求大于或等于m人方可重构出秘密，少于m人合作得不到秘密。但方案存在分发者和参与者欺骗的问题。针对此问题，Chor[3]等人提出可验证的秘密共享，Feldman[4]和Pedersen[5]分别提出一种能防止分发者和参与者欺骗的可验证的秘密共享(VSS)方案。但是VSS方案只能起到事后验证而非事先预防的作用。Lin和Harn[6]提出一种方案来解决此类问题，但在该方案中，如果秘密在最后一轮，欺骗者通过欺骗将独得秘密，那么用逆向归纳法来分析，所有的参与者将保持沉默，秘密不会被重构。庞辽军等人[7]提出一种基于RSA密码体制的秘密共享方案，裴庆祺等人[8]提出一种基于身份的自证实的秘密共享方案，但这两种方案在重构过程中需要有指定的秘密计算者。然而，在网络环境下要找到这样的大家都信任的秘密计算者几乎是不可能的。

理性的秘密共享首先由Halpern和Teague[9]于2004年提出，他们的协议只能满足$m\geqslant 3$的情形。之后，Kol和Naor[10]采用有意义/无意义的加密和安全多方计算等工具，结合博弈论使得理性的参与者有动机执行协议。但该方案设计比较复杂并且没有防止分发者的欺骗，另外参与者有可能在安全多方计算阶段进行欺骗。Maleka和Amjed[11-12]提出一种基于重复博弈的秘密共享方案，但参与者在最后一轮可以以较高的概率获得秘密，所以他们的方案对逆向归纳来说是敏感的。文献[13-14]提出的方案需要外部可信方在重构阶段参与，然而现实很难找到参与各方都信任的可信方。

第8章　基于椭圆曲线的可验证的理性秘密共享方案

本章主要提出了一个基于椭圆曲线的可验证的理性秘密共享方案。目前求椭圆曲线的离散对数已知最好的算法需要指数时间，用椭圆曲线实现的密码算法可以获得更好的安全性，达到特定的安全级别所需的密钥长度更短。在协议中，从有限域上取一系列元素，其中有一个是真秘密 s，元素个数和参与者的效益相关联，将每个元素的子份额分发给参与者，在重构阶段，每个参与者不清楚当前轮是真秘密所在轮，还是检验参与者诚实度的测试轮，偏离协议不如遵守协议的收益大，理性的参与者不可能偏离协议，最终，每个参与者公平地得到秘密。协议可以工作在 2 out-of 2 模式下，分发者和参与者的任何欺骗行为都能被检测出，并且，所设计的协议可以容忍至多 $m-1$ 个参与者的合谋。

8.1　基础知识

本节介绍本章方案中涉及的博弈论与密码学相关基础知识。

博弈论主要研究人们策略的相互依赖行为。我们用 a_i 表示参与者 P_i 的策略，$a=(a_1,\cdots,a_n)$表示所有参与者的策略组合，a_{-i} 表示除 P_i 外其他人的策略，$(a_i{}',a_{-i})=(a_1,\cdots,a_{i-1},a_i{}',a_{i+1},\cdots,a_n)$表示参与者 P_i 的策略改为 $a_i{}'$，$u_i(a)$表示 P_i 在给定策略集 a 的条件下的收益。在理性的秘密共享协议中，参与者的最大收益是了解秘密，其次是让尽可能少的其他人了解秘密。我们用 $u_i(o)$表示 P_i 关于结果 o 的效益函数，用 U^+,U,U^-,U^{--} 表示参与者在以下几种情况下的收益：

(1) 当 o 表示 P_i 了解秘密，而其他参与者不了解秘密时，那么 $u_i(o)=U^+$。

(2) 当 o 表示 P_i 了解秘密，而至少有一个其他参与者也了解秘密时，那么 $u_i(o)=U$。

(3) 当 o 表示 P_i 不了解秘密，其他参与者也不了解秘密时，那么$u_i(o)=U^-$。

(4) 当 o 表示 P_i 不了解秘密，而至少有一个其他参与者了解秘密时，$u_i(o)=U^{--}$。

它们之间的关系是 $U^{+}>U>U^{-}>U^{--}$。

定义 8-1[15] 在博弈 $\Gamma=(\{A_i\}_{i=1}^{n},\{u_i\}_{i=1}^{n})$ 中，$1\leqslant t<n$，策略组合 $a=(a_1,\dots,a_n)\in A$ 是一个 t-弹性均衡，如果 $C\subset[n]$，$|C|\leqslant t$，$i\in C$，对任意的 $a'_C\in\Delta(A_C)$，博弈保持 $u_i(a'_C,a_{-C})\leqslant u_i(a)$。

该均衡可以用在有 t 方合谋的博弈中，因为每一个博弈方都在其余 t-1 个博弈方策略基础上最大化了自己的得益，所以没有任何人会偏离纳什均衡策略，即合谋成员中任何偏离都不会为自己带来利益。

定义 8-2 $\mathbf{Z}_q$ 上的同余方程 $y^2\equiv x^3+ax+b(\bmod q)$ 的所有解 $(x,y)\in\mathbf{Z}_q\times\mathbf{Z}_q$，连同一个特殊的无穷远点 O 共同构成 $\mathbf{Z}_q$ 上的一个非奇异椭圆曲线。其中，q 是大素数，$(a,b)\in\mathbf{Z}_q$ 是满足 $4a^3+27b^2\neq 0$ 的常量。

定义 8-3 2 个总体 $X\stackrel{\text{def}}{=}\{X_n\}_{n\in\mathbf{N}}$ 和 $Y\stackrel{\text{def}}{=}\{Y_n\}_{n\in\mathbf{N}}$，如果对于每一个概率多项式时间算法 D、每一个正多项式 $p(\cdot)$ 及所有充分大的 n，都有 $|Pr[D(X_n,1^n)=1]-Pr[D(Y_n,1^n)=1]|<\frac{1}{p(n)}$，则称这 2 个总体是在多项式时间内不可区分的。

定义 8-4 语言 L 的非交互证明系统 (P,V) 是零知识的，如果存在一个多项式 P 和一个概率多项式时间算法 M，使得总体 $\{(x,U_{p(|x|)},P(x,U_{p(|x|)}))\}_{x\in L}$ 和总体 $\{M(x)\}_{x\in L}$ 是计算不可分辨的，其中 U_m 是一个在 $\{0,1\}^m$ 上服从均匀分布的随机变量。

定义 8-5 一个 l 位的函数总体 $F=\{F_n\}_{n\in\mathbf{N}}$ 称为是伪随机的，如果对每个概率多项式时间预言机 M、每一个多项式 $p(\cdot)$ 及所有充分大的 n，都有 $|Pr[M^{F_n}(1^n)=1]-Pr[M^{H_n}(1^n)=1]|<\frac{1}{p(n)}$，其中 $H=\{H_n\}_{n\in\mathbf{N}}$ 是均匀的 l 位的函数总体。

定义 8-3～8-5 来自文献[16]。本章方案将博弈论和加密工具

结合，实现了基于椭圆曲线的可验证理性秘密共享方案。

8.2　方案设计

8.2.1　系统参数

假设椭圆曲线系统的参数为$(p,q,E,\mathbf{Z}_q,P)$，其中p和q为大素数，E是非奇异椭圆曲线，基点P是E上阶为q的一个点，$\mathbf{Z}_q$表示有q个元素的有限域，方案中涉及的运算都是在域$\mathbf{Z}_q$上进行的。$(p,q,E,\mathbf{Z}_q,P)$是公开参数。

8.2.2　秘密分享阶段

在秘密分享阶段，分发者依照以下步骤进行工作。

(1) 分发者从$\mathbf{Z}_q$中选取一系列元素$s^0,s^1,\cdots,s^{w-1},s$（s为秘密），这些元素满足$s^0<s^1<\cdots<s^{w-1}<s$，w的值取决于参与者的效益，满足

$$w>\frac{U_i^+-(q^{-1}\times U_i^+ +(1-q^{-1})\times U_i^-)}{U_i-(q^{-1}\times U_i^+ +(1-q^{-1})\times U_i^-)} \tag{8-1}$$

参与者从$[0,w-1]$中随机选取d^*，如果$0\leqslant d^*<w-1$，则用s置换s^{d^*}；如果$d^*=w-1$，分发者随机从$s^{w-1}-s^0,s^{w-1}-s^1,\cdots,s^{w-1}-s^{w-2},s$中选取一个元素$s^*$，然后用$s^*$置换$s^{d^*}$。

(2) 分发者随机为元素$s^0,s^1,\cdots,s^{w-1}$构造w个次数为$t-1$的多项式$h_0,h_1,\cdots,h_{w-1}$，如式(8-2)所示：

$$h_m(x)=\alpha_0^m+\alpha_1^m x^1+\cdots+\alpha_{t-1}^m x^{t-1} \bmod q \tag{8-2}$$

这里$0<\alpha_0^m,\alpha_1^m,\alpha_2^m,\cdots,\alpha_{t-1}^m<q(m=0,1,\cdots,w-1)$。

(3) 使$\alpha_0^m=s^m(m=0,1,\cdots,w-1)$对每个元素$s^m$，分发者计算$S_i^m=h_m(i) \bmod q(m=0,1,\cdots,w-1 \text{ and } i=1,2,\cdots,n)$；并且将$\{S_i^0,S_i^1,\cdots,S_i^m\}$秘密发送给参与者$i$，然后公布$\alpha_j^m p,(j=0,1,\cdots,t-1 \text{ and } m=1,\cdots,w-1)$。

8.2.3 秘密重构阶段

(1) 参与者 $i(i=1,2,\cdots,n)$能通过式(8-3)鉴别分发者分发的子份额的正确性，我们在 8.4 节给出证明。如果发现任何不正确的子份额，协议结束；否则，协议继续。

$$S_i^m p=\sum_{j=0}^{k-1} i^j(\alpha_i^m P) \tag{8-3}$$

(2) 在第 r 轮($r=0,1,\cdots,w-1$)，参与者做以下工作。

参与者 $i(i=1,2,\cdots,n)$同时发送 S_i^r 给其他参与者。然后，参与者 i 收到 $S_k^r(k=1,2,\cdots,i-1,i+1,\cdots,n)$，通过式(8-3)检验 S_k^r 的合法性。如果发现错误的子份额，协议结束，欺骗者将永远失去得到秘密的机会；否则，协议继续。

参与者 $i(i=1,2,\cdots,n)$通过式(8-4)重构出 $t-1$ 次多项式 $h_r(x)$，最后，每个参与者都知道 S^r，因为 $h_r(0)=s^r$。

$$h_r(x)=\sum_{i=1}^{t} S_i^r \prod_{1\leqslant j\leqslant t, j\neq i} \frac{x-x_j}{x_i-x_j} \tag{8-4}$$

当 $r<w-1$ 时，如果重构的秘密 $s^r<s^{r-1}$，那么所有参与者知道上一轮重构的秘密是真秘密 s，协议终止；当 $r=w-1$ 时，如果重构的秘密 $s^{w-1}>s^{w-2}$，那么所有参与者知道 $s^{w-1}=s$，协议终止；如果 $s^{w-1}<s^{w-2}$，协议重启。

(3) 在每一轮中，参与者不清楚当前轮是秘密所在轮还是测试轮，如果欺骗者在测试轮中欺骗，他将永远也得不到秘密，所以，所有参与者不得不遵守协议，最后，每位参与者都能得到秘密。

8.3 方案分析

本方案能检验恶意参与方的欺骗行为，具有公平性特点，而且能容忍至多 $m-1$ 个参与者的合谋攻击。本节将对该方案的以上性质做出具体分析。

8.3.1　方案能检验欺骗

参与者能通过式(8-3)验证分发者和其他参与者发送份额的正确性。

证明　由 $S_i^m = h_m(i) \bmod q = \alpha_0^m + \alpha_1^m \cdot i + \cdots + \alpha_{t-1}^m \cdot i^{t-1} \bmod q$ 知

$$
\begin{aligned}
S_i^m P &= \alpha_0^m P + \alpha_1^m P \cdot i + \cdots + \alpha_{t-1}^m P \cdot i^{t-1} \\
&= \sum_{j=0}^{k-1} i^j (\alpha_i^m P)\ (m=0,1,\cdots,w-1, \text{且 } i=1,\cdots,n)
\end{aligned} \tag{8-5}
$$

这样，每一位参与者都能确信他所获得的子份额是合法和有效的。

8.3.2　方案具有公平的性质

在所设计的方案中，参与者不清楚当前轮是真秘密所在轮，还是没有任何有用信息的测试轮。如果有一位参与者偏离协议，那么其他参与者将终止协议，欺骗者将永远得不到秘密。对于参与者来说，他们只能在真秘密所在轮，不发送子份额或者发送错误的子份额，才能获得比其他成员更多的利益。但是我们的协议没有泄露任何关于真秘密的信息，如果参与者在测试轮偏离协议，他们将付出高昂的代价，根据我们前面对理性参与人的假设，任何理性的参与者最大的利益是能够得到秘密，参与者不会冒风险去欺骗。所以理性的参与者不得不遵守协议，最终，每一个参与者都能获得秘密。

8.3.3　方案能容忍至多 $m-1$ 个参与者的合谋攻击

在方案中，每一个合谋集团 $C \subset [n]$，$|C| \leqslant m-1$ 中的合谋者不能通过合谋获得当前轮是真秘密所在轮，还是测试轮。如果

合谋者在参与协议前想了解秘密，他们只能通过猜测秘密，猜对的概率为 β^C，合谋者 P_i 获得效益为 U_i^+；如果猜错秘密，概率为 $1-\beta^C$，合谋者 P_i 获得效益为 U_i^-。所以合谋者 P_i 的期望收益为 $E(U_i^{C^{\text{guess}}})=\beta^C \cdot U_i^+ +(1-\beta^C)\cdot U_i^-$。

如果合谋成员参与协议时，恰好在真秘密所在轮进行攻击，概率 λ^C，那么合谋者 P_i 获得效益为 U_i^+；否则合谋者 P_i 获得效益为 $E(U_i^{C^{\text{guess}}})$。因此合谋者 P_i 的期望收益至多为 $\lambda^C \cdot U_i^+ +(1-\lambda^C)\cdot E(U_i^{C^{\text{guess}}})$。

如果合谋成员遵守协议，那么合谋者 P_i 获得效益为 U_i，所以当满足式(8-6)时，合谋成员将没有偏离协议的动机。

$$U_i>\lambda^C \cdot U_i^+ +(1-\lambda^C)\cdot E(U_i^{C^{\text{guess}}}) \tag{8-6}$$

在我们的协议中满足 $\beta^C=q^{-1}$ 和 $\lambda^C=w^{-1}$，可知：

$$U_i > w^{-1} \cdot U_I^+ + (1-w^{-1})\cdot(q^{-1}\cdot U_i^+ + (1-q^{-1})\cdot U_i^-)$$

$$\Rightarrow w^{-1} < \frac{U_i-(q^{-1}\cdot U_i^+ +(1-q^{-1})\cdot U_i^-)}{U_i^+ -(q^{-1}\cdot U_i^+ +(1-q^{-1})\cdot U_i^-)} \tag{8-7}$$

即当满足式(8-7)时，没有合谋成员能通过背离协议来获得更大的收益。在每一轮中，我们的协议都能满足 $u_i(a'_c, a_{-c})\leqslant u_i(a)$，成员没有合谋偏离协议的动机，所以我们的框架能够容忍至多 $m-1$ 个参与者合谋攻击。

8.4 本章小结

本章采用博弈论的方法，提出了一种基于椭圆曲线的可验证的理性秘密共享方案。该方案具有以下特点：基于椭圆曲线密码体制，能检验出分发者和参与者的欺骗行为，可以获得更好的安全性，达到特定的安全级别所需的密钥长度更短；在密钥重构阶段，不需要可信者参与；将真秘密放在一系列假秘密之中，参与者不知当前轮是否是测试轮；参与者偏离协议不如遵守协议的收益大，理性的参与者有动机遵守协议；最终每位参与者公平地得到秘密。

参考文献

[1] Shamir A. How to share a secret. Communications of the ACM，1979，22(1)：612-613.

[2] Blakeley G R. Safeguarding cryptographic keys. Proceedings of the National Computer Conference. New York：AFIPS Press，1979：313-317.

[3] Chor B，Goldwasser S，Micali S. Verifiable secret sharing and achieving simultaneity in the presence of faults. Proceedings of the 26th Annual Symposium on Foundations of Computer Science. Washington，DC：IEEE Computer Society，1985：383-395.

[4] Feldman P. A practical scheme for non-interactive verifiable secret sharing. Proceedings of the 28th IEEE Symposium on Foundations of Computer Science(FOCS'87). Los Angeles：IEEE Computer Society，1987：427-437.

[5] Pedersen T P. Distributed provers with applications to undeniable signatures. Proceedings of Eurocrypt'91，Lecture Notes in Computer Science，LNCS 547，Berlin：Springer-Verlag，1991：221-238.

[6] Lin H Y，Harn L. Fair reconstruction of a secret. Information Processing Letters，1995，55(1)：45-47.

[7] 庞辽军，王育民．基于RSA密码体制(t, n)门限秘密共享方案．通信学报，2005，26(6)：70-73.

[8] 裴庆祺，马建峰，庞辽军，等．基于身份自证实的秘密共享方案．计算机学报，2010，33(1)：152-156.

[9] Halpern J，Teague V. Rational secret sharing and multiparty computation. Proceedings of the 36 th Annual ACM Symposi-

um on Theory of Computing (STOC). New York: ACM Press, 2004: 623-632.

[10] Kol G, Naor M. Cryptography and game theory: designing protocols for exchanging information. Proceedings of the 5th Theory of Cryptography Conference (TCC). Berlin: Springer-Verlag, 2008: 317-336.

[11] Maleka S, Amjed S, Rangan C P. Rational secret sharing with repeated games. 4th Information Security Practice and Experience Conference, LNCS 4991, Berlin: Springer-Verlag, 2008: 334-346.

[12] Maleka S, Amjed S, Rangan C P. The deterministic protocol for rational secret sharing. 22th IEEE International Parallel and Distributed Processing Symposium. Miami, FL: IEEE Computer Society, 2008: 1-7.

[13] Izmalkov S, Lepinski M, Micali S. Veriably secure devices. 5th Theory of Cryptography Conference, LNCS 4948, Berlin: Springer-Verlag, 2008: 273-301.

[14] Micali S, Shelat A. Purely rational secret sharing. 6th Theory of Cryptography Conference, LNCS 5444, Berlin: Springer-Verlag, 2009: 54-71.

[15] Katz J. Bridging game theory and cryptography: recent results and future directions. 5th Theory of Cryptography Conference-TCC 2008, LNCS 4984. Berlin: Springer-Verlag, 2008: 251-272.

[16] Goldreich O. Foundations of cryptography: basic tools. London: Cambridge University Press, 2001.

第9章 基于移动互联网络的可验证的理性秘密共享方案

密钥共享是网络安全领域研究的重要内容，也是许多安全协议的基石。在经典密钥共享协议[1-9]中，假设一些参与者是诚实的，另一些参与者是恶意的，诚实者始终遵守协议，恶意者可任意偏离协议。而在现实中，把协议的安全性建立在假设和依靠某人是诚实的基础之上，则是非常危险的。常识告诉我们，即使平时人们认为的诚实者，也会有欺诈，甚至和他人合谋进行欺骗的行为。经典密钥共享算法有两种类型：一种是在一定条件下有可信者参与的方案；另一种方案是没有可信者参与，由所有参与者自身来共同完成。第一类方案的优点是简单和高效，但缺点是在分布式环境下，很难找到大家都信任的可信者，实际上，如果协议中总是有可信者的话，那么许多密码协议就没存在的必要了。另外，在网络环境下，即使能找到这样的可信者，也会成为黑客攻击的对象和性能的瓶颈。第二类方案的优点是符合实际，缺点是虽然协议可以利用一些可验证的方法，发现参与者偏离协议的行为，但仅能在参与者偏离协议的行为发生之后，而不能事先采取防护措施来保证参与者没有偏离协议的动机。长期以来，这些缺陷得不到解决，一直困扰着密码学研究者，是信息安全领域研究的热点问题。

为了解决上述研究中所遇到的问题，一些研究方案[10-25]将博弈论与密码学相结合，利用博弈论来解决密码算法中的困难问题和公开问题，开辟了密码学一个崭新的研究方向。Halpern 和 Teague[10]首先引入了理性秘密共享的概念。他们指出有很多纳什均衡在某种意义上是不合理的，因此，他们关注于纳什均衡的一种特殊的细化，这是由弱支配策略的迭代删除决定的。然而，这些协议不能满足(2，2)秘密共享的要求，必须需要在线分发者。随后，一系列理性秘密共享方案[11-20]被提出。然而，它们都不是完全令人满意的，文献[11-13]的工作依赖于安全的多方计算，这是高要求的。Kol 和 Naor[14]的方案具有信息理论的安全性。然而，他们的方案不能抵制合谋攻击。文献[15-16]在重构阶段需要可信第三方参与。文献[17]中的解决方案构建了一种基于重复博弈的理性方案。然而，每个参与者都有很高的概率在他的最后一轮中知道这个秘密。Izmalkov 等[15,18]和 Lepinski 等[19-20]的工作可以保证公平，防止合谋与侧信道攻击。然而，他们的解决方案依赖于物理假设，如安全的信封。在文献[10-14，17，21-25]的方案中假设存在广播信道。文献[11-13，19-27]中的工作需要公钥基础设施(PKI)，包括证书撤销、存储、分发及验证。随着移动网络的发展，世界上有很大比例的人口使用移动电话，而且移动网络为用户提供了无处不在的连接。智能手机和平板电脑等新设备为用户提供了大量的应用和服务，并从根本上改变了我们的生活、生产及学习方式。然而，智能手机和平板电脑在处理器速度、内存大小和磁盘容量等计算资源方面比较薄弱。另外，PKI 计算耗时昂贵，也不太适合移动设备。目前已有的密钥共享协议均不能有效应用于移动互联网络中。移动互联网络环境下理性密钥共享方案的网络拓扑如图 9-1 所示。

本章提出一种可验证的移动网络秘密共享方案，主要贡献如下：提出一种新的适用于多参与方的可验证随机函数，它为参与方共享的正确性提供了一个非交互可验证的证明，且握手协议是不必要的；不需要证书生成、传播和存储方案，其更适合设备有限的规模和处理能力；方案中的公钥是基于每个参与者的身份(例如，电话号码或电子邮件地址)，与 RSA 密码系统中的 1024 位公钥相比，它可以短得多；在方案中，每个参与者对每轮的号码进行加密作为秘密共享，不需要分发任何秘密共享，减少了计算量和通信开销；参与者不知道当前的一轮是否是测试，每个参与者都

不能通过作弊获得更多。最后，在移动网络中，每个参与者都可以公平地获得秘密(意味着要么每个人都得到秘密，要么没有人得到秘密)。

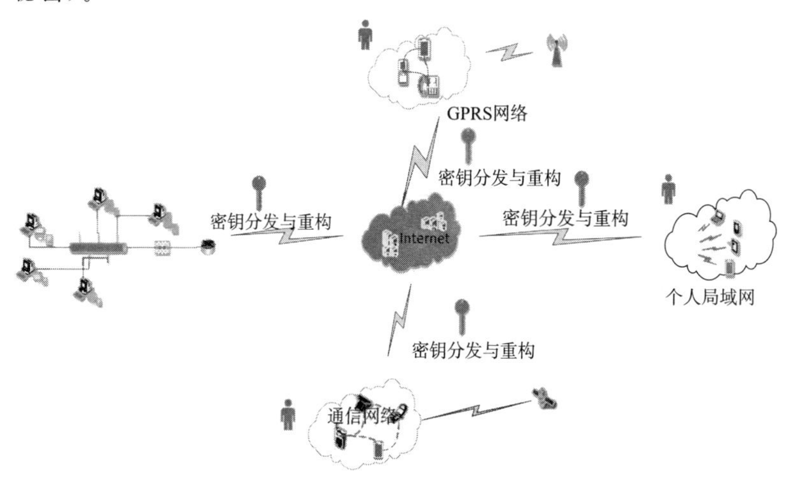

图 9-1　移动互联网络环境下理性密钥共享方案的网络拓扑图

9.1　基础知识

本节将简要说明 Shamir 门限秘密共享算法、哈希函数以及双线性对内容。Shamir (k, n)门限秘密共享算法将秘密 s 分成 n 个子份额，任意 k 个子份额都可以恢复出秘密 s，而任意 $k-1$ 个参与者合作无法恢复出秘密 s。哈希函数是一种单项函数，具有抗碰撞的性质。双线性对是一个通过两个向量空间上的元素来生成第三个向量空间上一个元素的函数，并且该函数与每个参数都是成线性关系。

9.1.1　Shamir 门限秘密共享算法

Shamir 于 1979 年基于 Lagrange 插值公式构造一种经典的门

限秘密共享算法。

(1) 协议初始化阶段：分发者从 $GF(q)$ 中选取 n 个不同的非零元素 $x_1,\cdots,x_n$，然后将 x_i 分配给参与者 p_i，其中 q 为素数且 $q>n$ 。

(2) 秘密分发阶段：从 $GF(q)$ 随机选择 $m-1$ 个元素 $a_1,\cdots,a_{m-1}$，构造 $m-1$ 次多项式 $h(x)=s+\sum_{i=1}^{m-1}a_ix^i$，其中 s 代表秘密，计算 $y_i=h(x_i)$，$1\leqslant i\leqslant n$，然后将 y_i 秘密发送给 p_i。

(3) 秘密重构阶段：n 个参与者中的任意 m 个可以重构多项式 $h(x)$ 如下：

$$\begin{aligned}h(x)=&y_1\frac{(x-x_2)(x-x_3)\cdots(x-x_m)}{(x_1-x_2)(x_1-x_3)\cdots(x_1-x_m)}+\\&y_2\frac{(x-x_1)(x-x_3)\cdots(x-x_m)}{(x_2-x_1)(x_2-x_3)\cdots(x_2-x_m)}+\\&\cdots+y_m\frac{(x-x_1)(x-x_2)\cdots(x-x_{m-1})}{(x_m-x_1)(x_m-x_2)\cdots(x_m-x_{m-1})}\\=&\sum_{i=1}^{m}y_i\prod_{1\leqslant j\leqslant m,j\neq i}\frac{x-xj}{xi-xj}\end{aligned}\tag{9-1}$$

其中，秘密 $s=h(0)$。

9.1.2 哈希函数

哈希(Hash)函数在中文中有很多译名，有些人根据 Hash 的英文原意译为“散列函数”或“杂凑函数”，有些人直接把它音译为“哈希函数”，还有些人根据 Hash 函数的功能译为“压缩函数”“消息摘要函数”“指纹函数”“单向散列函数”等。

Hash 算法是把任意长度的输入数据经过算法压缩，输出一个尺寸小了很多的固定长度的数据，即哈希值。哈希值也称为输入数据的数字指纹或消息摘要等。Hash 函数一般具备以下性质：

(1) 对于任意给定的输出 y，找到满足公式 $y=H(x)$ 的输入 x 在计算上是不可行的。此特性称为 Hash 函数的抗原像攻击性(单向性)。

(2) 对于任意给定的输入 x，找到满足公式 $H(x')=H(x)$ 的 $x'\neq x$ 在计算上是不可行的。此特性称为抗第二原像攻击性(抗弱碰撞攻击性)。

(3) 对于任意输入 x，x'，找到满足公式 $H(x')=H(x)$ 的 $x'\neq x$ 在计算上是不可行的。此特性称为抗碰撞性(抗强碰撞性)。

9.1.3　双线性对

定义 9-1　设 G_1 和 G_2 是 2 个阶为素数 p 的循环群，令 g 为 G_1 的生成元。如果 $e: G_1\times G_1\to G_2$ 满足：

(1) 双线性：对任意的 $u,v\in G_1$ 和 $a,b\in \mathbf{Z}_p^*$，有 $e(u^a,u^b)=e(u,v)^{ab}$。

(2) 非退化性：$e(g,g)\neq 1$。

(3) 可计算性：对任何 $u,v\in G_1$，都存在有效的算法来计算 $e(u,v)$。

则称 e 为双线性映射。双线性映射可以由 Weil 映射和 Tate 映射得到。

9.2　方案设计

首先研究适用于可验证随机函数的基于身份密钥封装机制，设计无须公钥基础设施的理性密钥共享协议，使得技术方案可以在移动互联网络环境下使用；通过构造可验证的随机函数，完善了加密过程中存在的信息缺失或篡改的弊端，大大加强了在移动互联网络环境下使用的安全性。基于身份密钥封装的可验证随机函数构造如图 9-2 所示。

可验证随机函数的概念是 Micali、Rabin 和 Vadhan 首先提出来的，可验证随机函数(VRF)是伪随机并且可验证的，对于它输出的正确性能提供一个非交互的验证证据。

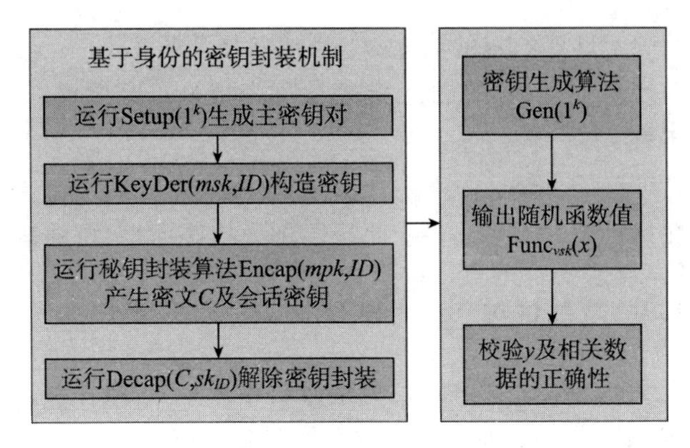

图 9-2　基于身份密钥封装的可验证随机函数构造图

1. 基于身份的密钥封装模型

基于身份的密钥封装模型的概念是 William 等人在异步信道下提出的。基于身份的密钥封装机制允许一个发送者和一个接收者共同协商一个会话密钥 K。他是通过 4 个运算规则定义的：Setup(1^k)以安全的参数作为输入，输出一个主密钥对(mpk，msk)；KeyDer(mpk，ID) 算法运用主私钥对每一个 ID 计算出 sk_{ID}；Encap(mpk，ID)算法用来计算出一个随机的会话密钥以及密文 C；Decap(C，sk_{ID})允许接收者解开密文的封装从而返回会话密钥 k。一个可用于可验证随机函数构造的基于身份的密钥封装算法如下。

Setup(1^k)：k 是一个安全的参数，G_1，G_2 是素数阶为 q 的两个双线性群。此外，让 $e:G_1 \times G_1 \rightarrow G_2$ 表示双线性映射。其中 g 是 G_1 的生成元，$g \in G_1$。然后算法从 $\mathbf{Z}_P^*$ 中随机挑选 $s \leftarrow \mathbf{Z}_P^*$，得到 $h = g^s$，进而输出一个主密钥对($mpk=(g,h)$，$msk=s$)。

KeyDer(mpk，ID)：密钥产生算法构造一个密钥 $sk_{ID} = g^{\frac{1}{s+ID}}$，$ID \in \mathbf{Z}_P^*$。

Encap(mpk，ID)：密钥封装算法从 $\mathbf{Z}_q$ 中取出一个随机的 t 值，$t \leftarrow \mathbf{Z}_q$。然后计算一个随机的会话密钥 $K = e(g,g)^t$ 及相对应

的密文 C，$C=(g^s g^{ID})^t$。

Decap(C,sk_{ID})：解封装算法，用密钥 sk_{ID} 从密文 C 中计算会话密钥 K，$K=e(C,sk_{ID})$。

2. 可验证随机函数构造

Gen(1^k)运行$(mpk,msk)\leftarrow$Setup(1^k)，选择一个任意的身份 $ID_0\in ID$,其中 ID 是身份空间，然后计算 $C_0\leftarrow$Encp(mpk,ID_0)。接下来设置 $vpk=(mpk,C_0)$和 $vsk=msk$。

Func$_{vsk}(x)$计算 $\pi_x=(sk_x,aux_x)=$KeyDer(msk,x)和 $y=Decap(C_0,\pi_x)$。返回(y,π_x)，其中 y 是输出，π_x 是一个证据。

Ver(vpk,x,y,π_x)通过计算$(C,K)=$Encap(mpk,x,aux_x)并验证是否 $K=$Decap(C,π_x)，从而检验 π_x 是否是 x 的有效证据。然后通过计算是否 Decap$(C_0,\pi_x)=y$ 来验证 y 的正确性。如果以上两个验证都是正确的话，那么这个算法就返回 1，否则的话返回 0。

为了能让以上构造方法适用于移动互联网络，我们进一步对以上方法进行改进，把以上适用两方的基于身份的可验证随机函数拓展到多方参与的情景当中，这样一来就可以在我们的移动互联模型中得到应用。

假设 $p_1,\cdots,p_n$ 是 n 个参与者，$ID_i\in ID(i=1,\cdots,n)$对应每一个人的身份，其中 ID 是身份空间，d_i 是每一个 p_i 的私钥。

Gen(1^k)：以安全参数 k 为输入，返回(mpk_i,msk_i)并且计算 $C_0^i\leftarrow$Encap(mpk_i,ID_i)。然后设 $vpk_i=(mpk_i,C_0^i)$，$d_i=msk_i$。

Func$_{di}(x)$：计算 $\pi_{di}(x)=(sk_x^i,aux_x^i)=$KeyDer$(msk_i,x)$，$E_{di}(x)=$Decap$(C_i,\pi_x)$的值。其中 $E_{di}(x)$为 VRF 的输出，$\pi_{di}(x)$为证据。

VER$(vpk_i,x,E_{di}(x),\pi_{d_i}(x))$：首先要验证对于 x，$\pi_{di}(x)$是否是正确的。计算$(C_i,K_i)=$Encap(mpk_i,x,aux_x^i)并且验证 $K_i=$Decap$(C_i,\pi_{d_i}(x))$。然后通过检验 Decap$(C_0^i,\pi_{d_i}(x))=E_{d_i}(x)$的正确与否来验证 y 的正确性。如果两个验证都通过的话，算

法返回 1，否则的话返回 0。

3. 移动互联网络环境下理性密钥共享方案设计

针对现有大多数协议建立在广播信道基础上不能在移动互联网络环境中实现的问题，本节基于身份密钥封装的可验证随机函数的构造方案，设计了移动互联网络环境下的理性密钥共享方案。方案分为密钥分发阶段和密钥重构阶段，具体构造过程如下。

(1) 密钥分发阶段：

① 假设有 n 个参与者 $p_i(i=1,2,\cdots n)$，密钥为 L，$ID_i \in ID$ $(i=1,\cdots n)$作为 p_i 的身份。设 d_i 作为 p_i 的私钥，$h:\{0,1\}^* \rightarrow \mathbf{Z}_P^*$ 是一个抗碰撞哈希函数。

② 分发者根据参数 λ 的几何分布，随机选取一个整数 $r^{real} \in \mathbf{Z}_P$，然后计算 $\mathrm{Gen}(1^k)$从而得到 d_i。

③ 分发者选取素数 p，利用拉格朗日差值算法构建两个$(n-1)$阶的多项式。

第一个多项式利用 n 个数值$(ID_1 \parallel r^{real}, E_{d_i}(r^{real})),\cdots,(ID_n \parallel r^{real}, E_{d_n}(r^{real}))$构建 $W(x)$，另一个多项式使用 n 个数值$(ID_1 \parallel (r^{real}+1), E_{d_i}(r^{real}+1)),\cdots,(ID_n \parallel (r^{real}+1), E_{d_n}(r^{real}+1))$构建 $W'(x)$：

$$W(x) = \sum_{i=1}^{n} E_{di}(r^{real}) \cdot \prod_{j=1,j\neq i}^{n} \frac{x - h(ID_j \parallel r^{real})}{h(ID_i \parallel r^{real}) - h(ID_j \parallel r^{real})} \bmod p \tag{9-2}$$

$$\begin{aligned} W'(x) &= \sum_{i=1}^{n} E_{di}(r^{real}+1) \prod_{j=1,j\neq i}^{n} \frac{x - h(ID_j \parallel r^{real}+1)}{h(ID_i \parallel r^{real}+1) - h(ID_j \parallel r^{real}+1)} \bmod p \\ &= a_0{}^{r^{real}+1} + a_1{}^{r^{real}+1} x + a_2{}^{r^{real}+1} x^2 + \cdots + a_{n-1}{}^{r^{real}+1} x^{n-1} \end{aligned} \tag{9-3}$$

令 $M^{rreal} = W(0)$，$value = l \oplus M^{rreal}$.

④ 分发者从$[0,p-1]-h(ID_i \parallel r)(r=1,2,\cdots,r^{real})$中选择$(n-t)$个最小的整数 $m_1,\cdots,m_{n-t}$ 并且计算 $W(m_k)$和 $W'(m_k)$ $(k=1,2,\cdots n-t)$。

⑤ 分发者公布$(m_k, W(m_k)),(m_k, W'(m_k))(k=1,2,\cdots n-t)$，$value$ 和$h(a_j^{rreal+1})(j=0,1,\cdots n-1)$一系列值，并且发送 d_i 给 p_i。

(2) 密钥重构阶段：

设 $T=\{p_{a_1},p_{a_2},\cdots,p_{a_t}\}$ 是 t 个参与者，是 $p_{a_i}(1\leqslant i\leqslant t)$ 的子份额。在第 $r(r\in N^*)$ 轮，参与者执行协议如下：

① 当 $r\equiv i(\bmod t)$ 时，t 个参与者按照 $p_{a_{i+1}},p_{a_{i+2}},\cdots,p_{a_t},p_{a_1},p_{a_2},\cdots,p_{a_i}(0\leqslant i\leqslant t-1)$ 的顺序发送子密钥。

② $p_{a_j}\in T$ 从 $p_{a_i}\in T$ 得到发送的密钥，如果 $\mathrm{VER}(vpk_i,r,E_{d_{ai}}(r),\pi_{d_{ai}}(r))=0$ 则得出 $\pi_{d_{ai}}(r)$ 不是 $E_{d_{ai}}(r)$ 的有效证据，即存在合谋欺骗，然后参与者利用 t 个数值对 $((ID_{a_1}\parallel(r-1),E_{d_{a_1}}(r-1)),\cdots,((ID_{a_t}\parallel(r-1),E_{d_{a_t}}(r-1))$ 和 $n-t$ 个数值对 $(m_1,W(m_1)),\cdots,(m_{n-t},W(m_{n-t}))$ 就可以唯一确定一个 $(n-1)$ 阶的多项式如下：

$$B(x)=\sum_{i=1}^{t}E_{d_{a_i}}(r-1)\prod_{j=1,j\neq i}^{t}\frac{x-h(ID_{a_j}\parallel(r-1))}{h(ID_{a_i}\parallel(r-1))-h(ID_{a_j}\parallel(r-1))}\prod_{j=1}^{n-t}\frac{x-m_i}{h(ID_{a_i}\parallel(r-1))-m_i}+$$
$$\sum_{i=1}^{n-t}W(m_i)\prod_{j=1,j\neq i}^{n-t}\frac{x-m_j}{m_i-m_j}\prod_{j=1}^{t}\frac{x-h(ID_{a_j}\parallel(r-1))}{m_i-h(ID_{a_j}\parallel(r-1))}\bmod p \tag{9-4}$$

令 $M^{r-1}=B(0)$，则可以重构密钥 $l'=value\oplus M^{r-1}$，然后终止协议。如果 $\mathrm{VER}(vpk_i,r,E_{d_{ai}}(r),\pi_{d_{ai}}(r))=1$ 则 $\pi_{d_{ai}}(r)$ 是 $E_{d_{ai}}(r)$ 的有效证据，即没有成员欺骗，继续协议。

利用 t 个数值对 $((ID_{a_1}\parallel r),E_{d_{a_1}}(r)),\cdots,((ID_{a_t}\parallel r),E_{d_{a_t}}(r))$ 和 $n-t$ 个数值对 $(m_1,W'(m_1)),\cdots,(m_{n-t},W'(m_{n-t}))$，则可以唯一确定一个 $(n-1)$ 阶的多项式如下：

$$\begin{aligned}B'(x)&=\sum_{i=1}^{t}E_{d_{a_i}}(r)\cdot\prod_{j=1,j\neq i}^{t}\frac{x-h(ID_{a_j}\parallel r)}{h(ID_{a_i}\parallel r)-h(ID_{a_j}\parallel r)}\cdot\prod_{j=1}^{n-t}\frac{x-m_i}{h(ID_{a_i}\parallel r)-m_i}+\\&\quad\sum_{i=1}^{n-t}W'(m_i)\cdot\prod_{j=1,j\neq i}^{n-t}\frac{x-m_j}{m_i-m_j}\cdot\prod_{j=1}^{t}\frac{x-h(ID_{a_j}\parallel r)}{d_{a_i}-h(ID_{a_j}\parallel r)}\bmod p\\&=b_0^r+b_1^rx+b_2^rx^2+\cdots+b_{n-1}^rx^{n-1}\end{aligned} \tag{9-5}$$

如果 $h(b_j^r)\neq h(a_j^{real+1})(j=0,1\cdots,n-1)$ 则继续协议，如果 $h(b_j^r)=h(a_j^{real+1})$ 则 $r=r^{real}+1$，利用 t 个数值对 $((ID_{a1}\parallel r^{real}),E_{da1}(r^{real})),\cdots,((ID_{at}\parallel r^{real}),E_{dat}(r^{real}))$ 和 $n-t$ 个数值对 $(m_1,W(m_1)),\cdots,(m_{n-t},W(m_{n-t}))$ 可以唯一确定一个 $(n-1)$ 阶的多项式如下：

$$B^{real}(x)=\sum_{i=1}^{t}E_{d_{a_i}}(r^{real})\prod_{j=1,j\neq i}^{t}\frac{x-h(ID_{a_j}\parallel r^{real})}{h(ID_{a_i}\parallel r^{real})-h(ID_{a_j}\parallel r^{real})}\prod_{j=1}^{n-t}\frac{x-m_i}{h(ID_{a_i}\parallel r^{real})-m_i}+$$

$$\sum_{i=1}^{n-t}W(m_i)\prod_{j=1,j\neq i}^{n-t}\frac{x-m_j}{m_i-m_j}\prod_{j=1}^{t}\frac{x-h(ID_{a_j}\parallel)r^{real}}{d_{a_i}-h(ID_{a_j}\parallel)r^{real}}\bmod p \tag{9-6}$$

令 $M^{rreal}=B^{real}(0)$，则重构出密钥 $l=value\oplus M^{rreal}$，结束协议。

9.3 安全证明

定理 9-1 如果一个敌手可以攻破我们的方案，那么可以以不可忽视的优势建立一个模拟器解决 q-DBDHI 假设。

证明 我们假设存在一个敌手 A 可以以不可忽略的优势$\varepsilon(k)$攻破该协议。那么我们可以建立一个模拟器 B 能够以不可忽略的概率优势攻破 q-DBDHI 假设。

输入：模拟器 B 接收一个元组$(g,g,\cdots g^{(ap)},\Gamma)\in G_1^{q+1}\times G_2$，并且当 $\Gamma=e(g,g)^{1/a}$ 时输出 1，否则输出 0。

密钥生成：假设 A 试图猜测消息 $x_0\in \mathbf{Z}_P^*$。令 $s=a-x_0$，使用二项式原理，计算$(g,g,\cdots g^{(ap)})$。然后 B 计算 $f(z)=\prod_{w\neq x_0}^{w\in \mathbf{Z}_q}(z+w)=\sum_{i=0}^{q-1}c_iz^i$ 和新的基底 $g'=g^{f(s)}=\prod_{i=0}^{q-1}g^{s^ic_i}$。最终计算 $h=(g')^s=\prod_{i=1}^{q-1}g^{s^jc_{i-1}}$，选择一个随机 t，并设置 $c_0=(g')^t$，将 g',h，C_0 作为公钥发送给 A。

阶段 1：敌手 A 被允许查询不同身份 x_i 的私钥，其中 $|x_i\cap\varphi|<t$ 且 $\varphi=(ID_1,ID_2,\cdots ID_n)$。考虑对于消息 x_i 的第 i 个查询$(1\leqslant i<q)$。如果 $x_i=x_0$，那么 B 可以计算下面的秘密值。首先定义 $f_i(z)=\dfrac{f(z)}{z+x_i}=\sum_{i=0}^{q-2}z^iv^i$，然后计算 $sk_{xi}=(g')^{1/(s+xi)}=g^{f_i(s)}=\sum_{i=0}^{q-2}g^{s^jv_i}$ 并返回给 A 作为 x_i 的私钥。已知 t 对 $((ID_{a1}\parallel r),E_{d_{a1}}(r)),\cdots,((ID_{at}\parallel r),E_{d_{at}}(r))$ 和 $n-t$ 对$(m_1,$

$W'(m_1)),\cdots,(m_{n-t},W'(m_{n-t}))$，模拟器可以通过使用拉格朗日插值多项式重构$(n-1)$级多项式$B'(x)$。但是，$B'(x)$的系数与原方案相同。

挑战：敌手A输出一个消息x^*。如果$x^*\neq x_0$，那么B就失败了。否则，挑战者可以通过以下方式计算一个会话密钥K_b。设 $f'(z)=\dfrac{f(z)}{z+x_0}-\dfrac{\gamma}{z+x_0}=\sum\limits_{i=0}^{q-2}z^i\gamma_i$ 并计算 $Z_0=\left(\prod\limits_{i=0}^{q-1}\prod\limits_{j=0}^{q-2}e(g^{si},g^{sj})\right)\left(\prod\limits_{m=0}^{q-2}e(g,g^{sm})^{\gamma\gamma m}\right)=e(g,g)^{(f(s)-\gamma 2)/\alpha}$。模拟器随机抛硬币$b$，并设一个会话密钥$K_b=(Z^{\gamma^2}\cdot Z_0)^t$，若$b=0$，那么$Z=e(g,g)^{1/\alpha}$，$K_b=e(g',g')^{t/(s+x_i)}$是正确的形式。否则Z随机的，$K_b$也同样是随机的。最终，将$K_b$发送给敌手。

阶段 2：和阶段 1 完全相同。

猜测阶段：敌手A输出b的一个猜测b'，以及B返回b'作为自己的猜测。

假设存在一个概率多项式时间敌手A可以以$\dfrac{1}{2}+\varepsilon(k)$概率打破协议，那么可以构造一个模拟器$B$以$\dfrac{1}{2}+\varepsilon(k)$概率打破$q$-DBDHI 假设。($B$的输出与$A$的输出相同。)很明显，这是矛盾的。因为$q$-DBDHI 假设很难被解决，因此没有任意一个敌手A可以以不可忽略的概率$\varepsilon(k)$打破协议，证明完毕。

9.4　方案比较

我们将该方案与之前的理性秘密共享方案在效率和安全性方面进行了比较：Halpern 和 Teague[10] 的工作假设同时存在广播信道(SBC)，他们的方案无法抵抗合谋攻击，并且预期复杂度为$O(\dfrac{5}{a^3})$。文献[11-13] 的工作依赖于安全的多方计算，效率低下。

Kol 和 Naor[14] 的工作展示了如何避免同时广播，代价是增加了轮复杂度。此外，该方案并不是无串连的，以及轮数的复杂度为 $O(\frac{n}{\beta})$。文献[15-16]的工作在重构阶段需要一些可信的外部方参与，但现实中很难找到。Maleka 等人[17] 提出方案的轮数复杂度为 $O(n^2)$。Zmalkov 等人[18] 和 Lepinski 等人[19-20] 的工作依赖于安全信封和投票箱等物理假设。在文献[10-14，17，21-25]的方案中假设存在广播信道，这是不现实的。文献[11-13，19-27]中的工作需要握手协议和交换与证书管理相关的公钥，包括分发、存储、撤销和证书验证的计算成本，这些都比较昂贵，限制了它们在移动网络中的实际应用。与之前的方案相比，在本方案中，轮数复杂度为 $O(\frac{1}{\lambda})$ (α,β 和 λ 的值大致相同)，方案无须利用安全多方计算、物理信道或诚实方的假设，从而更加实用。该方案为参与者共享的正确性提供了非交互可验证的证明，无须握手协议，另外不需要证书的生成、传播和存储，更适合有限尺寸和处理能力的设备；该方案中的公钥是基于每个参与者身份设置的，与 RSA 密码系统中的 1024 位公钥相比，这个公钥要短得多；在该方案中，每个参与者都使用自己对每轮数的加密作为秘密共享，不需要分发任何秘密份额，减少了计算量和通信开销；该方案可以抵御合谋攻击，即使整个合谋集团都作弊，集团中也没有任何参与者能够得到有用的信息。

9.5 本章小结

本章提出一种适用于移动互联网环境下的理性秘密共享方案。该方案不需要借助广播信道，简化了密钥管理，适合于手机、Pad 等体积有限、处理能力有限的移动设备。此外，该方案在重构阶段没有假设存在可信方，也无须利用安全多方计算协议。该方案可以抵御合谋攻击，即使整个合谋集团作弊，合谋集团中也

没有任何一方可以得到有效的信息。因此，理性的参与者没有作弊的动机，最后，每个参与者都可以在移动网络中公平地获取秘密。

参考文献

[1] Shamir A. How to share a secret. Comnmunications of the ACM, 1979, 22(11): 612-613.

[2] Blakeley G R. Safeguarding cryptographic keys. Proceedings of the National Computer Conference, AFIPS Press, New York, NY, USA, 1979: 313-317.

[3] Hou Y C, Quan Z Y, Tsai C F, and Tseng A Y. Block-based progressive visual secret sharing. Information Sciences, 2013, 233(4): 290-304.

[4] Herranz J, Ruiz A, and Sáez G. New results and applications for multi-secret sharing schemes. Designs, Codes, and Cryptography, 2014, 73(3): 841-864.

[5] Shao J. Efficient verifiable multi-secret sharing scheme based on hash function. Information Sciences, 2014, 278:104-109.

[6] Fatemi M, Ghasemi R, and Eghlidos T. Efficient multistage secret sharing scheme using bilinear map. IET Information Security, 2014, 8(4): 224-229.

[7] Chor B, Goldwasser S, Micali S, and Awerbuch B. Verifiable secret sharing and achieving simultaneity in the presence of faults. Proceedings of the 26th Annual Symposium on Foundations of Computer Science, IEEE Computer Society, Portland, Ore, USA, October 1985: 383-395.

[8] Feldman P. A practical scheme for non-interactive verifiable secret sharing. Proceedings of the 28th Annual Symposium on Foundations of Computer Science, IEEE, Los Angeles,

Calif, USA, 1987: 427-437.

[9] Pedersen T P. Distributed provers with applications to undeniable signatures. Advances in Cryptology-EUROCRYPT'91, vol. 547 of Lecture Notes in Computer Science, Springer, Berlin, 1991: 221-242.

[10] Halpern J and Teague V. Rational secret sharing and multiparty computation: extended abstract. Proceedings of the 36th Annual ACM Symposium on Theory of Computing, ACM Press, New York, NY, USA, 2004: 623-632.

[11] Gordon S D and Katz J. Rational secret sharing, revisited. Security and Cryptography for Networks, vol. 4116 of Lecture Notes in Computer Science, Springer, Berlin, 2005: 229-241.

[12] Zhang E and Cai Y Q. A new rational secret sharing scheme. China Communications, 2010, 7(40): 18-22,.

[13] Koland G, Naor M. Cryptography and game theory: designing protocols for exchanging information. Proceedings of the 5th Theory of Cryptography Conference, TCC 2008 New York, USA, vol. 4948 of Lecture Notes in Computer Science, Springer, Berlin, 2008: 320-339.

[14] Kol G. and Naor M. Games for exchanging information. Proceedings of the 40th Annual ACM Symposium on Theory of Computing (STOC'08), ACM Press, 2008: 423-432.

[15] Izmalkov S, Lepinski M, and Micali S. Verifiably secure devices. Proceedings of the 5th Theory of Cryptography Conference, New York, USA, vol. 4948 of Lecture Notes in Computer Science, Springer, Berlin, 2008: 273-301.

[16] Micali S and Shelat A. Purely rational secret sharing (extended

abstract). 6th Theory of Cryptography Conference, San Francisco, CA, USA, vol. 5444 of Lecture Notes in Computer Science, Springer, Berlin, 2009: 54-71.

[17] Maleka S, Shareef A, and Rangan C P . The deterministic protocol for rational secret sharing. Proceedings of the 22nd IEEE International Parallel and Distributed Processing Symposium (IPDPS 08), IEEE, Miami, Fla, USA, 2008: 1-7.

[18] Izmalkov S, Lepinski M, and Micali S. Rational secure computation and ideal mechanism design. Proceedings of the 46th Annual IEEE Symposium on Foundations of Computer Science (FOCS'05), IEEE Press, New York, USA, 2005: 623-632.

[19] Lepinski M, Micali S, and Shelat A. Collusion-free protocols. Proceedings of the 37th Annual ACM Symposium on Theory of Computing (STOC'05), ACM, Baltimore, Md, USA, 2005: 543-552.

[20] Lepinski M, Micali S, Peikert C, and Shelat A. Completely fair SFE and coalition-safe cheap talk. Proceedings of the 23rd ACM Symposium on Principles of Distributed Computing (PODC'04), 2004:1-10.

[21] Isshiki T, Wada K, and Tanaka K. A rational secret-sharing scheme based on RSA-OAEP. IEICE Transactions on Fundamentals of Electronics, Communications and Computer Sciences, 2010, 93(1): 42-49.

[22] Zhang Z and Liu M. Rational secret sharing as extensive games. Science China Information Sciences, 2013, 56(3): 1-13.

[23] Zhang E and Cai Y Q. Collusion-free rational secure sum protocol. Chinese Journal of Electronics, 2013, 22(3): 563-566.

[24] Yang Y and Zhou Z F. An efficient rational secret sharing protocol

resisting against malicious adversaries over synchronous channels. In Information Security and Cryptology, vol. 7763 of Lecture Notes in Computer Science, Springer, Berlin, 2013: 69-89.

[25] Tian Y, Ma I, Peng C, and Jiang Q. Fair (t, n) threshold secret sharing scheme. IET Information Security, 2013, 7(2): 106-112.

[26] Fuchsbauer G, Katz J, and Naccache D. Efficient rationalsecret sharing in standard communication networks. Proceedings of the 7th Cryptography Conference, TCC 2010, Zurich, Switzerland, vol. 5978 of Lecture Notes in Computer Science, Springer, Berlin, 2010: 419-436.

[27] Zhang E and Cai Y O. Rational multi-secret sharing scheme in standard point-to-point communication networks. International Journal of Foundations of Computer Science, 2013, 24(6): 879-897.

[28] Katz J. Bridging game theory and cryptography: recent results and future directions. Proceedings of the 5th Theory of Cryptography Conference, TCC 2008, New York, USA, vol. 4948 of Lecture Notes in Computer Science, Springer, Berlin, 2008: 251-272.

[29] Micali S, Rabin M, and Vadhan S. Verifiable random functions. Proceedings of the 40th IEEE Symposium on Foundations of Computer Science, IEEE Press, NewYork, USA, 1999: 120-130.

[30] Dodis Y. Efficient construction of (distributed) verifiable random functions. In Public Key Cryptography-PKC 2003, Desmedt Y G, Ed. , vol. 2567 of Lecture Notes in Computer Science, Springer, Berlin, 2002: 1-17.

[31] Dodis Y and Yampolskiy A. A verifiable random function with short proof and keys. In Public Key Cryptography-PKC 2005, vol. 3386 of Lecture Notes in Computer Science, Springer, Berlin, 2005: 416-431.
[32] Abdalla M, Catalano D, and Fiore D. Verifiable random functions from identity-based key encapsulation. In Advances in Cryptology-EUROCRYPT 2009, vol. 5479 of Lecture Notes in Computer Science, Springer, Berlin, 2009: 554-571.
[33] Sakai R and Kasahara M. ID based cryptosystems with pairing on elliptic curve. Proceedings of the Symposium on Cryptography and Information Security, Report 2003/054, Cryptology ePrint Archive, 2003.

第10章　云外包密钥共享方案

密钥共享是密码学领域的重要研究内容，也是许多密码协议的基石，在电子商务、安全协议、数据安全存储、银行保险门开启、导弹发射控制等多方面有广泛的应用。密钥共享的思想是将密钥以某种方式拆分，拆分后的每个子份额由不同的参与者拥有，只有若干个参与者协同合作才能恢复密钥，这样达到防止密钥过于集中和容忍入侵的目的。Shamir[1]和Blakeley[2]分别于1979年独立地提出了密钥共享的概念，并设计了相应的(m,n)门限密钥共享体制，方案要求大于或等于m人方可重构出密钥，少于m人合作得不到密钥。之后，密钥共享研究受到了广泛关注，取得了许多研究成果。

为了促使计算能力薄弱的云租户有效及公平地重构密钥，本章结合云外包计算和密钥共享特性，提出两种云外包密钥共享方案：一种是基于半同态的云外包密钥共享；另一种是基于多密钥全同态的云外包密钥共享。在云外包密钥共享过程中，云租户间无须交互，只需进行少量解密和验证操作，而将复杂耗时的密钥重构计算外包给云服务提供商。方案无须复杂的交互论证或零知识证明，能够及时发现云租户和云服务提供商的恶意行为，且云服务提供商不能得到关于密钥的任何有用信息。最终，每位云租户都能够公平和正确地得到密钥。安全分析和性能比较表明方案是安全和有效的。

10.1　基于半同态的云外包密钥共享方案

针对现有云外包密钥共享方案中存在云租户数据安全性和计

算公平性以及云服务提供商计算结果正确性验证等问题，本节提出一种基于半同态加密的云外包密钥共享方案，其具体系架构如图 10-1所示。在初始阶段，分发者将随机值发送给云租户；在密钥分发阶段，使用同态加密算法对子份额进行加密，并提出一种改进的 Feldman 验证方法，分发者将加密后的密钥子份额分发给云租户并广播验证信息；在云外包计算阶段(密钥重构阶段)，云服务提供商首先验证云租户的信息，再进行重构运算操作，并将密文计算结果返回给云租户。最后，云租户对该密文结果进行解密并验证计算结果的正确性。

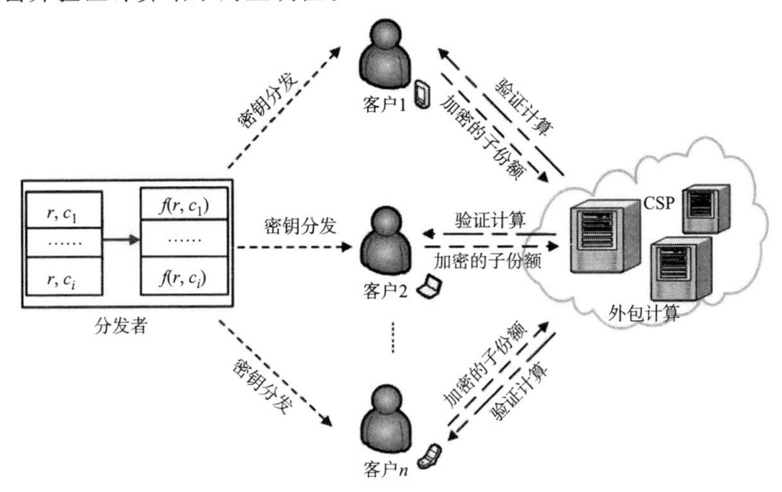

图 10-1　半同态云外包密钥共享方案模型

10.1.1　初始阶段

方案参数 p 为大素数，q 为 $p-1$ 的大素数因子。$g \in \mathbf{Z}_p^*$ 且 $g^q = 1 \bmod p$，三元组(p,q,g)公开。e 分发者从有限域 $GF(q)$中随机选择 n 个不同的非零元素 $x_1, x_2, \cdots, x_n$，并将 x_r 作为参与者 p_r 的公开信息，其中 $r=1,2,\cdots,n$。

在有限域 $GF(q)$ 中随机选择 $m-1$ 个不同的非零元素 $a_1',a_2',\cdots,a_{m-1}'$ 构造 $m-1$ 次多项式

$$f(x)'=a_0'+\sum_{i=1}^{m-1}a_i'x^i \bmod q \tag{10-1}$$

其中，a_0 是随机值，计算密钥子份额 $y_{r'}=f(x_r)',1\leqslant r\leqslant n$，并将随机值 a_0 分发给云租户。

10.1.2　密钥分发阶段

(1) 分发者从 $GF(q)$ 中随机选择 $m-1$ 个元素 $a_1,a_2\cdots,a_{m-1}$，构造 $m-1$ 次多项式

$$f(x)=s_0+\sum_{i=1}^{m-1}a_ix^i \bmod p \tag{10-2}$$

计算密钥子份额 $y_r=f(x),1\leqslant r\leqslant n$，其中 a_0 为要共享的密钥。

(2) 根据密钥共享的同态性，分发者对密钥子份额 $y_1',y_2',\cdots,y_n'$ 和 $y_1,y_2,\cdots,y_n$ 进行计算

$$s_1=y_1\oplus y_1',s_2=y_2\oplus y_2',\cdots,s_n=y_n\oplus y_n' \tag{10-3}$$

(3) 分发者将元组 $(s_r,h(a_0))$ 分别发送给云租户 $p_r,1\leqslant r\leqslant n$。其中 $h(\cdot)$ 为单向哈希函数。

(4) 分发者广播验证信息 $\alpha_j=g^{aj\oplus a_j'} \bmod p,j=0,1,\cdots,m-1$。

10.1.3　云外包计算阶段

(1) 由 m 个云租户分别将 (s_r,α_ϕ) 发给云服务提供商(CSP)，其中 $1\leqslant r\leqslant n$。

(2) 云服务提供商(CSP)执行验证算法检查等式(10-4)是否成立：

$$g^{s_r}=\prod_{j=0}^{m-1}(\alpha_j)^{x_r^j} \bmod p \tag{10-4}$$

其中，$j=0,1,\cdots,m-1$。如果等式(10-4)成立则进行下一步，

否则中断协议并将云租户 p_r 的欺骗行为进行广播。

(3) 云服务提供商(CSP)使用拉格朗日插值公式 $F(x)$重构密钥 s：

$$
\begin{aligned}
f(x) &= s_1 \frac{(x-x_2)(x-x_3)\cdots(x-x_t)}{(x_1-x_2)(x_1-x_3)\cdots(x_1-x_t)} + \\
&\quad s_2 \frac{(x-x_1)(x-x_3)\cdots(x-x_t)}{(x_2-x_1)(x_2-x_3)\cdots(x_2-x_t)} + \cdots \\
&\quad + s_t \frac{(x-x_1)(x-x_2)\cdots(x-x_{t-1})}{(x_t-x_1)(x_t-x_2)\cdots(x_t-x_{t-1})} \\
&= \sum_{r=1}^{t} s_r \prod_{1\leqslant j\leqslant t, j\neq r} \frac{x-x_j}{x_r-x_j}
\end{aligned}
\tag{10-5}
$$

由式(10-5)我们得到 $s'=F(0)=a_0a'_0$，云服务提供商(CSP)将密文 s'返回给云租户。

10.1.4　验证阶段

(1) 云租户运行简单的解密算法得到密钥，其中 $s=s'-a'_0$，且 a'_0是云租户已知的。

(2) 云租户运行哈希算法并检验 $h(a_0)$和 $h(s)$是否相等，从而验证云服务提供商(CSP)计算结果的正确性。若 $h(a_0)=h(s)$则表明计算结果正确，否则云服务提供商(CSP)进行欺骗。

10.1.5　安全分析

本节提出的可验证的基于半同态的云外包密钥共享方案，其安全性分析如下。

定理 10-1　基于半同态的云外包密钥共享方案是安全的，且任何少于 m 个客户合谋攻击不能获得关于密钥的任何有用信息。

证明　(a) 任意少于 m 个客户合谋攻击不能重构出密钥。

在该方案中，假设 $m-1$ 个客户合谋并发送各自的子份额 s_r，其中 $r=1,2,\cdots,n$。基于这些子份额，$m-1$ 个客户不能得到关于密钥的任何有用信息，因为任意 m 个点可以唯一地确定多项式 $F(x)$。相反，任何大于或等于 m 个客户合作则可以获得密钥。

(b) CSP 不能获得关于密钥的任何有用信息。

客户隐私保护是许多现实生活场景的重要特征。在该方案中，使用半同态加密算法对密钥子份额进行加密。在密钥重构阶段，每个客户向 CSP 发送加密的子份额。因此，CSP 不能获得关于密钥的任何有用信息。在本文中，我们假设 CSP 不能与客户合谋。文献[3]表明，CSP 和任意客户的合谋将危害其他客户的输入和最终计算结果的隐私。实际上，在现实生活中，大型云服务提供商(CSP)如亚马逊、微软、谷歌等都具有一定的声誉。失去声誉将对其在金融交易和社会行为等方面产生负面影响。例如，如果 CSP 选择欺骗且其恶意行为被客户发现，则 CSP 的信誉将大大降低。在下一次交易中，客户可以选择其他具有良好信誉的 CSP 来提供服务。因此，CSP 具有正确执行协议的动机。

定理 10-2 客户和 CSP 可以利用公开验证信息来验证子份额的正确性，并且可以及时检测客户的恶意行为。

证明 在该方案中，我们提出一种改进的 feldman 验证方法。通过公开验证信息 $\alpha_j = g^{a_j \oplus a_j'}$ 检测子份额 s_r 的正确性，子份额 s_r 的证明如下：

$$\begin{aligned} g^{s_r} &= g^{y_r \oplus y_r'} \\ &= g^{(a_0 + a_1 x_r + \cdots + a_{m-1} x_r^{m-1}) \oplus (a_0' + a_1' x_r + \cdots + a_{m-1}' x_r^{m-1})} \\ &= g^{(a_0 \oplus a_0') + (a_1 \oplus a_1') x_r + \cdots + (a_{m-1} \oplus a_{m-1}') x_r^{m-1}} \\ &= \alpha_0 \alpha_1^{x_r} \cdots \alpha_{m^r-1}^{x^{m-1}} \end{aligned} \tag{10-6}$$

所以，可以通过检查以下等式来验证子份额 s_r 的正确性：

$$g^{s_r} = \prod_{j=0}^{m-1} (\alpha_j)^{x_r^j} \bmod p \tag{10-7}$$

如果客户发送正确的子份额，则等式(10-7)成立。此外，如果客户进行欺骗或不发送正确的子份额，其恶意行为可以被及时检测。

定理 10-3 客户能够验证 CSP 返回结果的正确性。

证明 在云计算阶段，客户向 CSP 发送各自的子份额并失去

对其数据的控制，CSP 具有很大的动机进行欺骗并返回错误的结果。因此，客户需要保证 CSP 返回结果的正确性。在本节中，我们通过单向散列函数来验证 CSP 返回结果的正确性。如果 $h(a_0)=h(s)$，则 CSP 返回结果是正确的，否则结果是错误的。同时，由于单向散列函数的性质，一个或多个客户合谋不能推导出关于密钥的任何有用信息。因此，CSP 的恶意行为可以被及时检测，并且客户能够正确地获得密钥。

10.1.6　性能比较

在本节中，我们与其他密钥共享方案进行比较并描述该方案的特点，如表 10-1 所示。

表 10-1　方案比较

方案	方案[4]	方案[5]	方案[6]	方案[7]	本方案
重构轮数	多轮	单轮	多轮	单轮	单轮
是否公平	否	否	是	否	是
密钥重构算法	客户	客户	客户	客户	云端
通信开销	$O(tk)$	$O(t)$	$O(tk)$	$O(t)$	$O(1)$
是否需要交互	是	是	是	是	否

Maleka 等人[4]提出一种基于重复博弈的理性密钥共享方案。在该方案中，必须确保参与者不知道协议最终执行轮数，否则方案不能实现。此外，方案不能保证参与者的公平性。

Cramer 等人[5]基于纠错码和线性哈希函数提出一种线性密钥共享方案。在该方案中，执行一轮协议即可重构出密钥。然而，由于经典密钥共享的限制，该方案不能阻止客户进行欺骗，且不能保证参与者的公平性。

Tian 等人[6]提出一种基于贝叶斯博弈的密钥共享方案。在该方案中，所有参与者彼此合作获得最大预期效用。该方案能够防止客户进行欺骗，并保证参与者的公平性。然而，该方案的预期迭代次数是多轮。

Mohammad 等人[7]基于 Hermite 插值法和双线性映射提出一种动态可验证多密钥共享方案。在该方案中，参与者选择各自的子份额，且防止分发者进行欺骗。在密钥重构阶段，基于双线性映射(BM)的性质，可以验证每个参与者子份额的正确性，但是该方案不能保证公平性。然而，在移动网络和云计算的背景下，非交互是非常重要的，因为计算能力薄弱的移动设备并不总是在线。

如表 10-1所示，我们的方案是唯一不需要客户之间进行交互的方案。相比之下，其他方案需要客户之间进行交互来重构密钥，方案[5，7]的通信开销是 $O(t)$。此外，方案[4，6]需要执行多轮协议(假设 k 轮)，其通信开销是 $O(tk)$。

在本节提出的方案中，可以通过执行一轮协议来重构密钥。客户只需进行运行少量的解密和验证操作，而将复杂耗时的重构和验证计算外包给 CSP，且方案的通信成本为 $O(1)$。此外，该方案可以及时检测客户和 CSP 的恶意行为，并且不需要复杂的零知识证明和交互论证。最后，每个客户可公平地获得密钥。

10.2 基于多密钥全同态的云外包密钥共享方案

为了高效及公平地重构密钥，本方案结合云外包和密钥共享各自特性，在文献[8]设计的多密钥全同态基础上，提出一种基于多密钥全同态的云外包密钥共享方案。

10.2.1 密钥分发阶段

(1) 首先由可信的密钥分发者运行数字签名的密钥产生算法得到密钥对(pk_d, sk_d)，进而通过 Lopez[8]设计的密钥产生算法 Keygen(1^k)得到(pk_u, sk_u, ek_u)，其中 k 为安全参数。不同于文献[8]，本方案依据密钥共享的特性，云租户使用相同的公私钥对(pk_u, sk_u)，这样在解密阶段，云租户无须交互，能够进一步提高

云租户端计算和认证效率(为了降低客户端认证和计算开销，本节方案采用轻量级无须 CA 认证的 PKI[9])。

(2) 分发者从 $GF(q)$中随机选择 $m-1$ 个元素 $a_1,\cdots,a_m$，构造 $m-1$ 次多项式 $f(x)=s+\sum_{i=1}^{m-1}a_i x^i(1\leqslant i\leqslant n)$，其中 s 为密钥。

(3) 分发者选择 n 个不同整数 $x_1,\cdots,x_n$，其中 x_i 作为参与者 P_i 的公开身份信息。计算 $y_i=f(x_i)$，然后通过多密钥全同态加密算法 $\mathrm{Enc}(PK_u,y_i)$得到密文 c_i，并进行数字签名 $\mathrm{Sign}_{skd}(c_i)\rightarrow\sigma_i$，其中 s 为密钥。

(4) 分发者用 CSP 的公钥 PK_{CSP} 加密 c_i，得到 $c'_i=\mathrm{Enc}(pk_{CSP},c_i)$。

(5) 分发者将元组$(c'_i,\sigma_i,h(s),sk_u)$发送给 P_i，其中 $h(\cdot)$为单向抗碰撞哈希函数，并公开(pk_u,ek_u)。

10.2.2 云外包计算阶段

(1) 由 m 个云租户分别将$(c'_i,\sigma_i)_{i\in m}$发给云服务提供商。

(2) 云服务提供商解密得到 c_i，运行签名验证算法 $\mathrm{Verify}_{pkd}(c_i,\sigma_i)$，如果验证成功，则执行步骤 3，如果验证失败，则拒绝执行计算，并将 P_i 的欺骗行为进行广播。

(3) 云服务提供商对密文进行计算 $c:=\mathrm{Eval}(C,(c_1,pk_1,ek_1),\cdots,(c_m,pk_m,ek_m))$，这里参与者公钥和计算密钥相同分别为$(pk_u,ek_u)$，然后广播密文 c。

10.2.3 密钥解密验证阶段

(1) 云租户运行解密算法 $\mathrm{Dec}(sk_1,\cdots,sk_m,c)$ 得到 $f(0)=\sum_{i=1}^{m}y_i\prod_{1\leqslant j\leqslant m,j\neq i}\frac{0-x_j}{x_i-x_j}$，这里云租户私钥相同，均为 sk_u。

解密算法 $\mathrm{Dec}(sk_1,\cdots,sk_m,c)$如下：首先在密钥产生阶段产生 NTRU 公私钥对 $h:=[1gf^{-1}]$，$f\equiv1(\mathrm{mod})2$。令(h_1,f_1)和

(h_2, f_2)是两个不同的 $NTRU$ 公私钥对。密文 $c_1=[h_1 s_1+2e_1+m_1]_q$ 和 $c_2=[h_2 s_2+2e_2+m_2]_q$。利用两个私钥 f_1, f_2 能够分别将密文的乘积和密文的和解密得到相应明文的乘积和明文的和，计算过程如下：

$$\begin{aligned}[f_1, f_2(c_1+c_2)]_q(\bmod 2) &= [2f_1 f_2 e_1+2f_1 f_2 e_2+2f_2 g_1 s_1+2f_1 g_2 s_2+ \\ &\quad f_1 f_2(m_1+m_2)]_q(\bmod 2) \\ &= m_1+m_2(\bmod 2)\end{aligned} \tag{10-8}$$

$$\begin{aligned}[f_1, f_2(c_1 \cdot c_2)]_q(\bmod 2) &= [4g_1 g_2 s_1 s_2+2g_1 s_1 f_2(2e_2+ \\ &\quad m_2)+2g_2 s_2 f_1(2e_2+m_1)+ \\ &\quad 2f_1 f_2(e_1 m_2+e_2 m_1+2e_1 e_2)+ \\ &\quad f_1 f_2(m_1 m_2)]_q(\bmod 2) \\ &= m_1 \cdot m_2(\bmod 2)\end{aligned} \tag{10-9}$$

通过以上加法和乘法的组合，可以构造出任意电路计算功能。

(2) 云租户检验 $h(s)$和 $h(f(0))$是否相等，从而验证 CSP 计算结果的正确性。

10.2.4 安全分析

在本节设计的基于多密钥全同态的云外包密钥共享方案中，密钥分发者利用私钥 sk_d 对每位云租户的密钥子份额进行加密并进行数字签名，云租户和 CSP 可以利用分发者的公钥 pk_d 对数字签名进行验证，因此恶意的云租户不能用错误的输入信息欺骗 CSP。为了防止云租户窃听攻击，分发者利用 CSP 公钥对密文进一步加密。另外由于密钥共享的性质，少于 m 个云租户合谋攻击不能得到任何关于重构密钥的有用信息。

CSP 所采用的多密钥同态加密方案基于 RLWE 问题，令 A 为 CPA 攻击算法，其成功优势为 ε，则我们可以构造一个算法 B，该算法将算法 A 作为子程序调用，试图求解 RLW 问题。首先算法 B 访问预言机得到一个采样(h', c')。B 将 $h=p \cdot \mathrm{h}'$发送给 A 作为公钥。A 输出明文 m_0, m_1。B 选择一个随机比特 b，并计算挑战

密文 $C=p\cdot C'+M_b$，然后将密文 C 发给 A。算法 A 输出一位 b'，如果 $b'=b$，则算法 B 输出 1，否则输出 0。分析 B 的行为，有两种情况，一种是预言机从 RLWE 分布采样，另一种是从均匀分布采样。如从 RLWE 分布采样，又 $C'=h\cdot s+e$，则密文 $C=p\cdot C'+M_b$ 和 A 攻击方案的分布一样，其成功概率为 $\frac{1}{2}+\varepsilon$。如从均匀分布采样，则密文 C 是均匀分布的，A 输出 $b'=\mathrm{b}$ 的概率为 $\frac{1}{2}$。又依据 RLWE 定义知 $\{(a_i,a_i\cdot s+e_i)\}_{i\in[l]}\overset{c}{\approx}\{(a_i,u_i)\}_{i\in[l]}$，因此可得 ε 是可忽略的。这样任何对多密钥同态加密方案的恶意攻击最终都可以归约到 RLWE 困难问题的求解，因此 CSP 不能从密文输入和输出信息中，推导出租户的隐私输入和最终的计算结果。最后云租户对 CSP 返回的密文结果进行解密并验证结果的正确性，当 $h(s)$ 和 $h(f(0))$ 相等时，云租户能够确认 CSP 计算结果是正确的，否则认为 CSP 计算结果是错误的，由于单向哈希函数的性质，一个或者多个云租户合谋不能从 $h(s)$ 推导出任何关于 CSP 的有用信息。在我们设计的方案中假设 CSP 和云租户之间不能合谋，正如文献[8]中所证明的：CSP 和任意一个云租户合谋都会危害其他租户的隐私输入和最终计算结果。在本方案中，如果 CSP 和云租户合谋，合谋者将能够获得其他租户的密钥子份额和最后的密钥重构结果。但在现实社会中，一些大的 CSP 如谷歌云、百度云或阿里云等都是有社会声誉和地位的，失去信誉将会对其今后从事的金融交易和社交行为造成负面影响，如果 CSP 存在欺诈和合谋行为，并被云租户发现的话，那么 CSP 的信誉将会大打折扣，在下次交易中，云租户可能会选择其他信誉好的 CSP 提供云外包计算服务。因此，CSP 有正确执行协议的动机，最终所有云租户都能公平和正确的重构密钥。

10.2.5　性能比较

本小节分别对近年经典密钥共享、公平的密钥共享协议和理性密钥共享三类相关方案进行比较，如表10-2所示。文献[5,10]为经典密钥共享协议，方案可以通过一轮协议重构密钥，文献[5,10]的通信开销为$O(t)$，但受经典密钥共享束缚，该方案不能预防成员欺诈，不能达到计算公平目的。文献[11]提出一种公平的密钥共享协议，文献[6]提出一种理性密钥共享协议，两者可以预防成员欺诈和达到计算公平，但协议期望迭代轮数为多轮，用户间需要进行多次交互获得多个子份额并多次重构密钥，由于需要运行多轮（假设为k轮），因此通信开销为$O(tk)$，另外每一轮协议在实际运行中，还需要复杂的验证计算以检验参与者的诚实度，可知协议需要用户间大量交互计算、通信开销大，难以实现，不适合计算能力薄弱的设备。而在本节设计的密钥共享方案中，通过执行一轮云外包计算协议即可重构出密钥，计算能力薄弱的租户设备只需一次解密操作和一次验证操作，而将大量耗时的运算外包给CSP，云租户之间无须交互。另外，方案可以及时验证租户和CSP的恶意行为，并且无须零知识证明和非交互论证等复杂耗时的计算。最终每位云租户能够公平和正确地获得重构的密钥。

表10-2　方案比较

方案	文献[5]	文献[10]	文献[6]	文献[11]	本方案
期望迭代轮数	一轮	一轮	多轮	多轮	一轮
是否需要成员交互	是	是	是	是	否
计算是否公平	否	否	是	是	是
通信开销	$O(t)$	$O(t)$	$O(tk)$	$O(tk)$	$O(1)$
密钥重构算法	用户	用户	用户	用户	云端

图10-2为用户通信开销比较，当k取值为5，即文献[11,7]中方案迭代轮数为5时，方案中每个用户通讯开销会随着密钥共享门限t的增加而线性增大。虽然文献[6,10]可以通过迭代1轮重构出密钥，其用户通讯开销相对较小，但方案仍会随着密钥共享门限t的增加而线性增加。相比而言，本方案的迭代轮数为1，且用

户通讯开销不随密钥共享门限 t 的增加而增加。随着方案运行轮数和门限 t 的增加,本方案通信开销优势会更加明显。

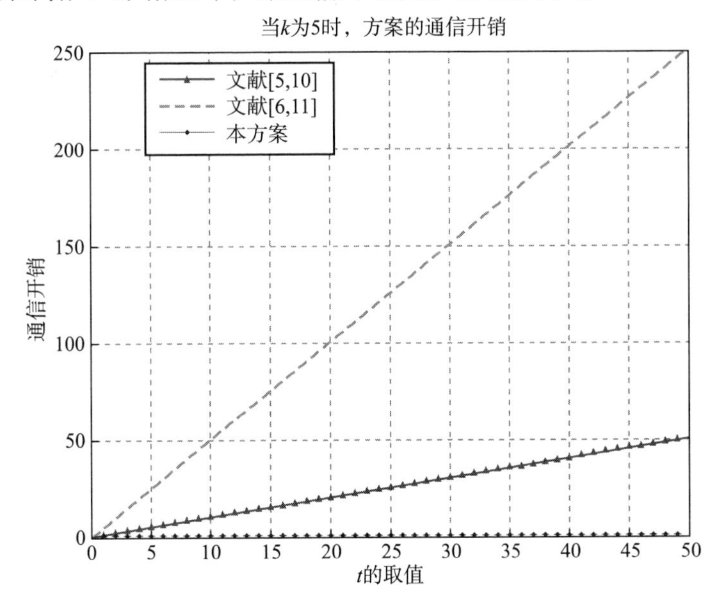

图 10-2　用户通信开销比较

10.3　本章小结

本章结合云外包计算和密钥共享各自特性基础上提出了两种云外包密钥共享方案,计算能力薄弱的云租户可以将大量耗时的密钥重构算法外包给 CSP,云租户仅需少量的解密和验证运算,在验证过程中,方案无须零知识证明和非交互论证等复杂的验证方法,能够及时发现云租户和 CSP 的恶意行为。在云外包计算过程中,CSP 不能获取有关云租户密钥子份额及最终重构密钥的任何有用信息,从自身声誉着想,云租户和 CSP 都不会冒失去信誉的风险而从事恶意行为,最终每位云租户都能够公平地得到重构的密钥。

参考文献

[1] Shamir A. How to share a secret. Communications of the ACM，1979，22(11)：612-613.

[2] Blakley G R. Safeguarding cryptographic key. Proceedings of the International Conference. National Computer，New York，USA，1979：313-317.

[3] Gordon S D，Katz J，Liu F H，et al. Multi-client verifiable computation with stronger security guarantees. Proceedings of the International Conference. TCC，Berlin，2015：144-168.

[4] Maleka S，Amjed S，Rangan C P. Rational secret sharing with repeated games. Proceedings of the International Conference. 4th Information Security Practice and Experience Conf.，Berlin，2008：334-346.

[5] Cramer R，Damgard I B Linear secret sharing schemes from error correcting codes and universal hash functions. Proceedings of the International Conference. Cryptology Eurocrypt，Berlin，2015：313-336.

[6] Tian Y L，Peng C G，Lin D D，et al. Bayesian mechanism for rational secret sharing scheme. China Inf. Sci.，2015，58(5)：1-13.

[7] Mohammad H T，Hadi K，Mohammad S H. Dynamic and verifiable multi-secret sharing scheme based on hermite interpolation and bilinear maps. IET Inf. Sec，2015，9(4)：234-239.

[8] López-Alt A，Tromer E，and Vaikuntanathan V. On-the-fly multiparty computation on the cloud via multikey fully homomorphic encryption. The 44th Annual ACM Symposium

on Theory of Computing，2012：1219-1234.

[9] Goldwasser S，Kalai Y，Popa R A，et al. Reusable garbled circuits and succinct functional encryption. The 44th Annual ACM Symposium on Theory of Computing，2013：555-564.

[10] Liu Y H，Zhang F T，Zhang J. Attacks to some verifiable multi-secret sharing schemes and two improved schemes. Information Sciences，2016，329(1)：524-539.

[11] Harn L，Lin C，Li Y. Fair secret reconstruction in (t，n) secret sharing. Journal of Information Security & Applications，2015，23(C)：1-7.

第 11 章　基于社交博弈的云外包隐私集合比较协议

针对现存云外包隐私集合交集协议合谋问题及需要参与者使用相同密钥问题，本章提出一种基于社交博弈的云外包计算的隐私集合比较协议。协议结合对称密钥代理重加密和社交声誉系统，建立在两个云服务器辅助计算模型基础上。在协议执行过程中，每位参与者使用不同密钥加密，相比之前的方案更加安全。为了预防合谋，假设每个参与者和云服务商都有一个动态的信誉值，信誉值会依据其在当前隐私集合比较协议中的行为进行更新，破坏隐私集合交集协议的参与者或云服务商将会受到信誉惩罚，以激励他们合作，最后协议能完全公平的计算交集结果。该协议无须公钥设施、用户间无须交互，非常适合于移动云计算环境。

11.1　隐私集合比较协议概述

隐私集合交集协议允许参与者计算各自输入隐私集合的交集，能广泛应用在具有隐私保护的数据挖掘、国土安全、人类基因调查、社交网络、隐私保护用户匹配等领域。隐私集合交集是安全多方计算的特例。在安全多方计算环境中，$P_1,\cdots,P_m$ 想要通过他们各自的隐私输入计算出一个函数。安全多方计算的安全要求是参与者仅能获得各自的输入和输出(隐私性)，计算结果必须是正确的(正确性)，腐败参与者所选择的输入和诚实者的输入是相互独立的(独立性)，要么没有参与者获得正确的输出，要么所有的参与者都能获得正确的输出(公平性)。通用的安全多方计算方法能够用来处理隐私集合交集问题，然而通常无法提供有效的解

决方法。因此，更多的研究者关注于设计和实现高效的针对特殊场景的隐私集合交集协议[1-13]。这些协议中的大多数是单向输出协议，例如，一个用户得到交集，另一个用户什么都没有得到。然而，在很多情景下双方都希望得到交集信息，文献[12]给出如下几个例子：

- 两个房地产公司想要识别同时与他们签订房屋销售合同的客户。

- 两个国家安全部门(如美国中央情报局和英国安全局)想要对比恐怖分子嫌疑人数据库，国家隐私法律规定他们不能泄露大量的隐私数据，然而，相关协约允许他们共享共同关注的嫌疑人数据。

- 人们在社交网络通过探寻具有相同兴趣、朋友、性格、有相近地理位置等条件来扩展朋友圈。

另外，在一个双向的隐私集合交集协议中，公平性是非常重要的，其保证了如果一方参与者接收交集信息，其他的参与者能够得到同样的信息。例如，考虑两个房地产公司E和C，E有一个大小为V的隐私客户集合$\{e_1,\cdots,e_v\}$，C有一个大小为W的隐私客户集合$\{c_1,\cdots,c_w\}$。E和C想运行一个隐私集合交集协议识别共同客户$\{e_1,\cdots,e_v\}\cap\{c_1,\cdots,c_w\}$。如果在协议执行过程中，E首先了解到共同的客户，那么他可以选择终止与C之间的交流，当C再次尝试运行隐私集合交集协议时，E可以通过改变他的隐私集合使得C得到错误的交集信息。通过上述行为，E可以获知比C更多的共同客户信息，从而更加关注该类客户。文献[14]指出在大多数参与者是不诚实的情况下，完全的公平是不可能实现的。然而，文献[15]提出一种非平凡的两方完全公平安全协议。文献[16，17]通过假设存在公平效用函数的理性参与者来获取条件比较宽松的公平概念，然而以上计算公平性的工作效率较低，不适用于隐私集合交集协议。

随着大数据、移动互联和智能终端的发展，云计算已经变成了我们生活中重要的一部分，能够提供给客户可用的、便捷的、按需的网络存储和计算[18-20]。例如使用者能从苹果商店或者谷歌应用商店下载各种类型的应用，比如谷歌硬盘、Dropbox、百度云和微信等。近年来，越来越多计算能力弱的设备如智能手机、掌上电脑或者笔记本电脑，将计算外包给一个计算资源强大的服务器。虽然云外包计算的益处是巨大的，但安全和隐私问题是影响云计算广泛使用的主要原因。在许多应用中，用户的个人数据可能包含他们不想公开的敏感信息，如果不对信息加以保护，则很容易造成隐私信息泄露问题。因此，一个实用的云外包隐私集合交集协议必须尽可能少地泄露个人信息。云外包计算模型如图 11-1 中所示。

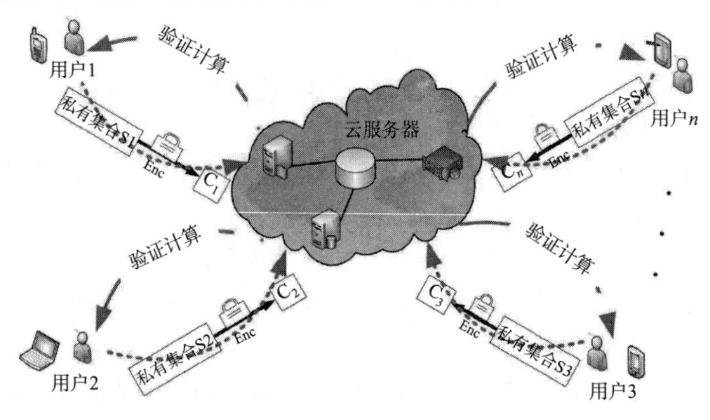

图 11-1　云外包计算模型

最近，基于云服务器辅助计算的安全多方计算成为研究的热点，在这些模型中利用云服务器来减少参与者的工作量，包括一般通用计算的协议[21, 22]和特殊计算的协议[3, 9, 10]。然而，现存的一般通用的云服务器辅助安全多方计算[21, 22]效率较低，而实现特殊目的隐私集合交集解决方案不能完全令人满意。文献[3, 10]中假设一个半诚实的服务器并且需要公钥操作。文献[9]中提出针对半诚实服务器的多方协议，以及抵抗隐蔽和恶意的服务器的两方协议，在恶意模型中协议要求参与者执行安全多方计算协议以共

同产生随机 k 比特密钥 K，这在计算资源薄弱的移动设备中效率低下。

据我们所知，现存的云外包隐私集合交集协议假设云服务提供者不能与任何参与者合谋，且所有的参与者使用相同的密钥加密各自的隐私集合。用户采用相同的密钥有明显的缺陷，因为相同的密钥能解密所有参与者的信息，因此数据安全性较低，如果一个参与方腐败，那么所有参与者的通信都被破坏。

11.1.1　隐私集合交集计算方法

以下概述现有隐私集合交集计算的六种方法。

1. 基于不经意多项式的协议

Freedman 等人[6]基于不经意多项式首次提出一种隐私集合交集协议，其主要思想是客户 C 使用他的输入 $X=\{x_1, \cdots, x_k\}$ 作为多项式 L 的根，即 $L(t)=(x_1-t)(x_2-t)\cdots(x_k-t)=\sum_{i=0}^{k}\alpha_i t^i$。客户 C 用任意具有加法同态系统的公钥 PK_C 加密多项式的系数，并发送给 S。S 的输入是 $Y=\{y_1, \cdots, y_w\}$，S 用 $y_j\in Y$ 计算多项式 L，并将每个结果乘以随机数 r，返回$(r\cdot L(y_j)+y_j)$到 C，最后 C 进行解密。对每一个在交集 $X\cap Y$ 中的元素，解密结果是对应元素的值，然而对所有的其他元素，解密结果是随机的。随后，Kissner 和 Song[11]提出一种多方隐私集合运算协议，协议在抵抗诚实但好奇敌手的半诚实模型下是安全的。通过使用零知识证明，协议可以扩展到抵抗恶意敌手模型。Dong 等人[3]使用半可信的仲裁者提出一种具有公平性的隐私集合交集协议。最近，Freedman 等人[5]在半诚实和恶意敌手模型下各提出一种安全的隐私集合交集协议，协议的开销是线性的。他们的方案是对文献[6]的扩展。

2. 基于不经意伪随机函数的协议

Hazay 和 Lindell[7] 提出了一种基于不经意伪随机函数

(OPRF)的高效的隐私集合交集协议，协议中两个参与者(假设A和B)安全计算一个伪随机函数$f_k(\cdot)$，其中A持有密钥k，而B输入x，最后，A没有从协议中获得任何信息，而B仅得到值$f_k(x)$。具体地，基于OPRF的隐私集合交集协议流程如下：A的输入是$X=\{x_1, \cdots, x_k\}$，B的输入是$Y=\{y_1, \cdots, y_w\}$，A持有伪随机函数密钥k，并以随机排列的顺序向B发送集合$V=\{F_{PRF}(k,x)\}_{x\in X}$。然后A和B运行$w$次并行的OPRF计算。在每一次执行中A输入密钥$k$，而B输入$y\in Y$，B的输出是集合$U=\{F_{PRF}(k,y)\}_{y\in Y}$，而A不能获知B输入集合的任何信息。最后，B输出$\{y \mid F_{PRF}(k,y)\in V\}$。该协议构建在两个敌手模型下，一个是恶意敌手，另一个是隐蔽敌手。为了进一步提高效率，Jarecki和Liu[23]提出一个抗恶意敌手的安全方案。

3. 基于交换加密的协议

Agrawal等人[24]提出一个基于交换加密的隐私集合交集协议，满足如下性质：$E_{K_1}(E_{K_2}(x))=E_{K_2}(E_{K_1}(x))$。之后，Arb等人[25]将隐私集合交集协议应用在无服务器辅助的移动社交网络(MSN)中，实现了共同好友检测功能。然而，现有的交换加密原语都是确定性的，这意味着它们只能提供较弱的安全保证。

4. 基于布隆过滤器的协议

布隆过滤器最初在文献[26]中提出。布隆过滤器是一种节省空间的概率数据结构，用来测试一个元素是否在一个集合里，它使用一个长度m的比特向量$BF=(BF_1, \cdots, BF_m)$表示n个元素的集合S。用$BF_j(0\leqslant j<m)$表示布隆过滤器BF的第j-个比特。初始化阶段，BF的所有位设置为0，当添加一个元素x到布隆过滤器BF时，首先使用$H=\{h_0, \cdots, h_{k-1}\}$元素$x$进行哈希，每一个$h_i$映射元素到哈希值$x_i(0\leqslant i\leqslant k-1)$，然后设置$BF_{x_i}=1$。为了测试元素$y$是否在集合$S$中，首先对元素$y$用$h_i$进行$k$次哈希，然后每一个$h_i$映射元素到哈希值$y_i$，如果任意$BF_{y_i}=0$，则$y$不在集合$S$中，否则$y$可能在$S$中，即当$BF_{y_1}$，

…，BF_{y_k} 都为 1 的时候 y 可能不在集合 S 中，这种情况称为假阳性。根据文献[27]，假阳性概率的上限是 $\varepsilon = p^k \times (1+O)\frac{k}{p}\sqrt{\frac{\ln m - k\ln p}{m}}$，在 k 中可以忽略不计。

Kerschbaum 等人[10]提出一个基于布隆过滤器和同态加密的隐私集合交集协议，协议仅在半诚实模型中是安全的。之后，Dong 等人[4]基于不经意布隆过滤器提出一个高效的、可扩展的隐私集合交集协议。他们的协议有两个版本：一个在半诚实模型中是安全的，另一个在恶意模型中是安全的。Debnath 等人[2]使用布隆过滤器提出一个安全和高效的隐私集合交集协议，在他们的方案中，客户不会泄露出他们隐私集合的大小，服务器仅知道他们集合大小的上界。

5. 基于混淆电路的协议

Yao[28]的混淆电路提供了一个通用的安全两方计算的方法，其效率在最近几年得到了进一步提高。在混淆电路环境下，一方首先构造"混淆"的电路用以计算 f，然后双方通过不经意传输协议，另一方最终可以计算得到电路输出结果，除此之外得不到任何有用的信息，文献[8]中提出几种基于混淆电路的隐私集合交集协议。对于隐私集合交集协议，通用的结构比定制的更模块化，并且协议的功能易于扩展。通过依靠现有的软件包，人们不需要重新设计新的协议。与以前的方法相比，他们设计电路需要更小数量的与门和更低的深度的电路。

6. 基于服务器辅助的协议

随着云计算和移动互联网络的迅猛发展，将大量数据存储和耗时的计算外包给云服务器越来越普及。同时随着移动设备(如智能手机、PDA 和笔记本电脑)的激增，移动社交网络(MSN)正在成为我们生活中不可分割的一部分。在移动社交网络中，用户通常通过资源受限的移动设备来访问他们的资源。因此，计算能力较弱的客户可以将复杂的隐私集合计算外包给计算资源强大的服务器，而不是本地设备。考虑到最近出现的公共云，如 Amazon EC2 和 Microsoft Azure，服务器辅助隐私集合运算协议可以广泛和低成本地实现。Kerschbaum 等人[10]首次提出了外包隐私集合运算协议。客户提交加密的输入，云服务提供者无法获知任何有用的输入信息和最终交集数据。文献[10]提出了两个协议：一个两方的计算隐私集合交集协议和一个调解纠纷协议。在他们的协议中，仲裁者是半诚实的并且协议使用了零知识证明和承诺方案用来抵抗恶意敌手的攻击。为了进一步提升协议的效率，文献[3]将隐私集合比较扩展到亿级数据集合上。在服务器辅助下，方案可以有效地进行隐私集合比较和模式匹配。Zheng 等人[13]提出了一种可验证的隐私集合交集协议，其协议中包含 4 个实体：可信第三方、云服务器、两个云用户。云用户可以外包他们的加密数据给云服务器。最终云服务器需要证明函数执行结果的正确性。但是该协议不是完全隐私的，在协议执行过程中泄露了交集信息。Abadi 等人[1]提出了一种基于云外包的多方隐私集合交集协议，协议确保了云服务器(假设其不与云租户进行合谋)在执行过程中无法获知云租户的隐私输入和最终的交集结果。据我们所知，以上基于云服务器辅助计算的隐私集合比较协议并不完全令人满意。文献[10]提出的协议是单一输出的，并且仅在半诚实模型下是安全的。文献[3，9] 的工作存在两个缺陷：首先是当云服务器与云用户合谋时，即使在半诚实模型下协议也不能满足基于仿真的安全性；其次，在协议执行过程中所有的用户使用相同的对称密钥，因此甚至不能抵抗较弱的窃听敌手。

11.1.2　本方案设计协议的优点

本章结合基于 LWE 问题的对称代理重加密算法[29]和社交声誉系统提出两个云服务器辅助隐私集合协议。在方案中腐败参与者的行为是受到限制的，因为他们在与其他参与者合谋之前必须

考虑将会受到的信誉惩罚。参与者的信誉值根据他们最近在隐私集合交集协议中的行为进行更新。通过使用信誉系统，我们能惩罚破坏隐私集合协议的参与者并能促使参与者良性的合作。

本章设计的云服务器辅助隐私集合交集协议是抗合谋的、适合多方参与者。并且该协议能够实现完全的计算公平。另外，不同的使用者使用不同的密钥加密，这比之前的云服务器辅助模型更加安全。该协议计算和通信复杂度为 $O(l)$，其中 l 是输入集合的长度，另外协议无须参与者之间进行交互，不需要公钥设施，只需使用轻量级的对称密钥操作，因此不需要数字证书生成、传输和存储等操作。在该协议中，每个参与者仅需加密他们的隐私输入集合和解密交集结果。服务器的计算和通信复杂度为 $O(l)$，其中 l 为输入集合长度，n 是客户个数。计算能力弱的设备能将繁杂的计算外包给计算资源强大的服务器，因此该方案适合处理用户的大量数据。相比于之前的服务器辅助隐私集合交集协议，该协议具有以下优点。

1. 协议在多密钥使用情况下是安全的

现存的云外包隐私集合比较协议使用相同的公钥或私钥加密参与者各自的隐私集合，然而在大数据集上使用公钥运算是相当低效的。而在多个私有集合上使用相同的对称密钥是非常不安全的。相比于先前的工作，我们设计的协议使用不同的密钥加密参与者的隐私集合，安全性更高。同文献[9]一样，我们采用 PRP 函数隐藏参与者集合，但与文献[9]不同的是本方案使用两个服务器(分别表示为 Srv_1 和 Srv_2)，并且每一个参与者使用不同密钥。为了将在多个密钥下加密的 PRP 变换为在 Srv_2 的密钥下的密文，我们采用由 Boneh 等人[29]提出的基于密钥同态 PRFs 的对称密钥代理重加密方案。在计算多方 PRP 函数的交集结果 Φ 之后，服务器提供者 Srv_2 返回相应结果 Φ 给参与者，最终每一个参与者计算 Φ 的逆，从而得到真实交集结果。

2. 结合博弈论和信誉系统设计社交博弈模型

我们假设所有的参与者是理性的且总是选择收益最优化策略，而且，每一个参与者有一个信誉值，根据各自在隐私集合交集协议的行为，信誉值会进行更新。通过使用信誉系统，我们能惩罚破坏隐私集合协议的恶意参与者，进而促使参与者进行合作。在我们的社交博弈模型中，对 P_i 来说，选择合作的策略能够使得其收益最优化，因此一些传统隐私集合不易实现的结果在我们的方案中能够实现。

3. 该协议不需要用户交互且可以在大数据集下高效工作

该协议不需要使用复杂的公钥基础设施用于生成、交换和存储证书等操作。为了共享一个随机密钥，先前的工作利用效率较低的基于 MPC 的投币协议。而在该协议中用户之间无须交互。首先 Srv_1 产生 PRP 的密钥，然后每一个参与者使用自己的密钥加密 PRP 函数。在我们的服务器辅助环境中，计算能力薄弱的设备能够将复杂的计算外包给计算能力强大的服务器，因此更加适合于大数据集。

4. 协议是多输出的，适用于多方参与者

先前的云外包隐私集合交集协议，要么在半诚实的模型中将输出结果返回给一个参与者，要么仅针对恶意模型下的两方参与者，而我们的协议是多输出的，适合于多方参与者情景，最后协议能达到完全公平的计算目的，即每一个参与者都能接收交集结果，或没有参与者可以得到结果。

11.2 基础知识

定义 11-1(LWE 问题) 对于一个整数 $q=q(n)\geqslant 2$ 以及一个在 $\mathbf{Z}_q$ 上的噪声分布 $x=x(n)$，LWE 问题 $LWE_{n,m,q,x}$ 可以用来区分 $\{A, A*S+e\}$ 和 $\{A, u\}$，其中 $m=poly(n)$，$s \leftarrow Z_q^n$，

$e \leftarrow x^m$ 且 $u \leftarrow Z_q^m$

定义 11-2(密钥同态伪随机函数)　$F: k \times x \rightarrow y$ 表示一个安全的伪随机函数(PRF)，且$(k, \oplus)$和$(k, \otimes)$ 为两组数据。若给出$F(k_1, x)$和 $F(k_2, x)$，存在一个高效的算法可以输出 $F(k_1 \oplus k_2, x)$，则我们记$(F, \oplus, \otimes)$为密钥全同态，即

$$F(k_1, x) \otimes F(k_2, x) = F(k_1 \oplus k_2, x) \tag{11-1}$$

Boneh 等人[29]基于纠错学习(LWE)问题，在标准模型中提出了第一个可证明安全的密钥同态 PRFs，其使用两个公共矩阵 A_0，$A_1 \in \mathbf{Z}_q^{m \times m}$，其中 m 可由安全参数得到，且密钥是矢量 $k \in \mathbf{Z}_q^m$，其域为$\{0, 1\}^l$。当 $x = x_1 \cdots x_l \in [0, 1]^l$ 时，PRF 表示如下：$F_{LWE}(k, x) = \left| \prod_{i=1}^{e} A_{X_i} \cdot k \right|_p \in \mathbf{Z}_p^m$。函数满足 $F_{LWE}(k_1 + k_2, x) = F_{LWE}(k_1, x) + F_{LWE}(k_2, x) + e$，其中误差项 $e \in [0, 1, 2]^m$，该函数可以成为对称密钥代理重加密方案的基础。

定义 11-3(代理重加密)　代理重加密(PRE)允许用户将自己的解密权限授权给其他用户，一个代理者可将 Alice 的密文转换成 Bob 的密文，而且代理无法从两方密文中获取到任何信息。

PRE 有着广泛的实际应用，例如分布式存储、邮件业务以及安全文档系统。自从 Blaze 等人首先提出重加密概念以来，许多方案都基于非对称加密。与之相反，Boneh 等人[29]运用密钥同态 PRFs 提出了一种对称密钥的代理重加密方案。

定义 11-4(对称密钥代理重加密)　一个对称密钥代理重加密算法 Π== (Setup，KeyGen，ReKeyGen，Enc，ReEnc，Dec) 表示如下。

- Setup $(1^k) \rightarrow pp$：初始化阶段输入安全参数 k，输出公共参数 pp。
- KeyGen $(1^k) \rightarrow sk$：密钥生成阶段输入安全参数 k，输出一个密钥 sk。
- ReKeyGen $(sk_A, sk_B) \rightarrow rk_{A \rightarrow B}$：密钥重构阶段使用密钥

sk_A 和 sk_B 计算出重加密密钥 $rk_{A \to B}$。

• $\mathrm{Enc}(sk, m) \to C$：加密阶段输入密钥 sk 和信息 m，输出一个密文 C。

• $\mathrm{ReEnc}(rk_{A \to B}, C_A)$：重加密阶段输入重加密密钥 $rk_{A \to B}$ 和 C_A，输出密文 C_B。

• $\mathrm{Dec}(sk, C)$：解密阶段输入密钥 sk 和密文 C，输出信息 m。

令 $F: k \times x \to Y$ 是一个密钥同态伪随机函数，使用密钥同态伪随机函数[29]的对称代理重加密方案简要描述如下。

• 初始化阶段：$\mathrm{Setup}(1^k)$采样并输出公共参数 pp；

• 密钥生成阶段：$\mathrm{KeyGen}(1^k)$从密钥空间 K 中输出一个密钥 sk；

• 密钥重构阶段：$\mathrm{ReKeyGen}(sk_A, sk_B)$计算重加密密钥 $rk_{A \to B} = sk_B - sk_A$；

• 加密阶段：$\mathrm{Enc}(sk, m)$选择一个随机 $r \leftarrow x$ 并输出$(r, m + F(sk, r))$；

• 重加密阶段：$\mathrm{ReEnc}(rk_{A \to B}, (r, C_A))$计算$(r, C_A + F(rk_{A \to B}, r))$；

• 解密阶段：$\mathrm{Dec}(sk, (r, C))$输出信息 $m = C - F(sk, r)$。

11.3 云外包隐私集合比较协议

本节提出了两种基于多密钥的云外包隐私集合交集协议，第一种是基于半诚实模型，另一种是基于社交声誉模型。与之前的假设存在一个服务器的隐私集合交集协议相比，本节工作将双服务器辅助模型与密钥同态 PRFs 结合，通过密钥同态性质，双服务器辅助计算模型允许参与者使用不同的对称密钥加密他们的隐私集合，并且代理者在不知道任意密钥的情况下可以将一部分参与者对称密钥加密的密文转换为另一部分参与者的密文，协议不需要公钥基础设施，因此没有证书产生、存储和认证等复杂操作。在

模型中，参与者不需要彼此交互生成共享密钥，彼此使用不同的密钥。每位参与者只需要加密他们各自的隐私输入和解密返回的计算结果。使用不同的对称密钥来加密各方隐私集合比之前使用相同公钥或者私钥更为安全。因为在单一密钥环境下，即使一个用户被腐败，也会使得所有的通信受到牵连和破坏。然而，两个服务器可能是好奇或恶意的，另外，两个服务器也可能合谋违反协议，或侵犯其他参与者的隐私。为了解决这个问题，方案增加了社交理性模型。在社交理性模型中，假设所有的参与者是理性的，总是选择使他们利益最大化的策略。此外，根据每一个参与者最近在隐私集合协议中的行为，系统会对他们的声誉值进行数据更新。通过使用声誉系统和博弈理论，破坏隐私集合交集协议的参与者会受到惩罚以此促使他们进行良性的合作。如果一方选择合作策略的期望收益大于选择合谋策略的期望收益，则他没有动机偏离这个协议。如图 11-2 所示。

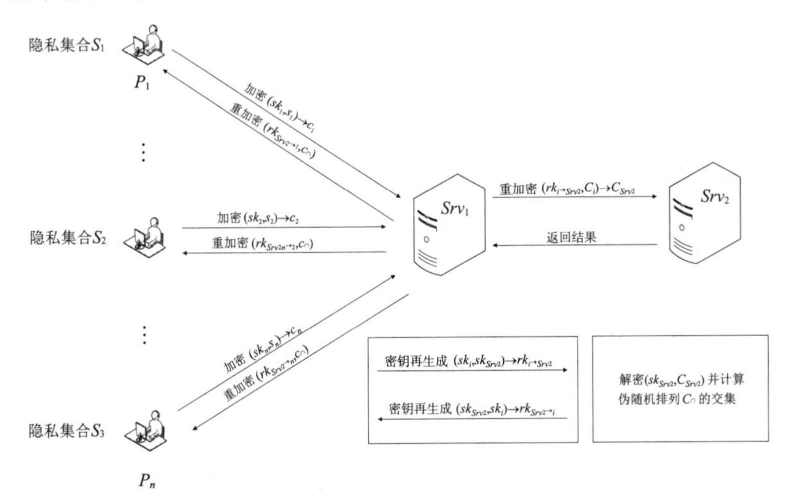

图 11-2 双服务器辅助隐私集合交集模型

11.3.1 基于半诚实的服务器的云外包隐私集合交集协议

本小节首先提出一种基于半诚实模型的云外包隐私集合交集协议。协议主要步骤如下：首先由发起者请求隐私集合交集协议，响应者确定是否接受请求，一旦响应者接受了请求，则开始执行云外包隐私集合比较协议，第一个服务器提供者 Srv_1 随机选取一个随机值 r_{Srv1} 和一个随机 k 比特的密钥 K，然后通过安全信道将随机值 r_{Srv1} 和密钥 K 发送给 P_i，P_i 使用 PRP 函数隐藏各自隐私集合数据。进而 P_i、r_{Srv1} 和 r_{Srv2} 通过三方协议产生代理重加密转换密钥，然后 Srv_1 使用对称密钥代理重加密，将 P_i 的密文变换为第二个云服务器 Srv_2 密钥加密下的密文，Srv_2 解密密文并计算多方 PRP 函数的交集，然后将交集结果发送到 Srv_1。Srv_1 进一步将多方 PRP 函数加密的交集密文转换为 P_i 密钥加密的密文，最后 P_i 解密密文，计算出最终结果。其过程如图 11-3 所示。

设置和输入：$F:\kappa\times\chi\rightarrow\psi$ 表示一个同态伪随机函数，$P:\{0,1\}^{\kappa}\times S\rightarrow\{0,1\}^{(\geqslant\kappa)}$ 表示一个 PRP。P_i 输入为集合 $S_i\in S$ 其中 $1\leqslant i\leqslant n$，服务器 Srv_1，Srv_2 没有输入。

1. 发起者请求隐私集合交集协议，响应者确定是否接受邀请。如果所有的响应者都接受邀请，则协议继续进行，否则终止协议。

2. Srv_1 随机选择一个数 r_{Srv_1}，随机 κ 位密钥 K 用于 PRP，然后将其发送给 P_i 其中 $1\leqslant i\leqslant n$。

3. P_i 从密钥空间 K 中随机选择 k 位密钥 K_i，计算 $K_i+r_{Srv_1}$，并将其发送到 Srv_2。Srv_2 对随机选择一个 κ 位密钥 K_{Srv_2}，并计算 $K_{Srv_2}-K_i+r_{Srv_1}$，并将其发送到 Srv_1。Srv_1 恢复重加密密钥 $rk_{i\rightarrow Srv_2}=K_{Srv_2}-K_i$ 和 $rk_{i\rightarrow Srv_2}^{-1}=K_i-K_{Srv_2}$

4. P_i 随机选择 $r_i\leftarrow X$，并将 $(r_i, C_i=P_K(S_i)+F(K_i, r_i))$ 发送给 Srv_1。

5. Srv_1 将 $r_i, C_i+F(rk_i\rightarrow Srv_2, r_i)=P_K(S_i)+F(K_{Srv_2}, r_i)$ 发送给 Srv_2。

6. Srv_2 使用密钥 K_{Srv_2} 计算 $P_K(S_i)$ 和 $\Phi=\bigcap_{i=1}^{n}P_K(S_i)$。$Srv_2$ 选择 $r_{Srv_2}\leftarrow X$，$(r_{Srv_2}, C_{Srv_2}+F(rk_{i\rightarrow Srv_2}^{-1}, r_{Srv_2}))=\Phi+F(K_i, r_{Srv_2})$ 给 P_i。

7. S_{rv_2} 发送 $(r_{Srv_2}, C_{Srv_2}+F(rk_{i\rightarrow Srv_2}^{-1}, r_{Srv_2})=\Phi+F(K_i, r_{Srv_2})$ 给 P_i。

8. P_i 计算 $P_K^{-1}(\Phi)$。

图 11-3 半诚实模型的服务器辅助隐私集合交集协议

11.3.2　基于社交博弈的云外包隐私集合交集协议

本小节进一步提出一种社交博弈的云外包隐私集合交集协议，如图 11-4所示。

设置和输入：$F:K\times X\rightarrow Y$ 表示密钥同态的 PRF，$P:\{0,1\}^k\times S\rightarrow\{0,1\}^{(\geqslant k)}$表示一个 PRP。$P_i$输入为集合 $S_i\subseteq S(1\leqslant i\leqslant n)$，服务器没有输入：

1. 发起者根据声誉选择 PSI 的响应者，并且响应者确定是否接受邀请。一旦响应者接受邀请，发起者和响应者通过声誉选择两个云服务器提供者由 Srv_1 和 Srv_2 表示)

2. Srv_1 随机的选择一个随机数 r_{Srv_1} 并通过 PRP 产生一个随机的 k 比特密钥 K。接着 Srv_1 和 $P_i(1\leqslant i\leqslant n)$在可能输入值 S 范围之外产生 $n+1$ 虚拟集 $\Lambda_1,\cdots,\Lambda_{n+1}$，然后 Srv_1 向 P_i发送$\{r_{Srv_1},K,\Lambda_t+\Lambda_{n+1}\}$。

3. 从密钥空间 K 中 P_i随机选择一个 k 比特密钥 K_i，计算 $K_i+r_{Srv_1}$，并将其发送到 Srv_2。Srv_2 随机选择一个 k 比特密钥 K_{Srv_2}，并计算 $K_{Srv_2}-K_i-r_{Srv_1}$ 将其发送到 Srv_1。Srv_1 恢复重加密密钥 $rk_{i\rightarrow Srv_2}=K_{Srv_2}-K_i$ 和 $rk^{-1}_{i\rightarrow Srv_2}=K_i-K_{Srv_2}$。

4. P_i随机选择一个 $r_i\leftarrow\chi$ 并向 Srv_1 发送$(r_iC_i=P_K(S_i+A_i+A_{n+1})+F(K_ir_i)$。

5. Srv_1 向 Srv_2 发送$(r_i,C_i+F(rk_{i\rightarrow Sre_2},r_i)=P_K(S_i+\Lambda_i+\Lambda_{n+1})+F(K_{Srv_2},r_i))$。

6. Srv_2 用密钥 K_{Srv_2} 计算 $P_K(S_i+\Lambda_i+\Lambda_{n+1})$，并计算 $\Phi=\bigcap_{i=1}^{n}P_K(S_i+\Lambda_i+\Lambda_{n+1})$。接着 Srv_2 采样$(r_{Srv2},C_{Srv2}=\Phi+\mathrm{F}(Ksrv_2,rsrv_2))$，向 Srv_1 发送$(r_{Srv2},C_{Srv2}=\Phi+F(Ksrv_2,rsrv_2))$。

7. Srv_1 向 P_i发送$(r_{Srv_2},C_{Srv_2}+F(rk^{-1}_{i\rightarrow Srv_2},r_{Srv_2}))=\Phi+F(K_i,r_{Srv_2})$。

8. P_i计算 $P_K^{-1}(\Phi-\Lambda_{n+1})$

9. 参与者相互评级，声誉系统更新如下：

- 如果 $P_k(1\leqslant k\leqslant n+2)$发送合谋邀请到 $P_{j\neq k}(1\leqslant k\leqslant n+2)$，$P_i$同意合谋，那么合谋者获得 ρ_4，其中 $\rho_1\gg\rho_2\geqslant\rho_3\geqslant\rho_4$，$P_{n+1}=Srv_1$ 且 $P_{n+2}=Srv_2$。
- 如界 P_j不同意合谋并且通告 P_K.的恶意行为，那么因 P_j的良好行为他的声誉值将会增加 $2\mu(x)$。相反，P_k将会失去 $\rho_1\omega_1$ 的声誉值，其中$\omega_i=\dfrac{3}{2-T_i(p)}$。
- 如果每一个参与者都合作，那么他们的声誉值将会增加 $\mu(x)$，否则他们的声誉值将会减少 $\mu(x)$。

图 11-4　基于社交博弈的云外包隐私集合交集协议

不同于上小节中的协议，本协议中，参与者既不是诚实的也不是恶意的，所有的参与者被假定是理性的，总是选择使得自身利益最大化的策略。而且，每一个参与者有一个声誉值，声誉系统会根据他们在最近的隐私集合交集协议中的行为进行更新。通过使用声誉系统，破坏隐私集合交集协议的参与者会受到惩罚，从而激励他们诚实地执行协议。例如，如果一个参与者诚实地执行协议，他的声誉值则会随之增加，否则声誉值会相应的减少。执行云外包隐私集合交集协议的次数是未知的，因此理性的参与者将考虑未来的收益或损失。在所设计的社交博弈模型中，P_i 选择合作策略是更优的选择，即使他可能无法像 $P_{j\neq i}$ 一样获得交集信息，因为其声誉的增加会为其带来长期的收益。

为了解决合谋问题，方案中假设腐败参与者的行为是有代价的，恶意的参与者必须考虑合谋行为所面临被发现的风险。如果参与者察觉到被抓获的可能性较小，则这种方法可能不起作用。然而，合谋行为需要多个参与者的同意，如果 P_i 想要和另一个参与者 $P_{j\neq i}$ 合谋，则前者需要联系后者并且获得后者的同意。如果 P_i 与 $P_{j\neq i}$ 联系，但是 $P_{j\neq i}$ 不同意合谋，则 P_i 的合谋行为有被曝光的风险。$P_{j\neq i}$ 通过曝光 P_i 的合谋行为可促使声誉值快速增长。因此，任意参与者在想要与其他参与者合谋之前必须考虑到可能会受到的惩罚。

另一个需要解决的重要问题是服务器提供者可能会因节约计算开销和投资的考虑，试图欺骗客户，向客户返回错误的计算结果。这可以理解为服务器希望在欺骗行为不被参与者检测到的情况下，使得自己的计算资源和消耗达到最低。通常情况下，非交互可验证计算可以用于解决此类问题。然而，目前通用的可验证计算方法[31]不适合大数据。在所设计的协议中，通过利用两个服务器辅助模型将文献[9]中的两方验证方法扩展为多方，首先，Srv_1 和 $P_i(1\leqslant i\leqslant n)$ 在可能的输入值 S 的范围之外约定 $n+1$ 个虚拟集合 $\{\Lambda_1,\cdots,\Lambda_{n+1}\}$，并且 Srv_1 发送 $\{\Lambda_i+\Lambda_{n+1}\}$ 给 P_i，P_i 将集合

$\{\Lambda_i+\Lambda_{n+1}\}$添加到 S_i，因此，集合交集不可能是空的，因为$\{\Lambda_{n+1}\}$总是在其中，并且最后的交集不会是$\{\Lambda_i,+\Lambda_{n+1}\}+S_i$，因为 Λ_i 不相同，这 $n+1$ 个虚拟集合仅需产生一次，且能被重复使用多次。

在隐私集合交集协议开始的时候，一个发起者根据其他参与者的声誉值选择与其进行隐私集合交集协议。相比于声誉低的参与者，发起者会给声誉值高的参与者更多的机会。响应者决定是否接受邀请。一旦响应者接受了邀请，发起者和响应者根据服务器的声誉值选择两个服务器 Srv_1 和 Srv_2。为了量化每个参与者的声誉，经过修改，文献[31]中提出的可信计算方法可以用于本方案。文献[31]中的方法和本方案的主要不同在于我们的方法能防止服务器和其他参与者合谋。如果 P_i 给 P_j 发送合谋邀请，并且 P_i 同意合谋，则合谋者获得 ρ_4 的收益值，其中 $\rho_1 \gg \rho_2 \geqslant \rho_3 \geqslant \rho_4$，并且当时的收益函数 $u_i'(a)$ 如下：$u'_i(a)=\rho_2\zeta_i(a)+\rho_3\dfrac{\zeta_i(a)}{mum(a+1)}$。然而如果 P_j 不同意合谋并且通告 P_i 的恶意行为给其他参与者，那么由于 P_j 的良好行为，其声誉值将增加 $2\mu(x)$。与此相反，P_i 失去效用 $\rho_1\omega_i$。如果每一个参与者都进行合作，则每一个参与者的声誉值增加 $\mu(x)$。在所设计的服务器辅助隐私集合交集协议中，对理性参与者来说最好的策略是进行合作而不是进行合谋。与文献[31]一样，本方案也为新的参与者和有恶意的参与者提供了机会，例如，声誉良好的团体或服务器有 60%的机会能够参与协议，新的参与者或服务器有 30%的机会能够参与协议，而声誉败坏的参与者或服务器的机会为 10%。

11.4　安全分析和比较

本节主要对该方案的安全性作出具体分析，证明了该方案在理性模型下的安全性，并分析了该方案与其他方案的性能差异。

11.4.1 安全分析

在该节中，分析协议的安全性并提供基于仿真的安全证明。另外，将所提出的协议与现存的云外包隐私集合交集协议进行了对比。在对图 11-2 中协议安全证明过程中，使用文献[32]中所提及的安全证明方法。在该方案中，使用安全的对称密钥代理重加密($SKPRE$)作为一个子协议。

定理 11-1 对于任意腐败参与者 I 的多项式时间敌手 A，以及在混合模型中能理想访问安全对称密钥代理重加密的协议 π，存在一个与 A 腐败相同用户的概率多项式时间敌手 S，在理想模型下访问功能 f，满足：

$$IDEAL_{f,Sim}(\bar{s},k)c\stackrel{c}{\equiv}HYBRID_{\pi,A}^{SKPRE}(\bar{S},k)$$

证明 首先证明图 11-2 中的协议在任意恶意用户间合谋和半诚实服务器存在情况下是安全的，分三种情况进行证明：腐败客户 $P_i(1\leqslant i\leqslant n)$，腐败服务器 Srv_1，腐败服务器 Srv_2。

情况 1：$P_i(1\leqslant i\leqslant n)$是腐败的。

Sim 的执行过程描述如下：令敌手腐败参与者 P_i，I 表示腐败参与者的集合，$H=\{P_1,\cdots,P_n\}\backslash I$ 表示诚实参与者的集合。给出一个模拟器 Sim_1 黑盒调用敌手 A 的行为。

Sim_1 调用 A，其中集合输入 S_i，辅助输入 z 以及安全参数 n。模拟器产生随机值 r_{Srv1}，k 比特的密钥 K 以及 K_{Srv2}，然后发送 r_{Srv1} 和 K 给敌手 A。当模拟器接收到(K_i+r_{Srv1})之后，计算 $rk_{i\to Srv2}=K_{Srv2}-K_i$ 和 $rk_{i\to Srv2}^{-1}=K_i-K_{Srv2}$。然后 Sim_1 接收到的信息($r_i,C_i=P_K(S_i)+F(K_i,r_i)$)，并计算($C_i+F(rk_{i\to Srv2},r_i)$)。$Sim_1$ 通过计算 $P_k^{-1}(\widetilde{S}_i)$ 还原出 $\widetilde{S}_i$，并将其发送给可信第三方。可信第三方计算出 $\bigcap_{i=1}^{n}(\widetilde{S}_i)$ 并发送给 Sim_1。最后 Sim_1 发送 $P_K=\bigcap_{i=1}^{n}(\widetilde{S}_i)$ 给敌手 A，然后输出敌手 A 所输出的值。由对称密钥代理

重加密协议安全性保证协议执行过程中，Srv_1和 H 中参与者不能获得其他参与方的隐私输入。进一步说，通过伪随机置换参与者不能获得其他参与方的隐私输入，且通过伪随机置换 P 的安全性，Srv_1不能了解$\bigcap_{i=1}^{n}(\widetilde{S}_i)$的结果。综上所述，$A$ 的联合分布视图以及其他参与者的输出视图在混合模型下和理想模型下是不可区分的。

情况 2：Srv_1是腐败的。

考虑模拟器 Sim_2 模拟第一个服务器提供者 Srv_1 的情形。Sim_2使用输入$(r_i, C_i = P_K(S_i) + F(K_i, r_i))$调用敌手 A。Sim_2接收到 $(r_i, C_i = P_K(S_i) + F(K_i, r_i) + F(rk_{i-Srv2}, r_i))$之后，将其发送给服务器，然后得到 Srv_2 的返回信息$(r_{Srv_2}, C_{Srv_2} = \bigcap_{i=1}^{n} P_K(S_i) + F(K_{Srv_2}, r_{Srv_2}))$。$Sim_2$将接收到的 Srv_2的输出发送给 A 并和 A 产生相同的输出。由对称密钥代理重加密的安全性保证，Sim_2无法获知 P_i 的加密密钥，因此它得不到有关 P_i 输入输出的任何有用信息。Srv_2不能了解$\bigcap_{i=1}^{n}(S_i)$的结果，诚实参与者也不知晓 K_{Srv2}。因此，在理想模型下，Sim_2的整体输出分布和在混合模型下运行函数 π 的输出分布是不可区分的。

情况 3：Srv_2是腐败的。

考虑模拟器 Sim_3 模拟第二个服务器提供者 Srv_2 的情形。Sim_3使用输入 $(r_i, P_K(S_i) + F(K_i, r_i) + F(rk_{i\to Srv2}, r_i))$调用敌手 A，将信息$(r_{Srv_2}, C_{Srv_2} = \bigcap_{i=1}^{n} P_K(S_i) + F(K_{Srv_2}, r_{Srv_2}))$发送给 A 并和 A 产生相同的输出。由伪随机置换函数的安全性保证，Sim_3得不到任何关于 S_i 和$\bigcap_{i=1}^{n} S_i$ 的有用信息。通过对称密钥代理重加密协议的安全性，保证 Srv_1和 S_i 的输出在混合模型下和理想模型下是不可区分的。

综上，可得

$$IDEAL_{f,Sim}(\bar{s}, k) \stackrel{c}{=} HYBRID_{\pi,A}^{SKPRE}(\bar{s}, k) \tag{11-2}$$

定理 11-2　图 11-4 中的协议是抗合谋的，当理性的参与者选择合作策略时，该协议能够达到社交纳什均衡。

证明 在所提出的社交理性云外包隐私集合比较协议中，视参与者是社交理性的，而不是诚实的或者恶意的。通过使用博弈论和声誉系统，本章提出的协议可以实现经典云外包协议中不可能实现的功能。

令 $C_t(1\leqslant t\leqslant n+2)$表示 P_t选择合作策略，D_t表示 P_t选择合谋策略，C_{-t}表示除了 P_t之外所有的参与者选择合作，$C_{-i\parallel t}(1\leqslant i\leqslant n)$表示除了 P_i和 P_t之外的所有的参与者选择合作，其中 $P_{n+1}=Srv_1, P_{n+2}=Srv_2$。如果所有的参与者都进行合作用$(C_t, C_{-t})$表示，可得 $u_i^{(C_t,C_{-t})}=\Omega\left(\rho_1\omega_i+\rho_2+\frac{\rho_3}{n+1}\right)$，$u_{n+1}^{(C_t,C_{-t})}=\rho_1\omega_{n+1}$ 和 $u_{n+1}^{(C_t,C_{-t})}=\rho_1\omega_{n+2}$，其中 $\omega_t=\frac{3}{2-T_t(p)}$。考虑 P_i与 Srv_1合谋的情况，如果 P_i选择合谋策略，给 Srv_1发送合谋邀请，后者同意合谋概率为 0.5。则 $u_{n+1}^{(D_i,D_{n+1},C_{-i\parallel n+1})}=\rho_1\omega_{n+1}+\rho_2+\frac{\rho_3}{n+3}+\rho_4$ 和 $u_i^{(D_i,D_{n+1},C_{-i\parallel n+1})}=\rho_1\omega_i+\rho_2+\frac{\rho_3}{n+3}+\rho_4$，其中 $\rho_1\gg\rho_2\geqslant\rho_3\geqslant\rho_4$（假设 $\rho_1=2\rho_2$），否则如果 Srv_1没有同意合谋，且通告 P_i的恶意行为给其他参与者，则 P_i 会受到惩罚。那么 $u_i^{(D_i,C_{-i})}=-\rho_1\omega_i$ 和 $u_{n+1}^{(D_i,C_{-i})}=\rho_1\omega'_{n+1}$，其中 $\omega'_{n+1}=\frac{3}{2(T_t(p)+\mu(x))}$。如果 Srv_1选择合谋策略，给 P_i 发送合谋邀请，并且 P_i 同意合谋，则 $u_{n+1}^{(D_i,D_{n+1},C_{-i\parallel n+1})}=\rho_1\omega_{n+1}+\rho_2+\frac{\rho_3}{n+3}+\rho_4$ 和 $u_{n+1}^{(D_i,D_{n+1},C_{-i\parallel n+1})}=\rho_1\omega_{n+1}+\rho_2+\frac{\rho_3}{n+3}+\rho_4$，否则如果 P_i不同意合谋并将 Srv_1的恶意行为通告给其他参与者，$u_{n+1}^{(D_{n+1},C_{-(n+1)})}=-\rho_1\omega_{n+1}$和 $u_i^{(D_{n+1},C_{-(n+1)})}=\rho_1\omega'_i$。$Srv_1$和 P_i的博弈如表 11-1 所示。P_i选择合作策略的期望效

用 $u_i^{cooexp}=\frac{1}{2}\left(\rho_1\omega_i+\rho_2+\frac{\rho_3}{n+3}+\rho_1\omega_i'\right)$ 大于 P_i 使用合谋策略的期望效用 $u_i^{colexp}=\frac{1}{2}\left(\rho_2+\frac{\rho_3}{n+3}+\rho_4\right)$，并且 Srv_1 的选择合作策略的期望效用 $u_i^{colexp}=\frac{1}{2}(\rho_2+\frac{\rho_3}{n+3}+\rho_4)$ 比 Srv_1 使用合谋策略的期望效用 $u_{n+1}^{colexp}=\frac{1}{2}\left(\rho_2+\frac{\rho_3}{n+3}+\rho_4\right)$ 要大，P_i 与 Srv_2 合谋时的情况与上述类似。

表 11-1　服务器 Srv_1 和 P_i 之间的博弈模型

	D_{n+1}	C_{n+1}
D_i	$\rho_1\omega_i+\rho_2+\frac{\rho_3}{n+3}+\rho_4$； $\rho_1\omega_{n+1}+\rho_2+\frac{\rho_3}{n+3}+\rho_4$	$-\rho_1\omega_i,\rho_1\omega_{n+1}$
C_i	$\rho_1\omega_i'-\rho_1\omega_{n+1}$	$\rho_1\omega_i+\rho_2+\frac{p_3}{n+3}+\rho_1\omega_{n+1}$

接下来考虑 Srv_1 与 Srv_2 合谋的情况，如果 Srv_1 发送合谋邀请给 Srv_2，并且 Srv_1 同意合谋，则

$$u_{n+1}^{(D_{n+1},D_{n+2},C-(n+1)\|(n+2))}=\rho_1\omega_{n+1}+\rho_2+\frac{\rho_3}{n+3}+\rho_4 \tag{11-3}$$

$$u_{n+2}^{(D_{n+1},D_{n+2},C-(n+1)\|(n+2))}=\rho_1\omega_{n+2}+\rho_2+\frac{\rho_3}{n+3}+\rho_4 \tag{11-4}$$

否则如果 Srv_2 不同意合谋，并将 Srv_1 的恶意行为通告给其他参与者，则 $u_i^{(D_{n+1},C-(n+1))}=-\rho_1\omega_{n+1}$ 和 $u_{n+2}^{(D_{n+1},C-(n+1))}=\rho_1\omega_{n+2}'$。如果 Srv_2 选择合谋策略，发送合谋邀请给 Srv_1，并且 Srv_1 同意合谋，则 $u_{n+2}^{(D_{n+1},D_{n+2},C-(n+1)\|(n+2))}=\rho_1\omega_{n+2}+D_2+\frac{\rho_3}{n+3}+\rho_4$ 和 $u_{n+2}^{(D_{n+1},D_{n+2},C-(n+1)\|(n+2))}=\rho_1\omega_{n+1}+\rho_2+\frac{\rho_3}{n+3}+\rho_4$，否则不同意合谋

且将 Srv_2 的恶意行为通告给其他参与者，则 $u_{n+2}^{(D_{n+2},C_{-(n+2)})}=-\rho_1\omega_{n+2}$ 和 $u_{n+1}^{(D_{n+2},C_{-(n+2)})}=\rho_1\omega'_{n+1}$。$Srv_1$ 和 Srv_2 之间的博弈如表 11-2所示。

表 11-2　服务器 Srv_2 和服务器 Srv_2 之间的博弈模型

	D_{n+2}	C_{n+2}
D_{n+1}	$\rho_1\omega_{n+1}+\rho_2+\frac{\rho_3}{n+3}+\rho_4,\rho_1\omega_{n+2}+\rho_2+\frac{\rho_3}{n+3}+\rho_4$	$-\rho_1\omega_{n+1},\rho_1\omega'_{n+1}$
C_{n+1}	$\rho_1\omega'_{n+1},-\rho_1\omega_{n+2}$	$\rho_1\omega'_{n+1},-\rho_1\omega_{n+2}$

Srv_1 选择合作策略的期望效用 $u_{n+1}^{cooexp}=\frac{1}{2}(\rho_1\omega_{n+1}+\rho_1\omega_{n+1})$ 要大于 Srv_1 选择合谋策略的期望效用 $u_{n+1}^{colexp}=\frac{1}{2}\left(\rho_2+\frac{\rho_3}{n+3}+\rho_4\right)$，选择合作策略的期望效用 $u_{n+2}^{cooexp}=\frac{1}{2}(\rho_1\omega'_{n+1}+\rho_1\omega_{n+2})$ 要大于 Srv_2 选择合谋策略的期望效用 $u_{n+1}^{colexp}=\frac{1}{2}\left(\rho_2+\frac{\rho_3}{n+3}+\rho_4\right)$。

综上所述，如果在设计方案时给予合谋参与者足够的惩罚，使其合谋的期望效益被潜在的惩罚措施所抵消，则每一个参与者最佳的策略是选择合作。因此合作策略 (C_t,C_{-t}) 是社交纳什均衡。

11.4.2　性能比较

在本节中，所设计的方案和其他几种服务器辅助协议进行了比较，如表 11-3 所示。

表 11-3　方案比较

方案	多密钥	安全模型	用户是否交互	公钥基础设施	是否抗合谋
文献[10]	否	半诚实模型	否	有	否
文献[3]	否	半诚实模型	是	有	否

（续表）

方案	多密钥	安全模型	用户是否交互	公钥基础设施	是否抗合谋
文献[9]	否	半诚实模型	是	无	否
文献[1]	是	恶意模型	是	有	否
文献[30]	是	恶意模型	否	有	否
本方案	是	理性模型	否	无	是

Kerschbaum 等人[10]基于布隆过滤器和同态加密提出一种外包隐私集合交集协议，该协议的复杂度 $O(k\omega^2)$。文献[3] 提出一个基于半可信仲裁者的隐私集合交集协议，该协议的计算复杂度为 $O(\nu\omega)$，通信复杂度为 $O(\nu+\omega)$。文献[9]提出了抵抗半诚实服务器的多方协议和抵抗隐蔽或恶意服务器的两方协议，该协议使用对称密钥操作，能够有效地适用于大数据集，协议的计算和通信复杂度为 $O(\nu+\omega)$。但是在恶意模型中协议需要参与者运行传统的安全多方计算协议产生一个随机 k 比特密钥 K，其缺陷为所有用户使用同样的密钥，这样即使一个参与者被腐败，那么所有参与者的通信都被破坏。

Abadi 等人[1]提出一个允许多方参与者将隐私集合交集计算委托给云的方案，计算和通信复杂度为 $O(d)$，其中 d 是数据集合大小。然而，该方案假设云服务器不与参与者合谋并且需要参与者交互。Gordon 等人[30]提出一种多用户可验证计算协议，协议可实现更强的安全保证，协议基于属性加密需要自注册的 PKI。他们指出当服务器和客户端合谋时，无法实现基于仿真的安全性。服务器运行时间为多项式 $ploy(\kappa,f)$，客户 $P_2,\cdots,P_n$ 运行时间为 $O(lk)$，P_1 产生 $O(lk)$ 基于属性加密的密文和一个大小为 $O(k)$ 的混淆电路，其中 l 是输入长度，n 是客户数量，是安全参数。综上所述，以上所有的云外包隐私集合交集协议假设服务器提供者不与参与者合谋，且文献[1，3，30，10]需要公钥操作，效率不高。

在本章提出的基于多密钥的社交理性云外包隐私集合比较协

议中，每个参与者计算和通信复杂度为 $O(l)$，其中 l 是输入集合长度。服务器的计算和通信复杂度为 $O(nl)$，其中 l 是输入集合长度，是客户的数量。相比于之前的工作，所设计的协议使用不同的对称密钥来加密参与者的隐私集合，所以更加安全和实用。该云外包隐私集合比较协议是抗合谋的，任何参与者在与其他参与者合谋之前必须要考虑到可能受到的惩罚。通过使用声誉系统，该协议能惩罚破坏隐私集合协议的参与者并能促使其进行良性的合作，参与者 P_i 选择合作策略可获得自身收益的最大化。该协议适用于多方参与者情形且无须参与者之间交互。此外，方案不需要公钥基础设施，因此不需要证书生成，传播和存储等繁杂操作。最终协议能达到完全计算公平，即要么每一个参与者得到交集结果要么没有参与者得到交集结果。

11.5 本章小结

本章结合对称密钥代理重加密与社交博弈论，提出了两种基于多密钥的云外包隐私集合比较协议：第一类基于半诚实模型，第二类基于社交理性用户。在所设计的协议中，不同的用户使用不同的密钥来加密信息，违背协议的用户将会受到惩罚，从而鼓励他们诚实合作行为。另外，协议无须公钥基础设施，用户在协议执行中无须交互，计算资源薄弱的租户能够将复杂的数据计算外包给云服务提供者，适合于移动云计算环境。

参考文献

[1] Abadi A，Terzis S，and Dong C Y. Vd-psi：Verifiable delegated private set intersection on outsourced private datasets. In Financial Cryptography and Data Security，Springer，Berlin，Heidelberg，2016.

[2] Debnath S K and Dutta R. Secure and efficient private set intersection cardinality using bloom filter. Proceeding of Information Security, 2015: 209-226.

[3] Dong C Y, Chen L Q, Camenisch J, and Russello G. Fair private set intersection with a semi-trusted arbiter. In Data and Applications Security and Privacy XXVII, Springer, 2013: 128-144.

[4] Dong C Y, Chen L Q, and Wen Z K. When private set intersection meets big data: an efficient and scalable protocol. In Proceedings of the 2013 ACM SIGSAC conference on Computer and communications security, ACM, 2013: 789-800.

[5] Freedman M J, Hazay C, Nissim K, and Pinkas B. Efficient set intersection with simulation-based security. Journal of Cryptology, 2016, 29(1):115-155.

[6] Freedman M J, Nissim K, and Pinkas B. Efficient private matching and set intersection. In Advances in Cryptology-EUROCRYPT 2004, Springer, 2004: 1-19.

[7] Hazay C and Lindell Y. Efficient protocols for set intersection and pattern matching with security against malicious and covert adversaries. In Theory of Cryptography, Springer, 2008: 155-175.

[8] Huang Y, Evans D, and Katz J. Private set intersection: Are garbled circuits better than custom protocols? In 19th Annual Network and Distributed System Security Symposium (NDSS), 2012.

[9] Kamara S, Mohassel P, Raykova M, and Sadeghian S. Scaling private set intersection to billion element sets. In Financial Cryptography and Data Security, Springer, 2014: 195-215.

[10] Kerschbaum F. Outsourced private set intersection using homomorphic encryption. Proceedings of the 7th ACM Symposium on Information, Computer and Communications Security, ACM, 2012: 85-86.

[11] Kissner L and Song D. Privacy-preserving set operations. In Advances in Cryptology-CRYPTO 2005, Springer, 2005: 241-257.

[12] Thapa A, Li M, Salinas S, and Li P. Asymmetric social proximity based private matching protocols for online social networks. Parallel and Distributed Systems, IEEE Transactions on, 2015, 26(6):1547-1559.

[13] Qingji Zheng and Shouhuai Xu. Verifiable delegated set intersection operations on outsourced encrypted data. In Cloud Engineering (IC2E), 2015 IEEE International Conference on, IEEE, 2015: 175-184.

[14] Cleve R. Limits on the security of coin flips when half the processors are faulty. Proceedings of the eighteenth annual ACM symposium on Theory of computing, ACM, 1986: 364-369.

[15] Gordon S. D, Hazay C, Katz J, and Lindell Y. Complete fairness in secure two-party computation. Journal of the ACM (JACM), 2011, 58(6): 24-37.

[16] Garay J, Katz J, Tackmann B, and Zikas V. How fair is your protocol? A utility-based approach to protocol optimality. Proceedings of the 2015 ACM Symposium on Principles of Distributed Computing, ACM, 2015: 281-290.

[17] Groce A and Katz J. Fair computation with rational players. In Annual International Conference on the Theory and Applications of Cryptographic Techniques, Springer, 2012:

81-98.

[18] Yan Z, Ding W X, Yu X X, Zhu H Q, and Deng R H. Deduplication on encrypted big data in cloud. IEEE Transactions on Big Data, 2016, 2(2):138-150.

[19] Yan Z, Wang M J, Li Y X, and Vasilakos A V. Encrypted data management with deduplication in cloud computing. IEEE Cloud Computing, 2016, 3(2):28-35.

[20] Zhang Y H, Chen X F, Li J, Wong D S, Li H, and You I. Ensuring attribute privacy protection and fast decryption for outsourced data security in mobile cloud computing. Information Sciences, 2016, 379:1-20.

[21] Peter A, Tews E, and Katzenbeisser S. Efficiently outsourcing multiparty computation under multiple keys. IEEE Transactions on Information Forensics and Security, 2013, 8(12):2046-2058.

[22] Wang B Y, Li M, Chow S S M, and Li H. Computing encrypted cloud data efficiently under multiple keys. In Communications and Network Security (CNS), IEEE, 2013: 504-513.

[23] Jarecki S and Liu X M. Efficient oblivious pseudorandom function with applications to adaptive ot and secure computation of set intersection. In Theory of Cryptography, Springer, 2009: 577-594.

[24] Agrawal R, Evfimievski A, and Srikant R. Information sharing across private databases. Proceedings of the 2003 ACM SIGMOD international conference on Management of data, ACM, 2003: 86-97.

[25] Arb M V, Bader M, Kuhn M, and Wattenhofer R. Veneta: Serverless friend-of-friend detection in mobile social networ-

king. In Networking and Communications, IEEE International Conference on Wireless and Mobile Computing, IEEE, 2008: 184-189.

[26] Bloom B H. Spacetime tradeoffs in hash coding with allowable errors. Communications of the ACM, 1970, 13(7):422-426.

[27] Bose P, Guo H, Kranakis E, and et. al. On the false-positive rate of bloom filters. Information Processing Letters, 2008, 108(4):210-213.

[28] Yao A. How to generate and exchange secrets. In Foundations of Computer Science, IEEE, 1986: 162-167.

[29] Boneh D, Lewi K, Montgomery H, and Raghunathan A. Key homomorphic prfs and their applications. In Advances in Cryptology-CRYPTO 2013, Springer, 2013: 410-428.

[30] Gordon S. D, Katz J, Liu F. H, Shi E, and Zhou H. S. Multi-client verifiable computation with stronger security guarantees. In Theory of Cryptography Conference, Springer, 2015: 144-168.

[31] Nojoumian M and Stinson D. R. Socio-rational secret sharing as a new direction in rational cryptography. In Decision and Game Theory for Security, Springer, 2012: 18-37.

[32] Canetti R. Security and composition of multiparty cryptographic protocols. Journal of Cryptology, 2000, 13(1): 143-202.

第12章　理性的百万富翁协议

本章主要介绍百万富翁协议，并给出相关定义。经典的百万富翁问题无法达到计算公平性，本章结合博弈论及安全多方计算相关理论知识，设计了一种理性的百万富翁协议，使得理性的百万富翁能够诚实执行协议，最终双方能够公平、正确地得到计算结果。

12.1　百万富翁协议概述

百万富翁问题首先由图灵奖获得者姚期智教授[1]提出：两个富翁如何在不泄露自己财富的前提下，能够比较出谁更富有，可以将其形式化表示为：P_1，P_2分别拥有私有数据 a，b，两方都希望在不暴露各自私有数据 a，b 的前提下，共同计算$f(a,b)$，如果$f(a,b)=1$，那么 $a>b$，否则 $a\leqslant b$。姚期智教授给出一个解决方案，但方案要求 P_2在得到结果后，要诚实地告诉 P_1。

随后，百万富翁问题经过一系列文献[2-6]研究，已经成为密码学中一个非常重要的研究方向，即安全多方计算。文献[2]设计了混淆电路，通过对双方的输入进行双重加密，并借助不经意传输工具及输出转换表，给出了一个在半诚实模型下通用的安全两方计算协议。Goldreich 等人[3-4]提出了一个在任意模型下多方通用的，可以计算任意函数的安全多方计算协议。文献[3-4]将多方计算视为一个算法电路，电路分解为加法门与乘法门。只要有这样的电路存在，那么就可以设计出通用的方法，这样可以一劳永逸地解决所有有关安全多方计算的问题。Goldreich 将安全多方计算中的攻击者分为被动的攻击者(也称为半诚实者，他们诚实地执行协议，但事后会将所得数据和其他的不诚实者分享用来分析参与者的输入和输出数据）和积极的攻击者（也称为恶意的）。Goldreich 首先设计了半诚实模型下安全的协议，之后又设计了相应的编译器，可以将半诚实模型下安全的协议编译成在恶意模型下安全的协议，但其认为只有在诚实参与者占多数的情况下，协议的公平才能保证，而在两方协议中，要求两方都是诚实的情况下才能保证协议的公平性。秦静等[5]基于隐藏假设以及同态公钥加密的语义安全性假设，设计了一个安全的两方比较协议，但该协议使用了半诚实的茫然第三方参与协助完成计算。李顺东等[6]利用不经意传输协议与一种单调不减的函数，构造了一种高效的百万富翁协议。李顺东等[7]利用对称加密方案提出了一种百万富翁协议，但协议同样建立在半诚实模型下。目前绝大多数对百万富翁问题的研究都建立在半诚实模型下。一是因为半诚实模型研究起来比较简单，二是他们认为半诚实模型下的安全多方协议存在一个通用的方法，可以将其“编译”为恶意模型下安全的多方协议，但在编译过程中绝对的公平是非常难达到的。为了获得公平性，文献[8-9]各提出一种公平的百万富翁方案，但协议需要有诚实的第三方参与。文献[10-12]对公平的两方协议进行了研究，但以上两方协议，或者只是保证部分的公平，或者只能用在非常简单的场合。他们的协议都没有考虑参与者的收益，即使平时是诚实的参与者，在遇到自身收益非常大的情况，同样也会选择违背协议。如果仅依靠一个人的诚实而没有用收益来衡量参与者动机的话，那么该协议是不可靠和危险的。

在传统的安全两方计算协议中，即使一方在开始时承诺得到数据后会告诉另一方，这也是不可信的承诺，因为理性的参与者没有动机将得到的正确结果告诉另一方。那么用逆向归纳的方法，第一方从开始就不会将信息发给第二方，这样协议不能得到正确的计算结果。在现实生活中，两个富翁财产的比较结果在某些场合是非常重要的。例如，在竞标或商业谈判中，如果仅有一方知道

竞争两方的财产比较，那么他将处于优势，所以如果用传统的安全两方协议来实现比较的话，那么先得到结果的一方，会马上中断协议或者告诉另一方一个错误的结果。本章利用博弈论分析了传统的百万富翁协议，更加符合现实模型。在我们构建的理性的百万富翁计算协议中，没有半诚实模型的要求，理性的参与者发送正确的信息符合自身利益的最大化，如果背离协议，必然会损害自身利益，从而参与者会自觉地遵守协议，最终两个富翁都能得到财产比较结果。

12.2　基础知识

定义 12-1(多项式时间不可区分)　两个总体 $X\overset{\text{def}}{=}\{X_n\}_{n\in N}$，和 $Y\overset{\text{def}}{=}\{Y_n\}_{n\in \mathbf{N}}$，如果对于每一个概率多项式时间算法 D，每一个正多项式 $p(\cdot)$及所有充分大的，有

$$|Pr[D(X_n,1^n)=1]-Pr[D(Y_n,1^n)=1]|<\frac{1}{p(n)} \quad (12\text{-}1)$$

则称这两个总体是在多项式时间内不可区分的。

定义 12-2 (理想模型)　有可信方参与，参与者将本地输入都发给可信方，由可信方计算输出，然后将相应的输出发给参与者。

定义 12-3(安全协议[4])　设 f 为一个 2 元函数，Π 为现实模型的一个 2 元协议。密码协议的安全性在于可信方在多大程度上被互不信任的参与者所模拟，我们希望协议仅能够忍受那些在借助可信方时不可避免的行为，将现实模型中的攻击者 A 假设为 P_1，其输入为 $\bar{x}$，在 A 的攻击作用下，现实协议 Π 执行结果，记为 $REAL_{\Pi,A}(\bar{x},y)$。对于理想模型下的攻击者 A'，其输入为 $\bar{x}$，在 A' 的攻击作用下，理想过程所产生的结果为 $IDEAL_{f,A'}(\bar{x},y)$。如果不管攻击者在理想模型中可以获得什么，在现实模型中同样可以得到，那么就说 Π 安全实现了 f。也就是说使得概率总体 $REAL_{\Pi,A}(\bar{x},y)$与 $IDEAL_{f,A'}(\bar{x},y)$是计算不可区分的。

在证明协议安全的过程中，我们引入一些符号，设 f：$\{0,1\}^* \times \{0,1\}^* \rightarrow \{0,1\}^* \times \{0,1\}^*$ 为一个2元函数，$f_1(x,y)$，$f_2(x,y)$分别是 $f(x,y)$的第一个和第二个元素，Π为计算 f 的两方计算协议。第一方(/第二方)在执行Π过程中的视图是$(x, r^1, m_1^1, \cdots, m_n^1)$ $(/y, r^2, m_1^2, \cdots, m_n^2)$，记为 $VIEW_1^{\Pi}$ $(/VIEW_2^{\Pi})$，其中 $r^1(/r^2)$为第一方(/第二方)内部抛硬币结果。m_i^1 $(/m_i^2)$为第一方(/第二方)收到的第 i 个消息。第一方(/第二方)执行协议Π后的输出记为 $OUTPUT_1^{\Pi}(x,y)(/OUTPUT_2^{\Pi}(x,y))$包含于第一方(/第二方)的视图中。协议输出 $OUTPUT^{\Pi}(x,y)=(OUTPUT_1^{\Pi}(x,y),OUTPUT_2^{\Pi}(x,y))$。

我们称Π秘密计算 f，如果存在概率多项式实际算法，记为 S_1和 S_2，使得

$$\{(s_1(x,f_1(x,y)),f(x,y))\}_{x,y} \stackrel{c}{\equiv} \{VIEW_1^{\Pi}(x,y),OUTPUT^{\Pi}(x,y)\}_{x,y} \tag{12-2}$$

$$\{(s_2(y,f_2(x,y)),f(x,y))\}_{x,y} \stackrel{c}{\equiv} \{VIEW_2^{\Pi}(x,y),OUTPUT^{\Pi}(x,y)\}_{x,y} \tag{12-3}$$

定义 12-4(混合模型[4,13]) 混合模型结合了真实模型和理想模型。以安全两方计算为例，令∂为一个函数，π 为计算某种函数 F 的两方计算协议，其中 π 调用了∂，令 $HYBRID_{\pi,A(Z)}^{\partial}(x,y,n)$为执行协议 π 后理想地调用∂，恶意参与者的视图和诚实参与者的输出，其中 x，y 为参与者的输入，z 为恶意参与者的辅助输入，n 为安全参数。我们可以首先在混合模型下构造一个计算 F 的协议 π，用 π^{ρ} 代表现实协议，其中 ρ 安全计算了∂。文献[13]的结果表明，如果 π 在混合模型下安全计算了 F，并且 ρ 安全计算了∂，那么组合协议 π^{ρ} 就安全计算了 F。

12.3　百万富翁问题的经典解决方案

12.3.1　经典解决方案解析

1. 方案介绍

百万富翁问题经典解决方案[1]描述如下：假设 Alice 的秘密输入为 a，Bob 的秘密输入为 b，满足 $1 \leqslant a < b \leqslant r$。令 M 是所有 Nbit 非负整数的集合，Q_N 是所有从 M 到 M 的一一映射函数的集合。令 E_A 是 Alice 的公钥，它是从 Q_N 中随机抽取的。具体描述如下：

输入：Alice 有一个秘密输入 a，Bob 有一个秘密输入 b。

输出：Alice 和 Bob 得到 a 和 b 的大小关系。

(1) Bob 随机选取一个 Nbit 整数 x，秘密计算 $E_A(x)$的值，并把该值记为 k；

(2) Bob 将 $k-b+1$ 发给 Alice；

(3) Alice 秘密计算 $y_u = D_A(k-b+u)$的值($u=1,2,\cdots, n$)；

(4) Alice 产生一个$\frac{N}{2}$bit 的随机素数 p，对所有 u 计算$z_u = y_u(\bmod p)$。如果所有的 z_u在模 p 运算下至少相差 2，则停止，否则重新产生一个随机素数 p 重复上面的步骤，直到所有的 z_u至少相差 2。用 p，z_u($u=1,2,\cdots, n$)表示最终产生的这些数；

(5) Alice 将素数 p 以及下面的n 个数$z_1, z_2, \cdots, z_a, z_{a+1}+1, \cdots, z_n+1$ 都发给 Bob；

(6) Bob 检验由 Alice 传送过来的不包括 p 在内的第b 个值，若它等于 $x \bmod p$，则 z_u，否则 $a<b$；

(7) Bob 把结论告诉 Alice。

2. 方案分析

(1) 正确性分析。

上述协议能够使 Alice 和 Bob 正确判断出 a 和 b 的大小关系，因为

$$z_u = D_A[E_A(x) - b + u] \bmod p \tag{12-4}$$

特别地，有

$$z_b = D_A[E_A(x) - b + b] \bmod p = D_A[E_A(x) \bmod p = x \bmod p] \tag{12-5}$$

如果 z_u，则第 b 个值为 $z_b = x \bmod p$，否则为 $z_b + 1 = x \bmod p + 1 \neq x \bmod p$。

所以，通过检验由 Alice 传送来的不包括 p 在内的第 b 个值，可判断 a 和 b 大小。

(2) 安全性分析。

协议能保证 Alice 和 Bob 都不能得到有关对方财富的更多的信息。首先，除了当 Bob 告诉 Alice 最后的结论后，Alice 能够推测出 b 的范围以外，Alice 将不会了解 Bob 财富的任何信息，因为她从 Bob 那里仅仅得到了一个值 $k-b+1$，由于 k 的存在，使 Alice 不能从中得知 b。其次，Bob 知道 y_b（即 x）的值，因此他也知道 z_b 的值，然而他不知道其他 z_u 的值，而且通过观察 Alice 发送给他的数列，他也无法辨认出哪个是 z_u 哪个是 $z_u + 1$。这一点是有两两 z_u 至少相差 2 保证的。

(3) 不足之处。

在协议最后一步，Bob 可能欺骗 Alice，使 Alice 得出一个错误的结论。

12.3.2 姚期智构造的两方混淆电路协议

姚期智构造的两方混淆电路[2]简述如下。

输入：P_1，P_2 分别有输入 x，y。

输出：$f(x,y)$。

(1) P_1 构造混乱电路 $G(C)$、一个混乱电路表和一个输出解密表，然后将电路和两个表发给 P_2。

（2）令 $w_1, w_2, \cdots, w_n$ 是相对于 x 的电路输入线，$w_{n+1}, w_{n+2}, \cdots, w_{2n}$ 是相对于 y 的电路输入线。P_1 为每一位输入值产生两个随机的值 k_w^0，k_w^1，一个代表 0，另一个代表 1。接着，P_1 将 k_1^{x1}，k_n^{xn} 发给 P_2，然后，P_1，P_2 执行 1 out-of 2 不经意传输协议，P_1 的输入为(k_{n+1}^0，k_{n+1}^1)，P_2 的输入为 y_i（不经意传输可以并行运行）。

（3）P_2 得到混乱电路表、解密表和 $2n$ 个值后，通过计算可以得到 $f(x, y)$，然后 P_2 将 $f(x, y)$ 发给 P_1，双方都输出 $f(x, y)$。

该协议目标是每个成员仅仅知道自己的输入数据和最后的结果，不能了解对方的输入。但用博弈理论来分析该协议，P_2 不会将结果发给 P_1。如果 P_1 是理性的话，那么他从开始就不会将数据发给 P_2。

12.4　协议设计

针对以上问题，本节将博弈论引入百万富翁问题。在第 2 章已经分析了两个富翁的策略、效用和博弈模型，在本节设计的理性百万富翁计算协议中，理性的参与者发送正确的信息，符合自身利益的最大化，如果背离协议，必然会损害自身利益，从而使得两个百万富翁在执行协议时，没有欺骗的动机，最终两个富翁都能得到财产比较结果。下面给出了具体的理性百万富翁计算协议，协议由两个阶段组成：一个为数据准备协议，另一个为正式的理性百万富翁协议。协议没有假设半诚实模型，也就是说，任何参与者为了自身利益的最大化，可以发送错误的输入，在得到结果后，也可以随时中断协议。

1. 数据准备协议(运行安全两方计算)

输入：令 x 和 y 是 P_1，P_2 私有的输入（如果任意一方收到中断符⊥，则其也输出中断符⊥）。

计算步骤如下：

(1) 从有限域 F_q 中选取一系列元素 $i=1,2,\cdots,m-1,s_1,s_2,\cdots,s_m$，这些元素满足 $s_1<s_2<\cdots<s_m$，m 的值取决于参与者的效益(在定理 12-3 中讨论)。选取一个 s 值满足 $s_1<s_2<\cdots s_m<s$，且满足如果 $f(x,y)=1$，则 s 尾部一位为 1，如果 $f(x,y)=0$，则 s 尾部一位为 0。随机选取 d^*，如果 $1\leqslant d^*<m$，则用 s 置换 s_d。如果 $d^*=m$，随机从 $s_{m-1}-s_1,s_{m-1}-s_2,\cdots,s_{m-1}-s_{m-2},s$ 中选取一个元素 s_*，然后用 s_* 置换 s_{d*}。这样形成 m 个元素 $a_1,a_2,\cdots,a_m$。

(2) 选择 a_i^1,a_i^2 使其满足 $a_i^1\oplus a_i^2=a_i$，这里 $1\leqslant i\leqslant m$。

(3) 随机选择 $s_i^1,s_i^2,b_i^1,b_i^2\in F_q,b_i^1,b_i^2\neq 0$，令 $c_i^1=s_i^1+b_i^2\cdot a_i^1\in F_q$，$c_i^1=s_i^2+b_i^1\cdot a_i^2\in F_q(1\leqslant i\leqslant m)$。

输出：① P_1得到 $a_i^1,s_i^1,c_i^1,b_i^1\in F_q(1\leqslant i\leqslant m)$；

② P_2得到 $a_i^2,s_i^2,c_i^2,b_i^2\in F_q(1\leqslant i\leqslant m)$。

2. 理性的百万富翁协议

输入：令 x 和 y 是 P_1,P_2私有的输入。

计算步骤如下：

(1) 双方运行协议 1，协议一方可以随时中断协议，如果没有成员中断协议，最终 P_1得到 $a_i^1,s_i^1,c_i^1,b_i^1\in F_q(1\leqslant i\leqslant m)$，$P_2$得到 $a_i^2,s_i^2,c_i^2,b_i^2\in F_q(1\leqslant i\leqslant m)$。

(2) 在第 i 轮，$i=1,2,\cdots,m-1$，参与双方做以下工作。

① P_2先发给 P_1子份额，过程如下：

a) P_2发送(a_i^2,s_i^2)给 P_1；

b) P_1收到(a_i^2,s_i^2)后，检验 c_i^1 和 $s_i^2+b_i^1\cdot a_i^2$ 是否相等，如果不相等，说明 P_2有欺骗行为，P_1得到 $s=a_{i-1}$，如果 $s=a_0$，则中断协议执行，否则根据 s 尾部一位输出 1 或者 0，并中断协议执行;如果相等，P_1得到他的一个输出为 $a_i^1\oplus a_i^2=a$。如果重构出的 $a_i<a_{i-1}$，那么 P_1知道上一轮重构的 a_{i-1}等于 s，根据 s 尾部一位输出 1 或者 0，并中断协议执行，否则协议继续。

② P_1发给 P_2子份额，过程如下：

a) P_1发送(a_i^1, s_i^1)给 P_2；

b) P_2收到(a_i^1, s_i^1)后，检验 c_i^2 和 $s_i^1 + b_i^2 \cdot a_i^1$ 是否相等，如果不相等，说明 P_1有欺骗行为，P_2得到 $s = a_{i-1}$，根据 s 尾部一位输出 1 或者 0，并中断协议执行；如果相等，P_2得到他的一个输出为 $a_i^1 \oplus s_i^2 = a_i$。如果重构出的 $a_i < a_{i-1}$，那 P_2知道上一轮重构的 a_{i-1}等于 s，根据 s 尾部一位输出 1 或者 0，这时 P_1已经得到结果，所以 P_2中断协议的执行，否则协议进行到下一轮。

(3) 如果 $i = m$ 轮，参与双方做以下工作：P_1，P_2同时发送他们的子份额(a_m^1, s_m^1)，(a_m^2, s_m^2)，P_1收到(a_i^2, s_i^2)后，检验，c_i^1 和 $s_i^2 + b_i^1 \cdot a_i^2$ 是否相等，如果不等，说明 P_2有欺骗行为，P_1得到$s = a_{i-1}$，根据 s 尾部一位输出 1 或者 0，并中断协议执行；如果相等，P_1得到他的输出为 $a_m^1 \oplus a_m^2 = a_m$。P_2收到(a_i^1, s_i^1)后，检验 c_i^2 和 $s_i^1 + b_i^2 \cdot a_i^1$ 是否相等，如果不等，说明 P_1有欺骗行为，P_2得到$s = a_{i-1}$，根据尾部一位输出 1 或者 0，并中断协议执行；如果相等，P_2得到他的输出为 $a_m^1 \oplus a_m^2 = a_m$。如果 $a_m > a_{m-1}$，那么 P_1，P_2知道 $a_m = s$，根据 s 尾部一位输出 1 或者 0，如果 $a_m < a_{m-1}$，协议重启。

12.5　协议分析

定理 12-1　如果在混合模型中，P_1被敌手 A 控制的话，那么存在一个理想模型中的 P_1被敌手 S 控制，并且使得

$$\{IDEAL_{f,S(Z)}(x, y, n)\}_{x,y,z,n} \overset{c}{\equiv} \{HYBRID\}_{\Pi,A(z)}^{PRE}(x, y, n)\}_{x,y,z,n} \tag{12-6}$$

证明　设混合模型中，P_1被敌手 A 控制，我们在理想模型中，构造一个模拟器 S 黑盒调用 A：

(1) S 调用 A 的输入 x，辅助输入 z。

(2) 如果 S 收到 A 的输入为中断符$\perp$，则将中断符$\perp$发给可信方。

(3) S 收到 A 的输入 x'，然后将其发给可信方，S 从可信方得到 $a_i^1, s_i^1, c_i^1, b_i^1 \in F_q (1 \leqslant i \leqslant m)$将其发给 A。

(4) 模拟第 $i(i=1,2,\cdots,m-1)$轮迭代：

① S 选择(a_i^2, s_i^2)满足 $a_i^1 \oplus a_i^2 = a_i$ 且 $c_i^1 = s_i^2 + b_i^1 \cdot a_i^2 \in F_q$ $(1 \leqslant i \leqslant m)$，发送给 $A(a_i^2, s_i^2)$；

② S 收到A 的信息$(\bar{a}_i^1, \bar{s}_i^1)$，如果$(c_i^2 \neq \bar{s}_i^2 + b_i^2 \cdot \bar{a}_i^1)$，那么 S 发送a_{i-1}给可信方计算 f，然后 S 输出 A 所输出的，并且中断协议；如果 $c_i^2 = \bar{s}_i^1 + b_i^2 \cdot \bar{a}_i^1$，那么 S 得到 $a_i^1 \oplus a_i^2 = a_i$。如果重构出的 $a_i < a_{i-1}$，S 发送 a_{i-1} 给可信方计算 f，输出 A 所输出的，并且中断协议的执行，否则协议进行到下一轮。

(5) 模拟第 $i=m$ 轮迭代：

① S 选择(a_m^2, s_m^2)满足 $a_m^1 \oplus a_m^2 = a_m$ 且 $c_m^1 = s_m^2 + b_m^1 \cdot a_m^2 \in F_q (1 \leqslant i \leqslant m)$，发送给 $A(a_m^2, s_m^2)$；

② S 收到A 的信息$(\bar{a}_m^1, \bar{s}_m^1)$，检验如果 $c_m^2 \neq \bar{s}_m^2 + b_m^2 \cdot \bar{a}_m^1$，$S$ 发送a_{m-1}给可信方计算 f，然后 S 输出 A 所输出的，并且中断协议；如果 $c_m^2 = \bar{s}_m^1 + b_m^2 \cdot \bar{a}_m^1$，$S$ 得到$a_m^1 \oplus a_m^2 = a_m$。如果 $a_m > a_{m-1}$，S 发送a_m给可信方计算f，输出 A 所输出的，并且中断协议；如果 $a_m < a_{m-1}$，协议重启。

下面我们来分析模拟器 S，如果 $c_i^2 = s_i^1 + b_i^2 \cdot a_i^1 (i=1,\cdots,m)$，意味着 A 发送正确的份额。下面证明敌手 A 的视图和 P_2输出的分布，在混合模型与理想模型下是可计算不可分辨的：

在数据准备阶段，S 发给可信方 x'或者是中断符$\perp$，P_2输出 $a_i^2, s_i^2, c_i^2, b_i^2 \in F_q (1 \leqslant i \leqslant m)$或者中断符$\perp$，这和混合模型下 P_2的输出是一致的。

在协议第 $i(i=1,2,\cdots,m-1)$轮迭代时，如果 A 出现欺骗行为，S 发送 a_{i-1} 给可信方，可信方根据 a_{i-1}的最后一位来计算 f，最后发给 P_2。如果 A 没有欺骗行为，S 得到 $a_i^1 \oplus a_i^2 = a_i$。如果重构出的 $a_i < a_{i-1}$，S 发送 a_{i-1} 给可信方，可信方根据 a_{i-1} 的最后一位来计算 f。在混合协议执行过程中，P_2收到(a_i^1, s_i^1)后，检验

c_i^2 和 $s_i^1+b_i^2\cdot a_i^1$ 是否相等，如果不相等，说明 P_1 有欺骗行为，P_2 得到 $s=a_{i-1}$，根据 s 尾部一位输出 1 或者 0，并中断协议执行。如果相等，P_2 得到他的一个输出为 $a_i^1\oplus a_i^2=a_i$。如果重构出的 $a_i<a_{i-1}$，那么 P_2 知道上一轮重构的 a_{i-1} 等于 s，根据 s 尾部一位输出 1 或者 0。可见和理想模型中 P_2 的输出是一致的。

在第 $i=m$ 轮迭代时，如果 A 出现欺骗行为，S 发送 a_{m-1} 给可信方计算 f，然后 S 输出 A 所输出的，并且中断协议。如果 A 没有欺骗行为，S 得到 $a_m^1\oplus a_m^2=a_m$。如果 $a_m>a_{m-1}$，S 发送 a_m 给可信方计算 f，输出 A 所输出的，并且中断协议；如果 $a_m<a_{m-1}$，协议重启。在混合模型中，P_2 收到 (a_i^1,s_i^1) 后，检验 $c_i^2=s_i^1+b_i^2\cdot a_i^1$ 是否相等，如果不相等，说明 P_1 有欺骗行为，P_2 得到 $s=a_{i-1}$，根据 s 尾部一位输出 1 或者 0，并中断协议执行；如果相等，P_2 得到他的输出为 $a_m^1\oplus a_m^2=a_m$。如果 $a_m>a_{m-1}$，那么 P_1，P_2 知道 $a_m=s$，根据 s 尾部一位输出 1 或者 0，如果 $a_m<a_m-1$，协议重启。可见和理想模型中 P_2 的输出也是一致的。定理得证。

定理 12-2　如果协议在混合模型中，P_2 被敌手 A 控制，那么存在一个理想模型下的 P_2 被敌手 S 控制，并且使得

$$\{IDEAL_{f,\mathrm{S}(z)}(x,y,n)\}_{x,y,z,n}\stackrel{c}{\equiv}\{HYBRID_{\Pi,\mathrm{A}(z)}^{PRE}(x,y,n)\}_{x,y,z,n}\tag{12-7}$$

证明　证明过程类似定理 12-1。

定理 12-3　方案在满足式(12-14)的条件下，参与者没有偏离协议的动机。

证明　参与者 P_1，P_2 不知道当前轮是 s 所在轮，还是其他的测试轮。如果参与者 P_i 在参与协议前想了解 s，他只能通过猜测，猜对的概率为 λ，P_i 获得效益为 U_i^+。猜错的概率为 $1-\lambda$，P_i 获得效益为 U_i^-。所以 P_i 的期望收益为：

$$E(U_i^{\text{guess}})=\lambda\cdot U_i^+ +(1-\lambda)U_i^-\tag{12-8}$$

如果 P_i 参与协议时，恰好在 s 所在轮进行攻击的概率为 β，那么合谋者 P_i 获得效益 U_i^+，否则合谋者 P_i 获得效益为 $E(U_i^{\text{guess}})$。因此 P_i 的期望收益至多为：

$$\beta \cdot U_i^+ + (1-\beta) \cdot E(U_i^{\text{guess}}) \tag{12-9}$$

如果参与者 P_i 遵守协议，获得效益为 U_i，所以当满足式(12-10)时，P_i 将没有偏离协议的动机。

$$U_i > \beta \cdot U_i^+ + (1-\beta) \cdot E(U_i^{\text{guess}}) \tag{12-10}$$

在协议中满足式(12-11)和式(12-12)。

$$\lambda = q^{-1} \tag{12-11}$$

$$\beta = m^{-1} \tag{12-12}$$

由式(12-10)－(12-12)得

$$U_i > m^{-1} \cdot U_i^+ + (1 - m^{-1}) \cdot (q^{-1} \cdot U_i^+ + (1 - q^{-1}) \cdot U_i^-) \tag{12-13}$$

$$\rightarrow m > \frac{U_i^+ - (q^{-1} \cdot U_i^+ + (1 - q^{-1}) \cdot U_i^-)}{U_i - (q^{-1} \cdot U_i^+ + (1 - q^{-1}) \cdot U_i^-)} \tag{12-14}$$

即当满足式(12-14)时，P_i 不能通过背离协议来获得更大的收益。

12.6 本章小结

本章结合博弈论，对传统的百万富翁计算协议进行了分析，发现传统的百万富翁协议是不公平和不稳定的，参与者执行协议没有背离协议的收益大，所以理性的参与者没有执行协议的动机。本章构建了百万富翁协议的博弈模型，设计了具有博弈性质的百万富翁计算协议，使得理性的参与者执行协议符合自身利益最大化，从而有动机诚实的执行协议，最终双方能够公平、正确的得到计算结果。

参考文献

[1] Yao A. Protocols for secure computations. Proceedings of 23th IEEE Symposium on Foundations of Computer Science

(FOCS'82), IEEE Computer Society. 1982: 160-164.

[2] Yao A. How to generate and exchange secrets. Proceedings of 27th IEEE Symposium on Foundations of Computer Science (FOCS' 86), IEEE Computer Society, 1986: 162-167.

[3] Goldreich O, Micali S, Wigderson A. How to play any mental game. Proceedings of the 19th Annual ACM Symposium on Theory of Computing, New York: ACM Press, 1987: 218-229.

[4] Goldreich O. Foundations of cryptography: Volume 2, Basic Applications. Cambridge: Cambridge University Press, 2004: 599-759.

[5] 秦静，张振峰，冯登国，等. 无信息泄露的比较协议. 软件学报. 2004, 15(3): 421-427.

[6] 李顺东，戴一奇，游启友. 姚氏百万富翁问题的高效解决方案. 电子学报，2005, 33(5): 769-773.

[7] Li S. D, Wang D. S, Dai Y. Q, Luo P. Symmetric cryptographic solution to Yao's millionaires' problem and an evaluation of secure multiparty computations. Information Sciences, 2008, 178(1): 244-255.

[8] Cachin C. Efficient private bidding and anctions with an oblivious third party. The 6th ACM Conference on Computer and Communications Security, Singapore, 1999: 120-127.

[9] Li R H, Wu C K, and Zhang Y Q. A fair and efficient protocol for the millionaires' problem. Chinese Journal of Electronics. 2009, 18(2): 249-254.

[10] Gordon S D, Hazay C, Katz J, and Lindell Y. Complete fairness in secure two-party computation. In 40th ACM Synmposium on Theory of Computing (STOC), 2008: 413-422.

[11] Pinkas B. Fair secure two-party computation. In Advances in

Cryptology-Eurocrypt 2003，volume 2656 of LNCS，Berlin：Springer，2003：87-105.

[12] Garay J，MacKenzie P，Prabhakaran M，et al. Resource Fairness and Composability of Cryptographic Protocols. Proceedings of the 3rd Theory of Cryptography Conference (TCC)，Berlin：Springer，2006：404-428.

[13] Canetti R. Security and composition of multiparty cryptographic protocols. Journal of Cryptology，2000，13(1)：143-202.

第 13 章　基于电路计算的理性安全多方求和协议

安全求和协议作为安全多方计算的一种实例，在分布式数据挖掘算法和电子选举中有非常广泛的应用。安全求和协议是指有 n 个参与者，其中 P_i输入为 s_i，$i=1$，…，n，最终每个参与者得到 $s=\sum_{i=1}^{n} s_i$。如果协议结束时，参与者仅知道自己的输入和输出，那么称协议是安全的。

13.1　安全多方求和协议概述

目前已经有一系列文献[1-9]对安全求和协议进行了研究。文献[1-3]采用的方法是，假设 $s=\sum_{i=1}^{n} s_i$ 的范围在[0,…,l]中，P_i从[0,…,l]中随机选择一个数 R，将 $R+s_1 \bmod n$ 发送给 P_2，因为 R 是随机选择的，所以 $R+s_1 \bmod n$ 是均匀分布的，P_2不会了解 s_1的值，然后 P_2加上自己的值发给 P_3，P_3加上自己的值发给 P_4，……，也就是 P_i 收到的是 $S=R+\sum_{j=1}^{i=1} s_j$，($i=2$，…，n)，P_n将最后的结果发给 P_1，P_1减去 R 得到结果，然后告诉其他人，在这个过程中，没有参与者能够了解自己输入和输出之外的信息。但是该方案不能抵抗合谋，因为 P_{i-1}和 P_{i+1}能够通过比较他们发送和接收的值来算出 P_i的 s_i。Zhan 等人[4]提出一种基于同态加密的安全和协议，但方案不能防止 P_n和其他参与者合谋。Shepard 等人[5]提出一种分割圈安全求和算法(CPSS)，在他们的算法中，有

C 个不同的汉密尔顿圈，P_1 首先将 s_i 和 R 相加，然后分成 C 个不同的随机数沿着不同的汉密尔顿圈发送。最终 P_1 收到不同汉密尔顿圈发来的值后，将随机数消去得到结果。Urabe 等人[6]和 Zhu 等人[7]基于"分享和隐藏"各提出一种防合谋的安全求和方法。Yi 等人[8]基于 Elgamal 加密算法和安全多方计算提出一种方案。但是，以上所有的方案都有一个共同的缺陷，当参与方第一个了解求和的值之后，其没有动机将结果发给其他人。Kargupta 等人[9]基于博弈论提出一种理性安全求和协议，诚实者通过将计算量加大等措施，对发出合谋邀请的参与者惩罚，使其在协议执行时没有合谋的动机，但是他们的协议不能防止参与者在协议执行之后合谋攻击，以获得诚实者的隐私输入。

本章基于电路计算模型提出一种理性安全多方求和协议，协议假设任意理性的参与者首先希望得到求和计算结果，其次希望得到结果的人越少越好。本章主要工作是：①设计了安全求和的理性电路计算模型；②参与者遵守协议的收益比背离协议的收益大，所以参与者有动机遵守电路计算的每一步；③协议能够抵抗至多 $n-2$ 个成员的合谋攻击；④协议不需拥有大多数诚实者参与这个强条件，并且能够保证每个成员在标准点对点通信网络下公平地获得求和结果。

13.2 基础知识

有关安全多方求和的博弈模型和定义，请参考第 2～4 章。

定义 13-1(安全多方求和协议) 在交互概率图灵机集合 $(M_1, \cdots, M_n)$ 中，每一个图灵机有公开输入带、私有输入带、私有随机带、私有输出带和公开输出带，令 1^k 为安全参数，x_i 为 P_i 的输入，D_i 为 x_i 选择的域，令 $f: D_1 \times D_2 \times \cdots \times D_n \rightarrow S$，是一个单输出的多方计算函数。

定义 13-2(安全计算) 令 sum 是一个求和功能，π 是可以计

算 sum 的多方求和协议，$\bar{x}=(x_1, \cdots, x_n)$，辅助输入为 z，协议 π 安全计算 sum，如果对每个概率多项式算法 A（代表真实模型下的敌手策略），存在一个概率多项式算法 B（代表理想模型下的敌手策略）满足

$$\{REAL_{\pi, A(z)}(\bar{x})\} \stackrel{c}{\equiv} \{IDEAL_{f, B(z)}(\bar{x})\} \tag{13-1}$$

其中，$\{REAL_{\pi, A(z)}(\bar{x})\}$表示协议 π 在真实模型下的联合执行，$\{IDEAL_{f, B(z)}(\bar{x})\}$表示 f 在理性模型下的联合执行。

定义 13-3（多方输入承诺功能[11]）

$$(x, 1^{|x|}, \cdots, 1^{|x|}) \mapsto (r, \bar{C}_r^{(x)}, \cdots, \bar{C}_r^{(x)}) \tag{13-2}$$

其中，r 在$\{0, 1\}^{|x|^2}$上均匀分布。

定义 13-4（多方扩展投币[11]）　对任意多项式 l:$\mathbf{N} \rightarrow \mathbf{N}$ 和多项式时间可计算功能 g，多方扩展投币定义为：

$$(1^n, \cdots, 1^n) \mapsto (r, g(r), \cdots, g(r)) \tag{13-3}$$

其中，r 在$\{0, 1\}^{l(n)}$上均匀分布。

定义 13-5（多方认证计算[11]）　令 f:$\{0, 1\}^* \times \{0, 1\}^* \rightarrow \{0, 1\}^*$，$h$:$\{0, 1\}^* \rightarrow \{0, 1\}^*$是多项式时间可计算的。$h$-认证 f-计算的 m-方功能定义为

$$(\alpha, \beta_2, \cdots, \beta_m) \mapsto \{\lambda, v_2, \cdots, v_m\} \tag{13-4}$$

如果 $\beta_i = h(a)$则 $v_i \stackrel{\text{def}}{=} f(a)$，否则 $v_i \stackrel{\text{def}}{=} (h(a), f(a))$。

Goldreich 等人设计的编译器[10-11]可以将任意的半诚实模型下安全的协议转变为恶意模型下安全的协议，编译器分为三个阶段，简单描述如下。

（1）输入承诺阶段：每个参与者通过调用多方输入承诺功能，恶意者可以中断或者替代他们的输入，但他们输入的信息只能取决于恶意者的输入，不能和其他诚实的输入有关联。

（2）投币产生阶段：参与者共同为每个参与者产生一个随机带，这样每个参与者获得自己的随机带，而其他人获得随机带值的承诺，这可以通过多方扩展的投币功能来完成。

（3）协议模拟阶段：参与者采用多方认证计算功能对协议的

每一步进行模拟。

在编译器协议中调用的功能和密码工具如图 13-1 所示。

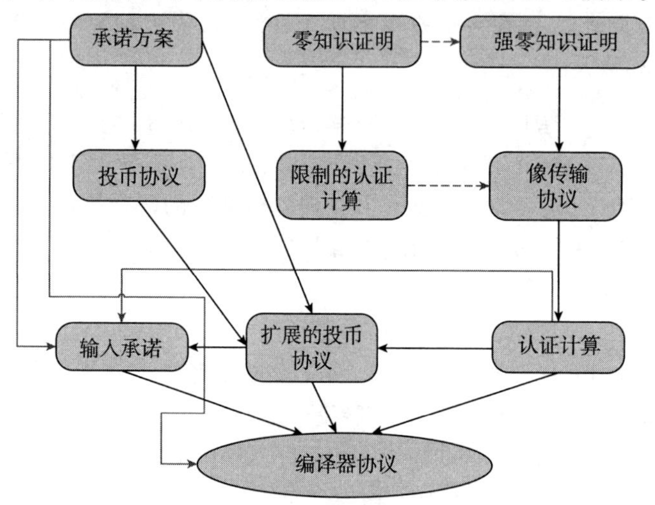

图 13-1　编译器框架

在 Beaver 构造的有偏向的投币协议[12]中，设 d 是明确公平性约束的参数，令 $R(x_1, \cdots, x_n)=x_1\oplus\cdots\oplus x_n$，如果对于任意 x_i 是均匀随机比特，那么 R 也是均匀随机的比特。对于 φ 功能来说，如果 $x_1+\cdots+x_{xkd}\geqslant k^d+1$ 那么 $\varphi(x_1\cdots x_{xkd})=1$，否则 $\varphi=0$。如果 φ 的输入是均匀随机的，那么输出则是以 $\frac{1}{2}+\frac{1}{k^d}$ 概率偏向 0。

代码中 EVALUATE 功能表示安全多方计算功能，详细内容请参考文献[12]。协议的思想是产生一系列偏向 0 的投币，然后将投币值和计算值异或，如果恶意者中断协议或者有欺骗行为，诚实者能够及时发现，并且此时所有参与者获得的信息量基本相等(最多差一个采样点)。但是 Beaver 的协议仅适用于函数值是布尔类型的，为了使其能用在多方求和协议中，本文结合博弈论对 Beaver 设计的协议进行了改进，根据参与者收益，产生了一个随机字符串，利用随机字符串对多方和值进行了随机隐藏，然后参与者通过按位揭示随机串，最终恢复多方求和值。协议伪代码如下：

```
For l= 1⋯k^3d do
  Form= 1⋯k^2d do
    Each player i chooses a random bit b_im .
    Run EVALUATE- R(b_1m , ⋯, b_nm ), and let c_m be the output.
  End
  Run EVALUATE- φ(c_1 , ⋯, c_2kd ) to obtain a secret, biased
  coin, e_j .
  Run EVALUATE- exor on V ande_j to obtain the masked result
  r_j .
  Each playeri broadcasts his piece of r_j .
  Each playeri interpolates r_j if n- t pieces have been broad-
                              cast,    otherwise    he    outputs
                              cheating.
End
Output Majority r_1 , ⋯, r_ksd .
```

13.3　协议设计

第一步：首先根据所求功能，设计相应的逻辑电路，假设 x_i 为 P_i 的输入，希望电路输出得到 $f(x_1, \cdots, x_n)=\sum_{i=1}^{n} x$ ，为了描述方便，本节首先设计了有两个参与者，每个参与者输入为 2 位的电路，如图 13-2 所示。

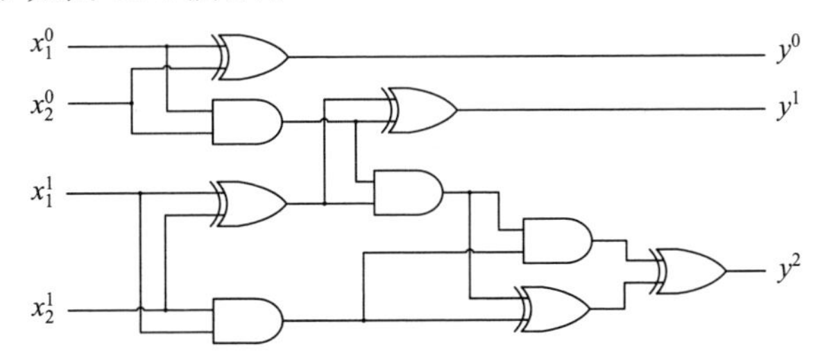

图 13-2　两方安全求和电路

其中 x_i^0 表示 x_i 的最低位，y^0 表示电路求和值 $f(x_1, \cdots, x_n)$ 的最低位。然后设计了 4 个参与者，每个参与者的输入为 2 位的求和电路，如图 13-3 所示。对于 n 人多位的电路可以类推设计。

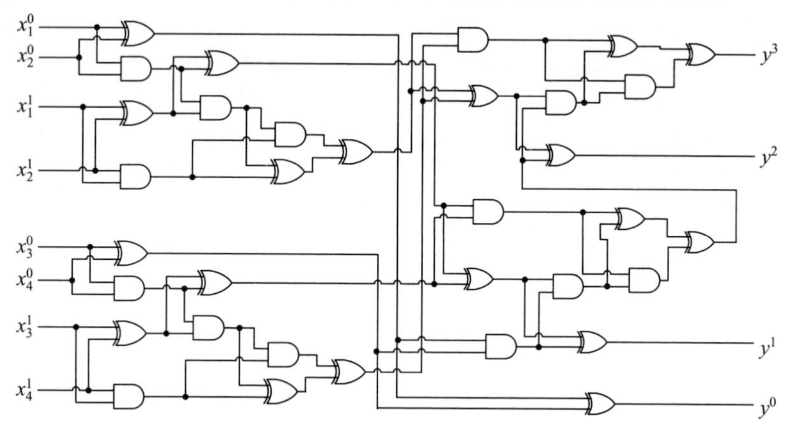

图 13-3 四方安全求和电路

第二步：利用传统的多方计算协议产生一个随机二进制串 R（可以将 R 视为一个向量），$|R|$ 取决于参与者的效益（满足 $|R| > \log_2 \dfrac{U^+ - U^-}{U - U^-}$，后面介绍取法），具体产生过程如下：每个参与者随机选择一比特 σ_i，令功能 $\text{CoinGen}(\sigma_1, \cdots, \sigma_n) = \sigma_1 \oplus \cdots \oplus \sigma_n$，运行传统的 GMW 多方电路计算[10-11]产生一系列投币（承诺但隐藏的）$b_r = \text{CoinGen}(\sigma_1, \cdots, \sigma_n)$，令 $b_r(1, \cdots, |R|)$ 为第 r 个比特。这样，每个参与者拥有 R 串中每一位比特的子份额。

第三步：利用传统的 GMW 多方电路计算[10-11]输出 $f(x_1, \cdots, x_n) + R$ 的子份额，此时，如果每个参与者将子份额发给其他参与者，不会对公平性造成影响，因为，有随机数 R 对 $f(x_1, \cdots, x_n)$ 进行了随机隐藏，这样，每个参与者获得 $f(x_1, \cdots, x_n) + R$ 的值。

第四步：然后循环 $|R|$ 轮来取得 R 中的每一位，获得的具体步骤如下，在 $r(1, \cdots, |R|)$ 轮，利用 Beaver 等人[12]投币协议来

揭示 R 中的每一位 b_r。具体如下：循环 k^{3d} 次，每次运行 $EVALUATE-\varphi(c_1,\cdots,c_{2kd})$，获得概率$\frac{1}{2}+\frac{1}{k^d}$偏向 0 的投币 e_j，运行多方电路计算，每个参与者获得 $e_j \oplus b_r$ 的子份额，然后每个参与者依次发送子份额，循环 k^{3d}之后，参与者可以获得 k^{3d}个采样点，根据 0 和 1 数量的多数原则可确定 b_r的值，这样通过$|R|$轮循环结束后，所有参与者都能获得 R。最后，和前面获得的 $f(x_1,\cdots,x_n)$相减，即每个参与者可公平的得到求和值。

第五步：为了保证参与者能诚实的执行协议，利用 GMW 编译器，对以上每一步骤进行编译。

13.4　协议分析

本算法的隐私性和防合谋性由第 2～3 章模型分析保证。下面分析参与者具有遵守协议的动机。

定理 13-1　方案在满足式(13-6)的条件下，参与者没有偏离协议的动机，协议能保证公平性。

证明　在方案中，每一个合谋集团 $C\subset[n]$，$|C|\leqslant m-1$ 中的合谋者不能通过合谋获得 R，如果合谋者通过猜测 R，猜对的概率为$\frac{1}{2^{|R|}}$，合谋者 P_i获得效益为。猜错的概率为 $1-\frac{1}{2^{|R|}}$，合谋者 P_i获得效益为U_i^-。合谋者 P_i的期望收益为

$$E(U_i^{\text{guess}})=\frac{1}{2^{|R|}}\cdot U_i^+ +(1-\frac{1}{2^{|R|}})\cdot U_i^- \tag{13-5}$$

而当

$$E(U_i^{\text{guess}})=\frac{1}{2^{|R|}}\cdot U_i^+ +(1-\frac{1}{2^{|R|}})\cdot U_i^- < U_i \tag{13-6}$$

即

$$2^{|R|}>\frac{U_i^+ - U_i^-}{U_i - U_i^-} \tag{13-7}$$

也就是当

$$|R|>\log_2 \frac{U_i^+ - U_i^-}{U_i - U_i^-} \tag{13-8}$$

时，参与者没有偏离协议动机，当参与者执行协议第四步，在取得 R 中的最后一位时，如果合谋者提前中断协议，将会使得所有参与者有 $\frac{1}{2}$ 的概率获得 R。这里有两种情况：一种情况是合谋者在诚实者前面发送子份额，另一种情况是合谋者在诚实者之后发送子份额。在第一种情况中，当合谋者中断协议时，合谋者和后发送子份额的诚实者了解的信息采样点相同。在第二种情况中，当合谋者中断协议时，合谋者比先发送子份额的诚实者多了解一个信息采样点(信息量几乎相等)。所以合谋者没有偏离协议的动机，最终每个参与者都能公平的得到计算结果。

13.5　本章小结

本章提出一种基于电路计算的理性安全多方求和协议。首先对参与者在求和过程中的策略和效益进行了分析和设计，构建了安全多方求和电路计算的概率效用模型；然后利用改进之后的偏向 0 的投币协议所产生的随机字符串隐藏多方求和计算结果；最后参与者通过逐步释放的方法揭示最后的计算结果，同时不会泄露参与者自身的隐私输入。本章所设计的协议不需要拥有大多数诚实参与者这个强条件，可以有效验证成员欺诈行为，消除参与者在多方求和计算过程中的合谋动机，从而保证每个成员在标准点对点通信网络下能够公平地获得求和结果。

参考文献

[1] Clifton C, Kantarcioglu M, Vaidya J, Lin X, Zhu M. Tools for privacy preserving distributed data mining. ACM SIGKDD

Explorations, 2003, 4(2): 28-34.

[2] Schneier B. Applied Cryptography John Wiley & Sons. 2nd edition, 1995: 25-31.

[3] Kantarcioglu M, Clifton C. Privacy-Preserving Distributed Mining of Association Rules on Horizontally Partitioned Data. IEEE Transactions on Knowledge and Data Engineering, 2004, 16(9): 1026-1037.

[4] Zhan J, Blosser G, Yang C, Singh L. Privacy-Preserving Collaborative Social Networks. Proceedings of ISI 2008 International Workshops, Taipei, Taiwan, LNCS, Vol. 5075, Berlin Springer-Verlag, 2008: 114-125.

[5] Shepard S, Kresman R, Dunning L. Data Mining and Collusion Resistance. Proceedings of World Congress on Engineering, 2009: 283-288.

[6] Urabe S, Wang J, Kodama E, Takata T. A High Collusion-Resistant Approach to Distributed Privacy-preserving Data Mining. IJSP Transactions on Databases. 2007: 48(11): 104-117.

[7] Zhu Y W, Huang L S, Yang W, Yuan X. Efficient Collusion-Resisting Secure Sum Protocol. Chinese Journal of Electronics, 2011, 20(3): 407-413.

[8] Yi X, Zhang Y C. Equally contributory privacy-preserving k-means clustering over vertically partitioned data. Information systems, 2013, 38(1): 97-107.

[9] Kargupta H, Das K, Liu K. A Game Theoretic Approach toward Multi-Party Privacy-Preserving Distributed Data Mining. Proceedings of 11th European Conference on Principles and Practice of Knowledge Discovery in Databases, Berlin: Springer, 2007: 1-13.

[10] Goldreich O, Micali S, Wigderson A. How to play any men-

tal game. Proceedings of the 19th Annual ACM Symposium on Theory of Computing, New York: ACM Press, 1987: 218-229.

[11] Goldreich O. Foundations of cryptography: Volume 2, Basic Applications. Cambridge: Cambridge University Press, 2004: 599-759.

[12] Beaver D, Goldwasser S. Multiparty Computation with Faulty Majority. In Proceedings of FOCS, 1989: 468-473.